信息技术基础与应用

实验教程

刘云翔　王　栋　主编

清华大学出版社
北　京

内容简介

本书是2019年上海高校本科重点教改项目《新工科背景下计算机基础教学改革方案探索》的研究成果之一，适合与《信息技术基础与应用》（刘云翔、王志敏主编，清华大学出版社出版）配套使用，为学生上机实践提供全面有效的实验指导。

本书包含计算机基础知识、多媒体技术、Office 2019高级应用、数据库应用技术、大数据与智能、计算机网络技术及演变、信息安全、网站设计8篇，共22个实验，主要以验证型实验与设计型实验为主，同时也提供了综合性实验。每个实验均包含实验目的、实验指导、实验内容。

本书可作为应用型高等院校非计算机专业计算机基础课程的实验教材，也可作为高等院校成人教育的培训教材。

图书在版编目(CIP)数据

信息技术基础与应用实验教程/刘云翔，王栋主编. —北京：清华大学出版社，2021.6(2023.7重印)
ISBN 978-7-302-58494-0

Ⅰ. ①信…　Ⅱ. ①刘…②王…　Ⅲ. ①电子计算机－高等学校－教材　Ⅳ. ①TP3

中国版本图书馆CIP数据核字(2021)第121306号

责任编辑：孟毅新
封面设计：傅瑞学
责任校对：刘　静
责任印制：杨　艳

出版发行：清华大学出版社
网　　址：http://www.tup.com.cn，http://www.wqbook.com
地　　址：北京清华大学学研大厦A座　　**邮　　编**：100084
社 总 机：010-83470000　　**邮　　购**：010-62786544
投稿与读者服务：010-62776969，c-service@tup.tsinghua.edu.cn
质量反馈：010-62772015，zhiliang@tup.tsinghua.edu.cn
课件下载：http://www.tup.com.cn，010-83470410
印 装 者：三河市少明印务有限公司
经　　销：全国新华书店
开　　本：185mm×260mm　　**印　张**：13　　**字　　数**：315千字
版　　次：2021年6月第1版　　**印　　次**：2023年7月第2次印刷
定　　价：39.00元

产品编号：093321-01

前言

随着大数据、信息安全与人工智能等领域技术的不断发展,大学生的相关操作能力需要与时俱进,为此我们编写了本书。本书是2019年上海高校本科重点教改项目《新工科背景下计算机基础教学改革方案探索》的研究成果之一,适合与《信息技术基础与应用》(刘云翔、王志敏主编,清华大学出版社出版)配套使用。

本书与主教材既相互联系,又各自独立,主要对主教材中的实验内容加以扩展,为学生上机实验提供有效的指导。全书包括22个实验,以验证型实验与设计型实验为主,同时也提供了综合型实验。每个实验均包含实验目的、实验指导、实验内容。

书中实验除涉及大学计算机基础的相关内容外,还包括大数据、信息安全、网络、人工智能等信息技术相关的基础内容,教师可根据实际教学情况,向学生布置相应上机课程的实验内容。

本书的主要内容如下。

第一篇"计算机基础知识",内容包括操作系统基本功能及Windows应用和编程的三种程序设计结构。

第二篇"多媒体技术",内容包括Photoshop图片编辑、Photoshop图像合成、音频视频处理、Animate动画基础和Animate动画制作与合成。

第三篇"Office 2019高级应用",内容包括Word的文字及段落排版、表格与数学公式编辑、图片及其他对象的编辑与排版;Excel的数据输入技巧、公式、函数、单元格的引用、图表的创建与设置;PowerPoint演示文稿和幻灯片的创建、编辑及格式设置。

第四篇"数据库应用技术",内容包括Access数据库设计、表的创建、表的操作、关系操作,生成表查询、追加查询、更新查询、删除查询和SQL查询基本知识。

第五篇"大数据与人工智能",内容包括KNIME数据库操作、通过KNIME对数据进行简单的预处理和可视化,以及分析数据之间的关系。

第六篇"计算机网络技术及演变",内容包括局域网的组建方法、计算机网络属性设置方法、查看计算机网络信息的常用命令、网络连通测试命令、网络远程控制的方法,Cisco Packet Tracer环境下绘制物联网应用的简单拓扑图、物联网IoT终端设备的简单配置和IoT设备的互联操作模拟实验。

第七篇"信息安全",内容包括文件加密、杀毒软件的操作、防火墙设置和使用、电子邮箱设置和使用。

第八篇"网站设计",内容包括基于Dreamweaver CC的简单静态网页设计和网站布局的方法、网页动画效果的应用、网页中插入音频和视频的方法。

本书由刘云翔、王栋主编，薛庆水、王志敏、刘胤杰、吴敏、徐琛、郭文宏、朱栩、王辉、方华参编。

在本书编写过程中参考了大量文献资料和网站资料，在此表示衷心感谢。

由于现代信息技术的飞速发展，加之编者水平有限，书中难免有不足之处，恳请广大读者批评、指正。

编　者

2021 年 5 月

目　录

第一篇

计算机基础知识

实验一　操作系统基本功能及 Windows 应用

一、实验目的

(1) 理解现代操作系统的 5 个功能。

(2) 熟悉图形操作系统的主要界面及常用功能。

(3) 掌握 Windows 操作系统的主要使用方法。

二、实验指导

在计算机中,操作系统是其最基本、最重要的系统软件。从计算机使用者(用户)的角度来看,计算机操作系统为其提供的各项服务。操作系统的主要功能是对计算机资源进行管理。

1. 查看计算机基本配置

在第一次使用计算机时,可查看一下该计算机的基本配置,以便使用时做到心中有数。在 Windows 桌面上右击"此电脑"图标,选择"属性"命令,如图 1.1 所示,可以查看当前计算机及操作系统的基本情况,如图 1.2 所示,可以看到此计算机安装的操作系统是 64 位 Windows 10,中央处理器(CPU)是 Intel Core i5 系列,内存容量为 8GB。

2. 进程查看与简单管理

进程是现代操作系统非常重要的概念,简单地讲,进程是程序的一次执行,一般一个进程中又有若干线程,这对多核心 CPU 中尤为重要。一般用户可以查看当前进程情况及进行简单控制。可以在任务栏中右击,选择"任务管理器"命令(见图 1.3)来了解和管理进程。

通过"进程"选项卡(见图 1.4)可以了解当前运行的进程占用 CPU、使用内存等基本情况,也可以通过右击某个进程来详细了解或"结束"进程等。还可以通过"性能"选项卡了解当前计算机运行的基本情况。

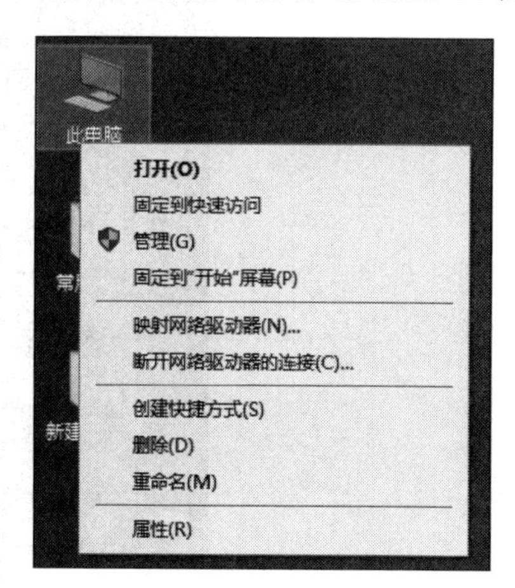

图 1.1　快捷菜单

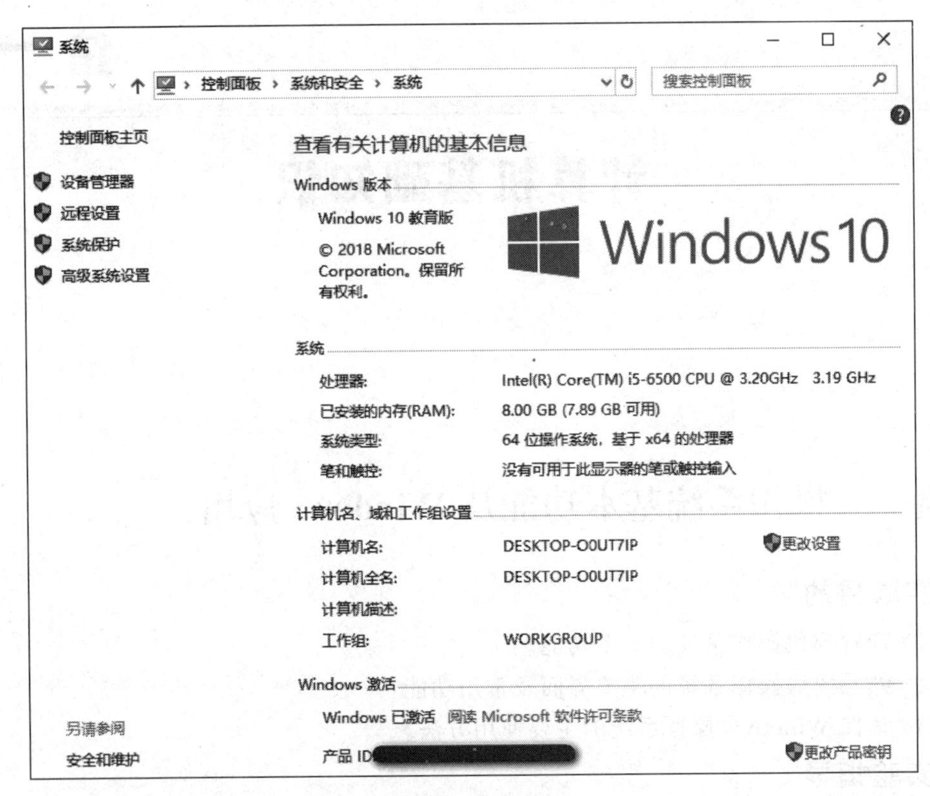

图 1.2 系统界面

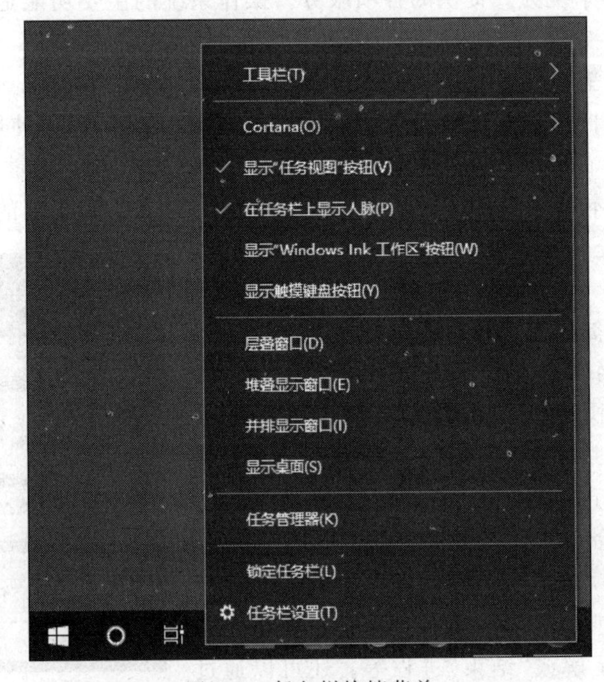

图 1.3 任务栏快捷菜单

任务管理器

文件(F)　选项(O)　查看(V)

进程　性能　应用历史记录　启动　用户　详细信息　服务

名称	状态	进程名称	16% CPU	43% 内存	0% 磁盘	0% 网络	3% GPU	电源使用情况
应用 (4)								
Microsoft Edge (8)			0%	363.0 MB	0 MB/秒	0 Mbps	0%	非常低
Microsoft Word (32 位)		WINWORD.EXE	0%	100.3 MB	0 MB/秒	0 Mbps	0%	非常低
Windows 资源管理器 (4)		explorer.exe	0.4%	87.0 MB	0 MB/秒	0 Mbps	0%	非常低
任务管理器		Taskmgr.exe	2.3%	23.2 MB	0 MB/秒	0 Mbps	0%	非常低
后台进程 (78)								
360安全浏览器 服务组件 (3...		sesvc.exe	0%	7.8 MB	0 MB/秒	0 Mbps	0%	非常低
360安全浏览器 服务组件 (3...		sesvc.exe	0%	2.4 MB	0 MB/秒	0 Mbps	0%	非常低
360安全浏览器 服务组件 (3...		sesvc.exe	0%	1.1 MB	0 MB/秒	0 Mbps	0%	非常低
Adobe Genuine Software ...		AGMService.exe	0%	1.7 MB	0 MB/秒	0 Mbps	0%	非常低
Alibaba PC Safe Service (3...		AlibabaProtect.exe	0%	16.0 MB	0 MB/秒	0 Mbps	0%	非常低
Application Frame Host		ApplicationFrameHo...	0%	4.5 MB	0 MB/秒	0 Mbps	0%	非常低
Bluetooth OBEX Service		CsrBtOBEXService.exe	0%	2.8 MB	0 MB/秒	0 Mbps	0%	非常低
BtSwitcherService		BtSwitcherService.exe	0%	1.2 MB	0 MB/秒	0 Mbps	0%	非常低
COM Surrogate		dllhost.exe	0%	1.8 MB	0 MB/秒	0 Mbps	0%	非常低
COM Surrogate		dllhost.exe	0%	1.4 MB	0 MB/秒	0 Mbps	0%	非常低
Cortana (小娜) (2)	φ		0%	4.0 MB	0 MB/秒	0 Mbps	0%	非常低
CSR Bluetooth Audio Serv...		CsrBtAudioService.exe	0%	1.5 MB	0 MB/秒	0 Mbps	0%	非常低
Csr Bluetooth OSD Settings		vksts.exe	0%	1.2 MB	0 MB/秒	0 Mbps	0%	非常低
Csr Bluetooth Service		CsrBtService.exe	0%	2.1 MB	0 MB/秒	0 Mbps	0%	非常低

简略信息(D)　结束任务(E)

图 1.4　“进程”选项卡

从图 1.5 中可以看到，当前计算机 CPU 共有 4 个核心，CPU 利用率在 20%左右，内存利用率在 50%左右，该计算机的使用基本正常，而磁盘 1(D：E：X：)的利用率在 100%，可能磁盘正在复制文件。

3. 设备管理

操作系统的另一项重要功能是管理设备，可通过右击“此电脑”图标，选择“管理”命令进行设备管理。右击选择某一设备可进行“更新驱动程序”“卸载设备”等操作。在这个管理程序中，还可以进行用户管理(“本地用户和组”)、磁盘管理及任务计划管理(“任务计划程序”)等操作，如图 1.6 所示。

4. 文件管理

文件管理是用户经常使用的操作，可以双击“此电脑”打开 Windows 的文件资源管理器，如图 1.7 所示。

总体上来看，Windows 将文件以树状结构组织在不同的磁盘中。为了便于访问，Windows 增加了“快速访问”“文档”“桌面”等便捷方式以访问常用文件夹。用户可以把经常使用的文件夹拖到“快速访问”中以方便使用。

在文件资源管理器中，还可以进行复制、移动、删除及预览等多种操作。

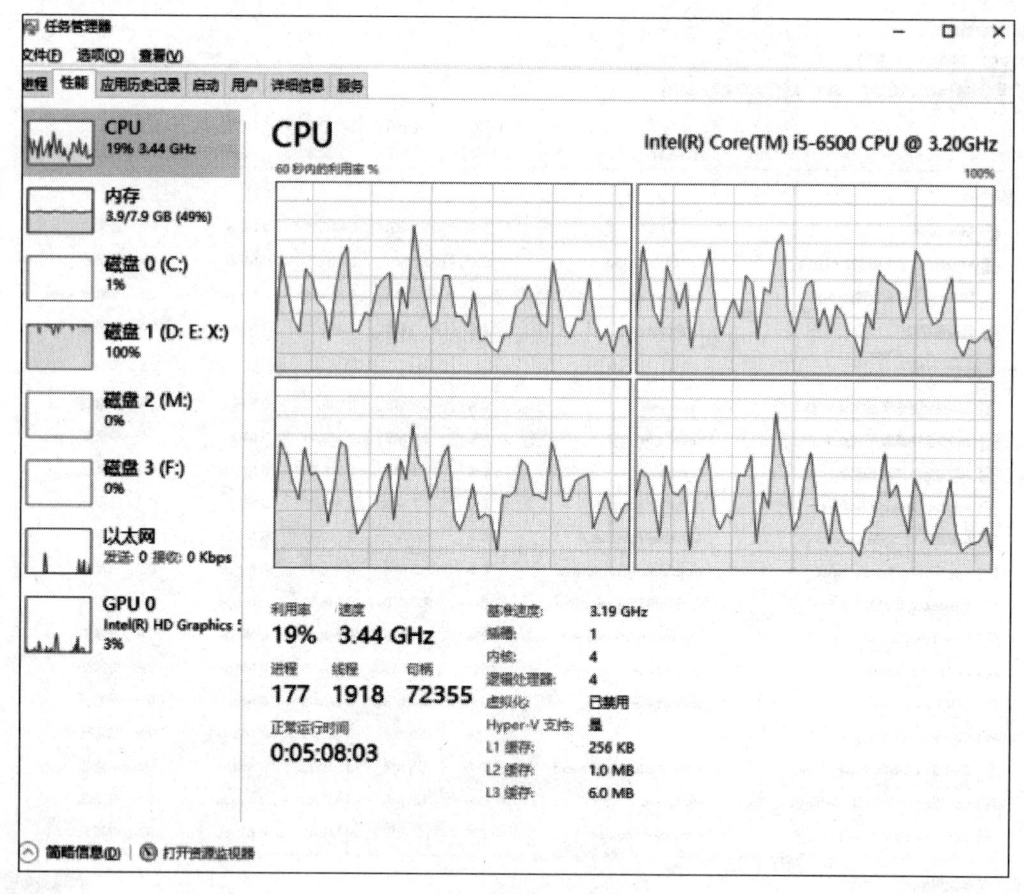

图 1.5 “性能”选项卡

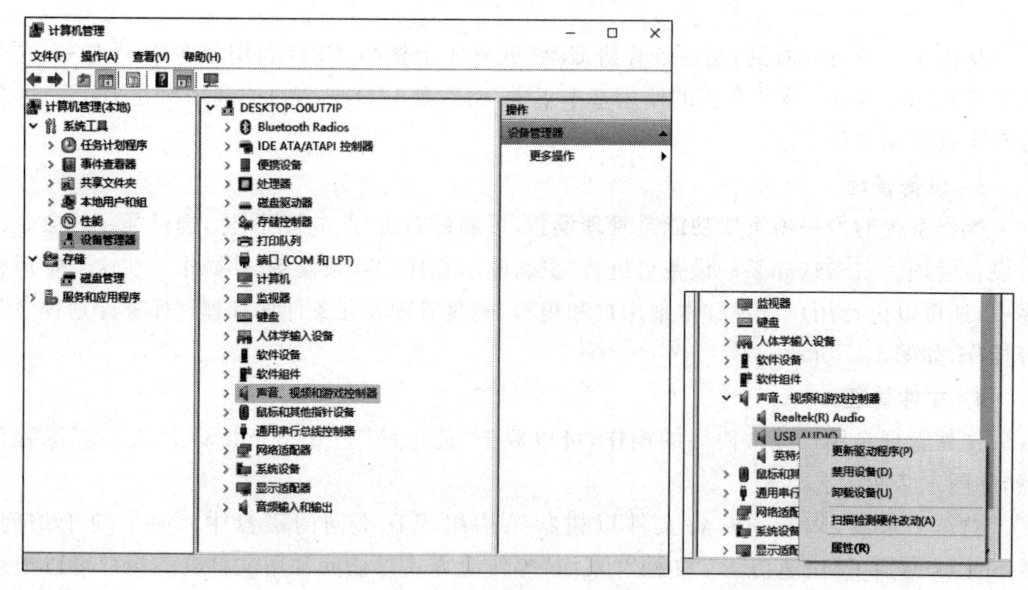

图 1.6 “计算机管理”界面

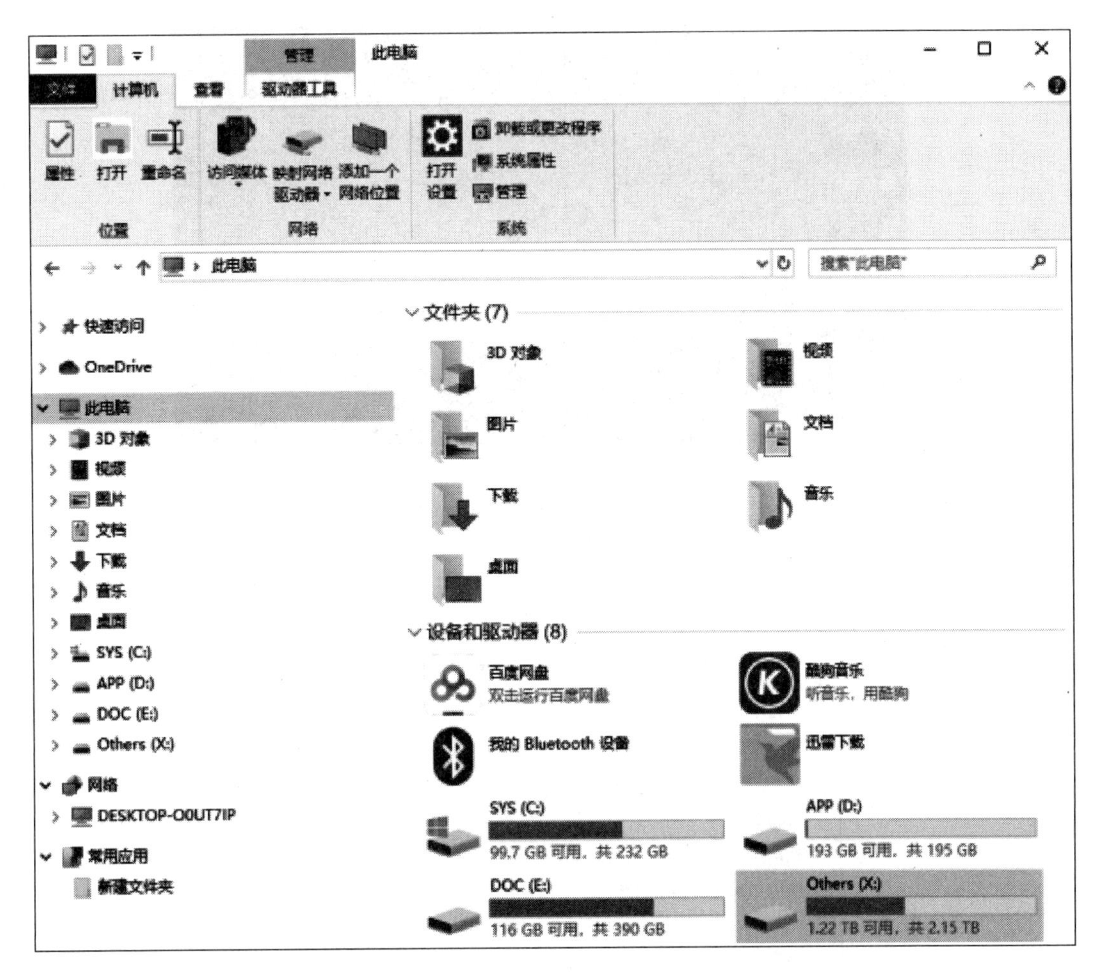

图 1.7　"此电脑"界面

5. 作业管理

Windows 提供给用户一个方便友好的图形操作环境，在这里用户通过鼠标就可以快速上手使用计算机，并同时运行多个应用程序，在不同应用程序间切换，也可以对计算机进行其他操作，这都有赖于 Windows 提供的作业管理功能。

6. Windows 10 操作系统

Windows 10 是一个便捷易用的图形操作系统，熟悉基本的界面结构有助于更便捷地使用它来完成日常的学习、工作任务。

1）Windows 10 桌面操作

Windows 10 的整个屏幕界面称为"桌面"，这是用户操作的基本工作环境，如图 1.8 所示。

（1）桌面图标操作。桌面是 Windows 10 的屏幕工作区，桌面的几种常用工具有"此电脑""网络"及"回收站"。在桌面的左边有若干个上面是图形、下面是文字说明的组合，这种组合称为图标。用户可以双击图标来打开相应的程序，或者右击图标并在弹出的快捷菜单中选择"打开"命令来执行相应的程序。

图 1.8 Windows 10 桌面

(2) 整理桌面图标。右击桌面空白处,弹出如图 1.9 所示的快捷菜单。在弹出的快捷菜单中选择“个性化”命令,可以对桌面进行整理,如图 1.10 所示。

图 1.9 Windows 10 桌面快捷菜单

在默认的状态下,Windows 10 安装之后桌面上已保留了回收站的图标。在“个性化”设置窗口中单击左侧的“主题”选项卡,然后在“相关的设置”组下选择“桌面图标设置”。Windows XP 系统下名为“我的电脑” 和“我的文档”的图标,Windows 7 系统下已改名为“计算机” 和“用户的文件”,在 Windows 10 系统中已相应地改名为“此电脑”和“用户的文件”,因此,在图 1.11 所示的选项卡中选中对应复选框,桌面便会重现这些图标。

在 Windows 10 桌面快捷菜单(见图 1.9)中选择“排序方式”命令,可以对图标按名称、按项目类型、按大小、按修改日期或以自动排列等方式进行排列。

图 1.10　Windows 10 桌面个性化

图 1.11　Windows 10 桌面图标设置

选择“主题”选项卡，在“更改主题”组中选择其他主题，观察桌面变化，也可以在该选项卡更改桌面背景图片，Windows 主题颜色、系统提示声音、鼠标样式均可更改。

选择“背景”选项卡，如图 1.12 所示。在“背景”下拉列表框中分别选择“纯色”“幻灯片放映”或“图片”选项，将以一幅系统默认图片或自己喜爱的图片作为壁纸，在“选择契合度”下拉列表框中选择居中或平铺等显示方式，观察桌面变化。

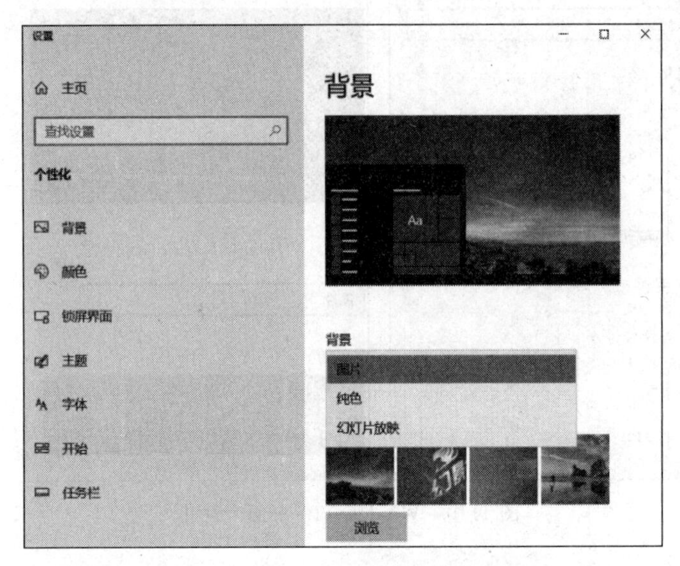

图 1.12 Windows 10 桌面背景设置

选择“锁屏界面”选项卡，如图 1.13 所示。单击“屏幕保护程序设置”，打开如图 1.14 所示的对话框，在“屏幕保护程序”下拉列表框中选择任意一种屏幕保护程序，如“3D 文字”，单击“预览”按钮，预览屏幕保护程序，并调整等待时间，如 5 分钟，也可以选中“在恢复时显示登录屏幕”复选框，单击“确定”按钮。

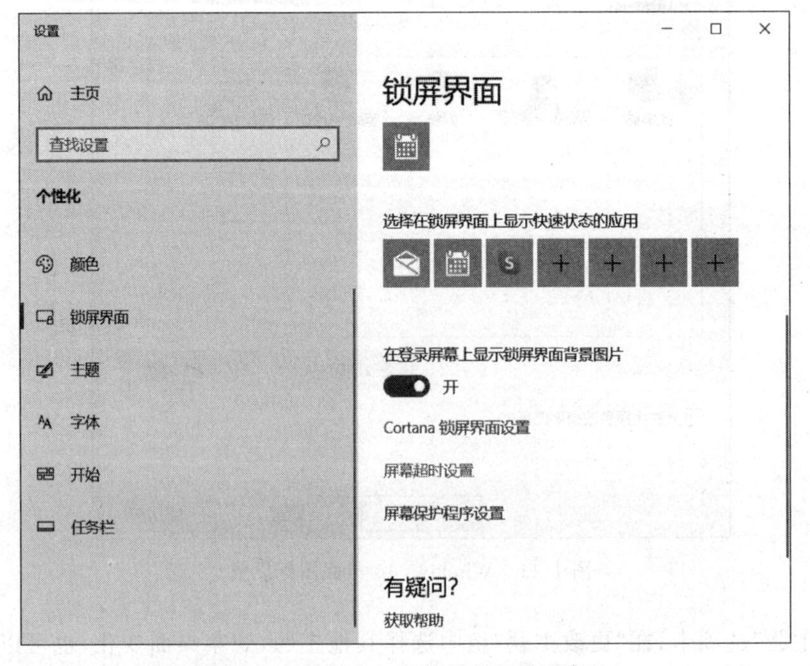

图 1.13 Windows 10 锁屏界面设置窗口

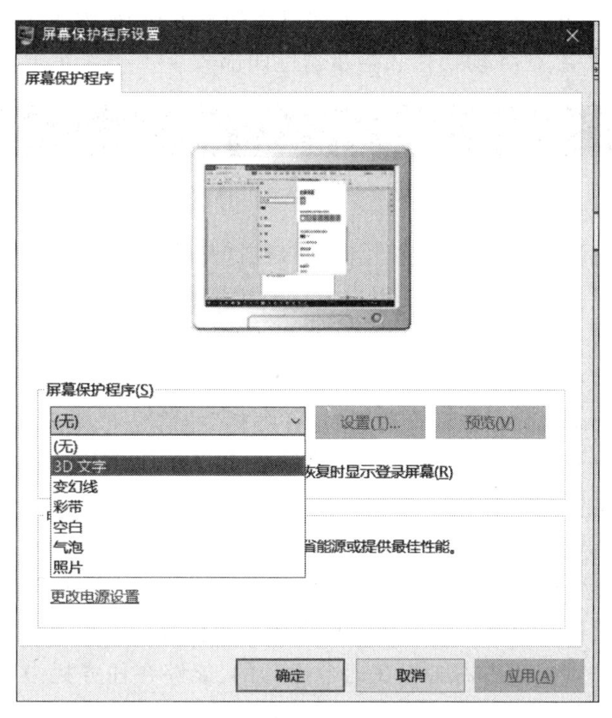

图 1.14 Windows 10 屏幕保护程序设置

(3)“开始”按钮操作。位于桌面左下角带有 Windows 徽标的按钮就是“开始”按钮。单击“开始”按钮后,就会显示“开始”菜单,如图 1.15 所示。利用“开始”菜单可以运行程序、打开文档及执行其他常规操作,用户所要做的工作几乎都可以通过它来完成。

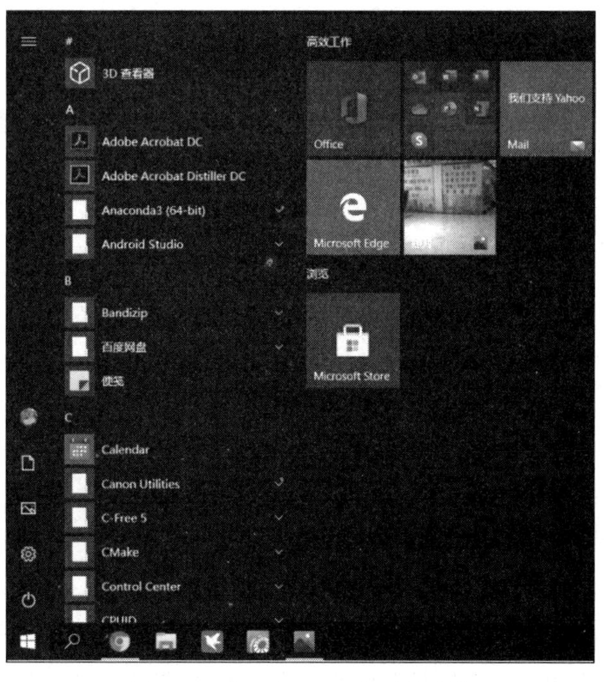

图 1.15 Windows 10 “开始”菜单

(4) 任务栏主要操作。任务栏通常放置在桌面的最下端,如图 1.16 所示。任务栏包括“开始”按钮、快速启动栏、任务切换栏和指示器栏四部分。

图 1.16 Windows 10 任务栏

① 任务栏属性的设置。右击任务栏空白处,在打开的快捷菜单中选择“任务栏设置”命令,弹出“任务栏设置”窗口。在窗口中用户可以对锁定任务栏、自动隐藏任务栏、合并任务栏按钮、任务栏在屏幕中的位置、通知区域任务栏设置、多显示器任务栏设置等选项进行设置,设置后注意任务栏的变化。

② 任务栏高度的调整。在取消设置“锁定任务栏”的情况下,将鼠标指针指向任务栏的上边缘处,待鼠标指针变成双向箭头形状时,上下拖动即可改变任务栏的高度,但最高只可调整至整个桌面高度的 1/2 处。

③ 任务栏位置的调整。任务栏的默认位置是桌面的底部,如果需要也可以将任务栏移动到桌面的顶部或两侧,方法是:将鼠标指针指向任务栏的空白处,向桌面的顶部或者两侧拖动。

④ 快速启动栏项目的调整。将桌面图标直接拖向任务栏的快速启动栏区域内,就可将其“固定”到快速启动栏内,或者右击正在前台运行的、能够在任务栏中看到的程序图标,弹出快捷菜单,然后选择“固定到任务栏”命令也可将程序快捷启动方式添加到任务栏中。右击快速启动栏内的某一图标,并从弹出的快捷菜单中选择“从任务栏取消固定”命令,即可将该图标从快速启动栏中删除。

2) 设置显示属性

在桌面上右击,在弹出的快捷菜单中选择“显示设置”命令,可以设置桌面的显示属性,如图 1.17 所示。

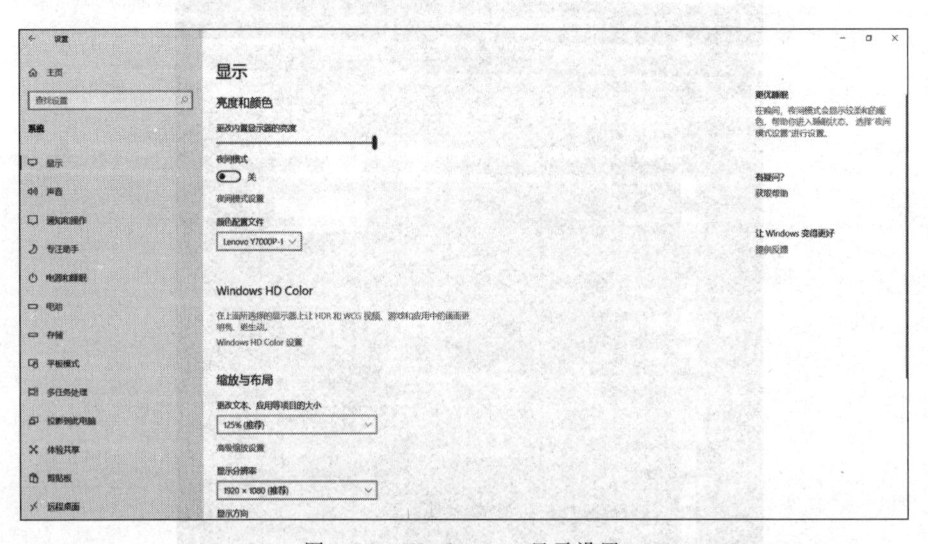

图 1.17 Windows 10 显示设置

3) 控制面板操作

(1) 控制面板的启动。启动控制面板的方法有很多,最常用的有下列 3 种。

① 右击“此电脑”图标，在弹出的快捷菜单中选择“属性”命令，弹出“系统”对话框，选择“控制面板主页”选项。

② 在“开始”菜单中选择“Windows 系统”，在弹出菜单中再选择“控制面板”命令。

③ 同时按⊞和 S 键，在搜索框中输入 control panel 或者“控制面板”，将出现“控制面板”的搜索结果。

控制面板启动后，出现图 1.18 所示的窗口。“控制面板”窗口中列出了 Windows 提供的所有用来设置计算机的选项，常用的选项包括“日期和时间”“显示”“程序和功能”“键盘”“鼠标”和“声音”等。

图 1.18　Windows 10 控制面板

在右上角的查看方式中选择“小图标”，可以在同一个页面内显示更多选项(见图 1.19)。

图 1.19　小图标查看方式

(2) 打印机设置。打印机是常用的一种输出设备,下面介绍通过"控制面板"窗口添加打印机的方法。

① 在控制面板中单击"设备和打印机",弹出图 1.20 所示的窗口。选择"添加打印机"选项,弹出"添加设备"界面,然后会自动搜索到同一个本地网络中的打印机或与计算机通过线缆连接的打印机,然后单击"下一步"按钮连接。

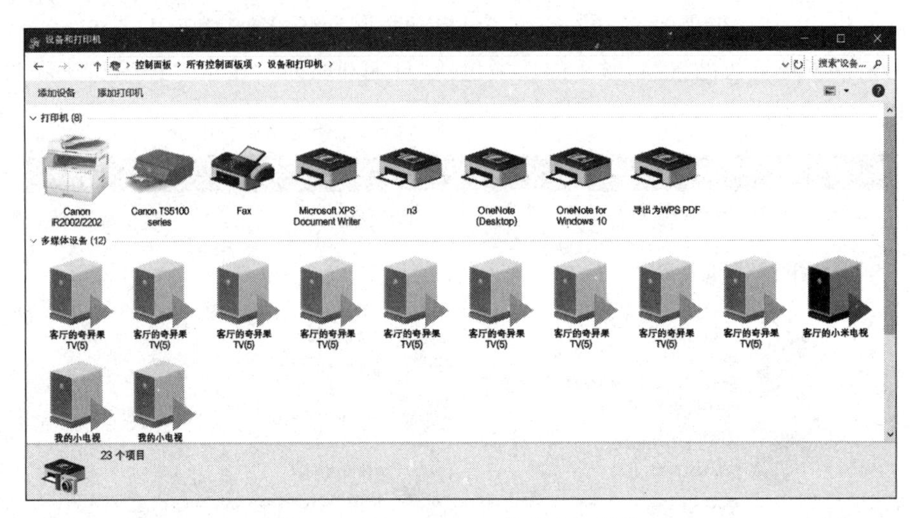

图 1.20 Windows 10 设备和打印机

② 当需要添加的打印机未列出时,可选择"我所需的打印机未列出",然后在弹出的"添加打印机"界面(见图 1.21)中选择对应的选项按钮,按提示进行操作。

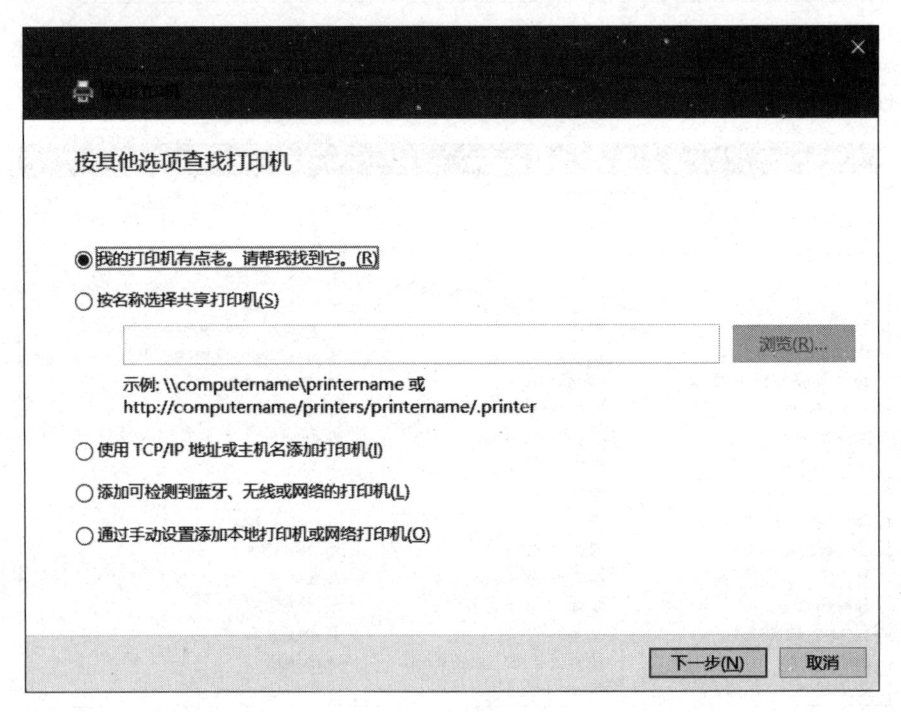

图 1.21 查找打印机

③ 添加完成后，会进入图 1.22 所示的界面，单击“打印测试页”按钮打印测试页。

图 1.22　Windows 10 添加打印机完成

三、实验内容

(1) 查看当前计算机的基本配置，填写表 1.1，同时运行几个应用程序，观察运行时的资源占用情况。填写表 1.2，分析系统运行情况，看哪些应用比较占用系统资源。

表 1.1　计算机的基本配置

CPU 型号	CPU 核心数	内存容量	硬盘容量	显示器最大分辨率

表 1.2　资源占用情况

运行的较大应用程序	
CPU 占用情况(贴图)	
内存占用情况(贴图)	

(2) 下载并安装一款文件解压缩软件，对一个较大的文件采取多种格式进行压缩和解压缩，分析压缩比例及解压缩的时间。

(3) 列出至少 10 个文件扩展名，并说明它们代表什么文件类型，用什么软件可以查看(观看或收听)此类型的文件。

(4) 比较 Windows 操作系统与你熟悉的手机操作系统的异同。

(5) 通过实验范例，练习图标、快捷方式、“开始”按钮、任务栏的操作方法和步骤，尝试把“此电脑”作为快捷方式固定到任务栏。

(6) 通过实验范例，练习控制面板的使用，包括系统设置、鼠标设置、声音设置、打印机设置、添加新硬件等。

(7) 更改主题、主题颜色以及桌面背景壁纸。

(8) 将显示分辨率设置成 1280×720 像素、1280×768 像素、1280×800 像素，观察结果。

实验二　Raptor 三种程序设计结构

一、实验目的

（1）了解顺序、选择和循环结构程序的算法设计思想。

（2）掌握 Raptor 可视化程序设计软件的使用。

（3）掌握逻辑表达式、关系表达式的正确书写格式。

（4）掌握单分支、双分支和多分支条件结构程序的设计。

（5）掌握如何控制单重循环的条件，能防止死循环或不循环。

（6）掌握单重循环和多重循环的规则和程序设计方法。

（7）通过实验范例的学习、验证，根据实验内容要求编写完整的应用程序，学会选择结构、循环结构算法的设计。

二、实验指导

1. 顺序结构程序设计

【要求】 计算表达式 z=x+y 的值。

【案例分析】 变量 x 和变量 y 通过输入语句赋值，变量 z 通过输出语句输出显示。流程图如图 2.1 所示。当 x=3、y=5 时，输出显示如图 2.2 所示。

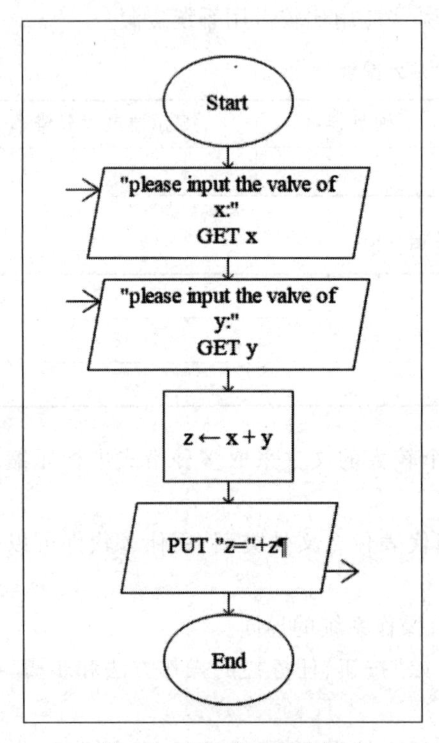

图 2.1　顺序结构流程图

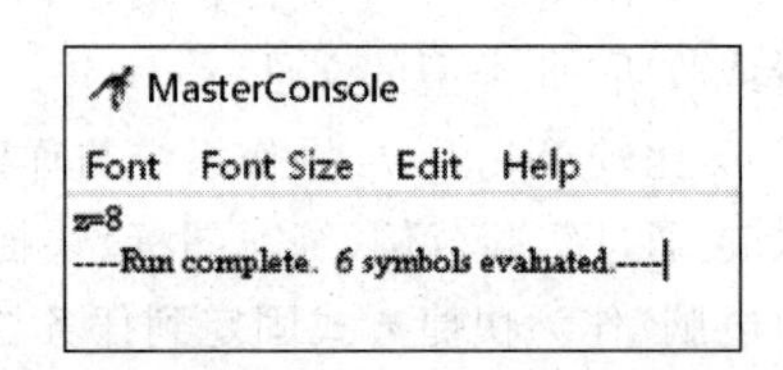

图 2.2　x=3、y=5 时的运行结果

输入语句的写法如图 2.3 所示。

输出语句的写法如图 2.4 所示。

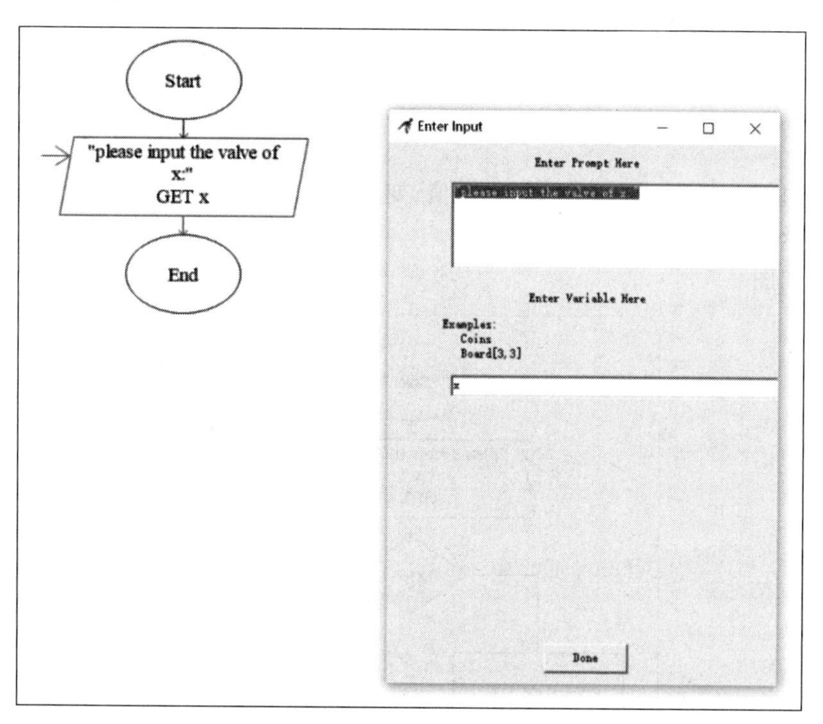

图 2.3　输入语句的写法

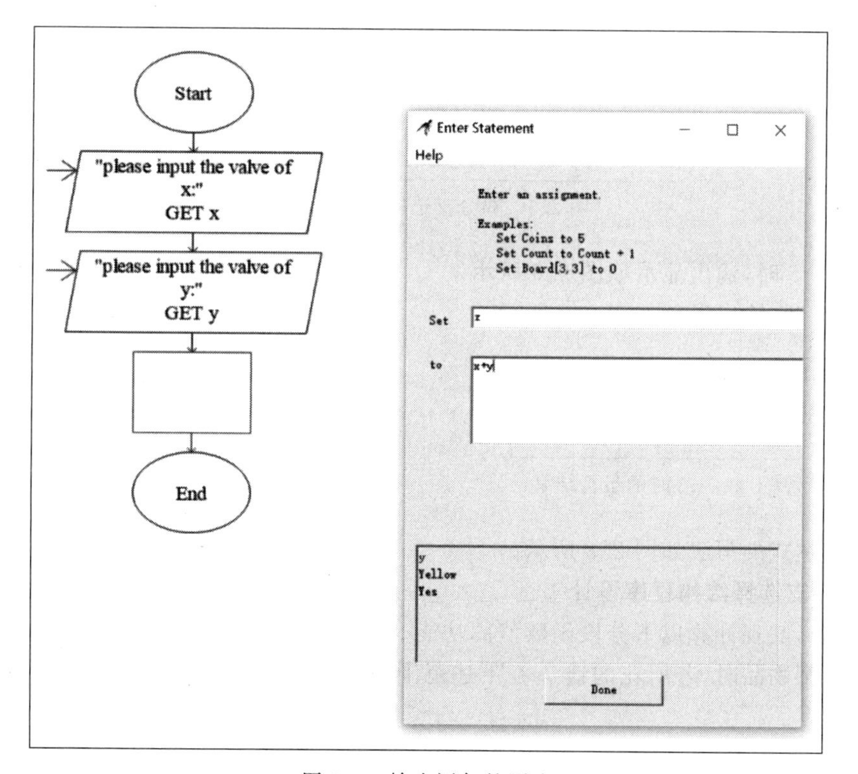

图 2.4　输出语句的写法

2. 双分支选择结构程序设计

【要求】 计算以下分段函数 y 的值。

$$y=\begin{cases}|x|+1 & x<0\\ 2x & x\geqslant 0\end{cases}$$

【案例分析】 变量 x 通过输入语句赋值,变量 y 根据 x 的正负取值分别计算,通过输出语句输出显示 y。

流程图如图 2.5 所示。

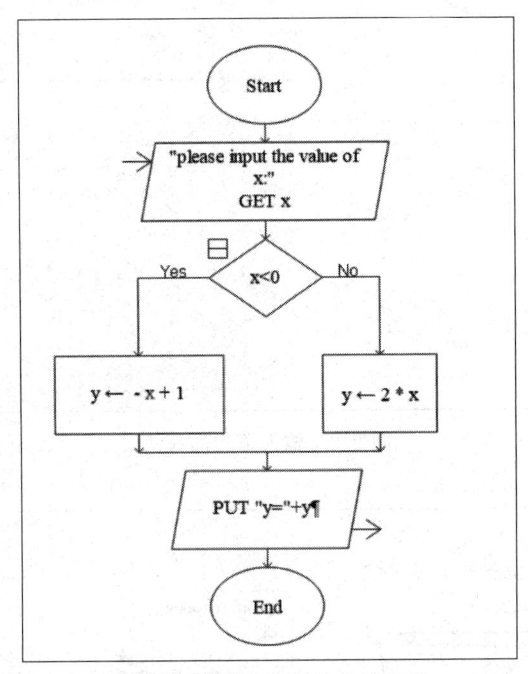

图 2.5 双分支选择结构流程图

当 x=−5 时,输出显示如图 2.6 所示。

当 x=5 时,输出显示如图 2.7 所示。

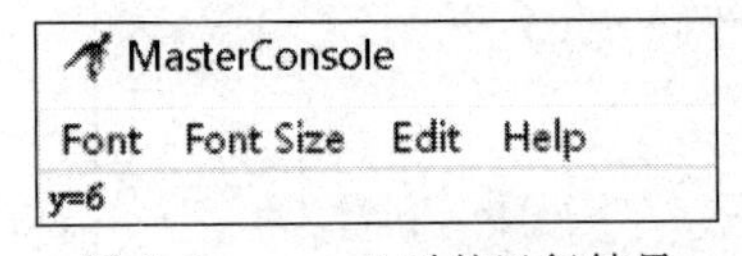

图 2.6 x=−5 时的运行结果

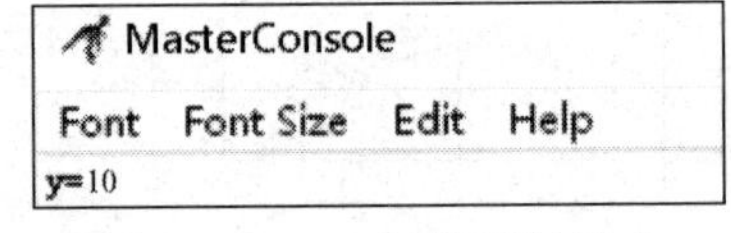

图 2.7 x=5 时的运行结果

逻辑表达式的写法如图 2.8 所示。

3. 多分支选择结构程序设计

【要求】 实现计算以下分段函数值的功能。

在购买某物品时,若所花的钱 x 在下述范围内,所付钱 y 按对应折扣支付。

$$y=\begin{cases}x & x\leqslant 1000\\ 0.9x & 1000<x\leqslant 2000\\ 0.8x & 2000<x\leqslant 3000\\ 0.7x & x>3000\end{cases}$$

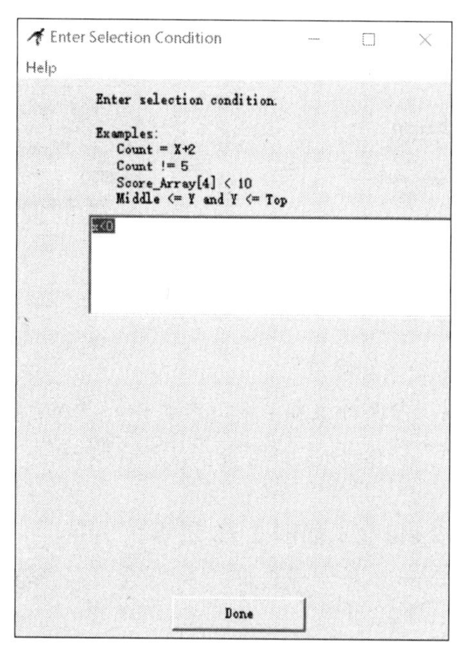

图 2.8　逻辑表达式的写法

【案例分析】 变量 x 通过输入语句赋值,变量 y 根据 x 的不同区间分别计算,通过输出语句输出显示 y。

流程图如图 2.9 所示。

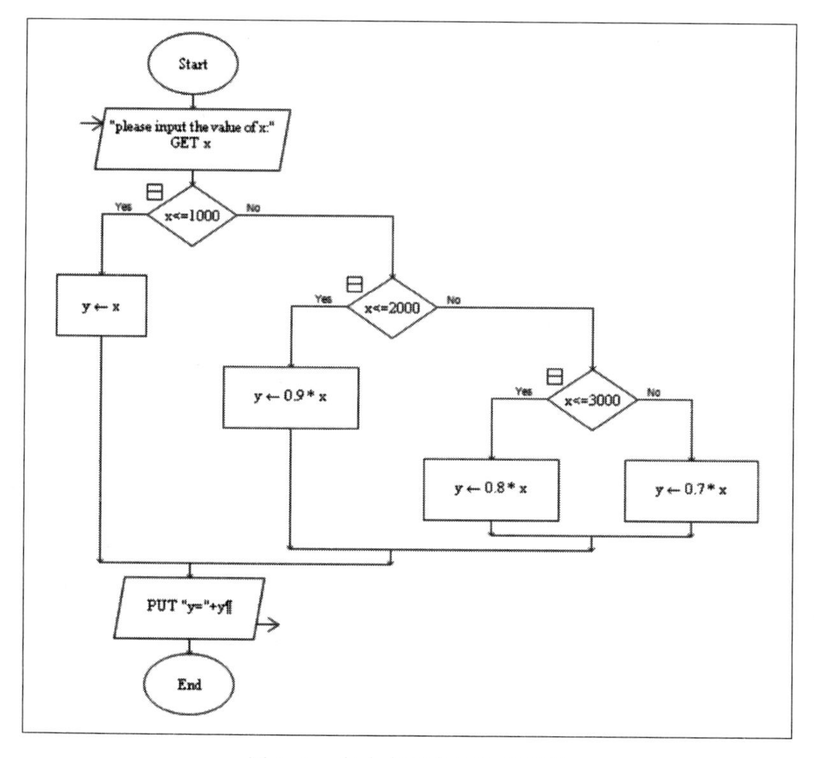

图 2.9　多分支程序结构流程图

当 x=900 时,输出显示如图 2.10 所示;当 x=4000 时,输出显示如图 2.11 所示。

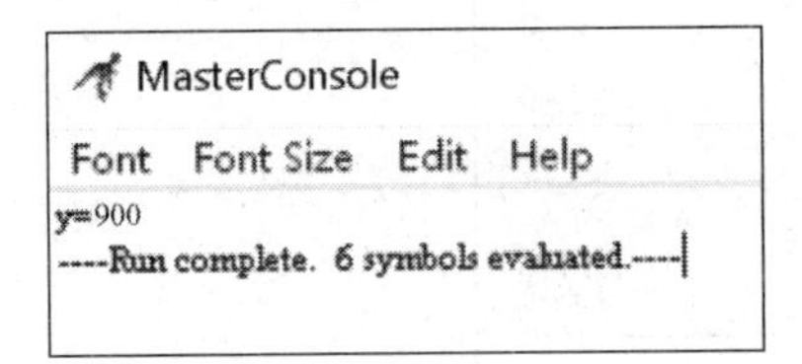

图 2.10 x=900 时的运行结果

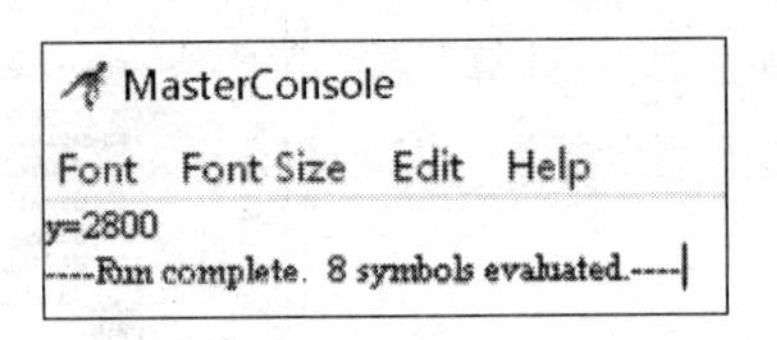

图 2.11 x=4000 时的运行结果

4. 单重循环结构流程图设计

【要求】 计算 1+3+5+…+99。

【案例分析】 设计变量 i 为循环变量,sum 为求和的变量,变量的初始值:i=1, sum=0;循环体内执行语句:sum=sum+i,i=i+2;当 i>99 循环结束。通过输出语句输出显示 sum 的值。

流程图如图 2.12 所示,输出显示如图 2.13 所示。

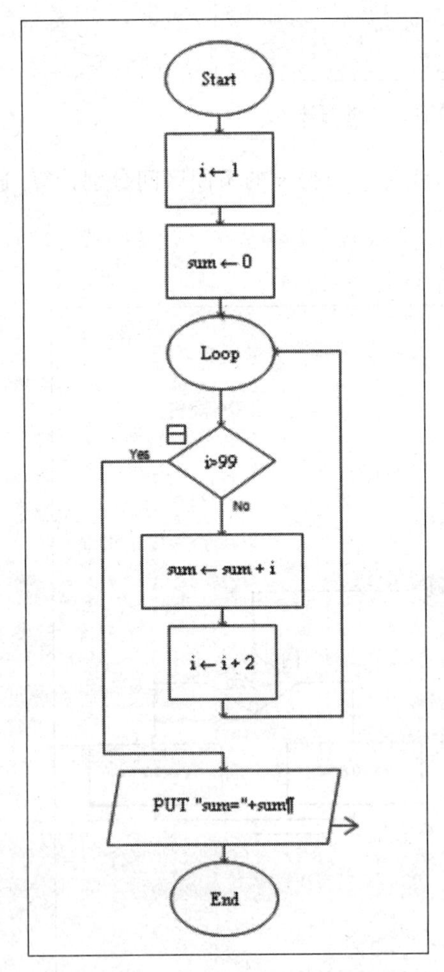

图 2.12 单重循环结构程序流程图

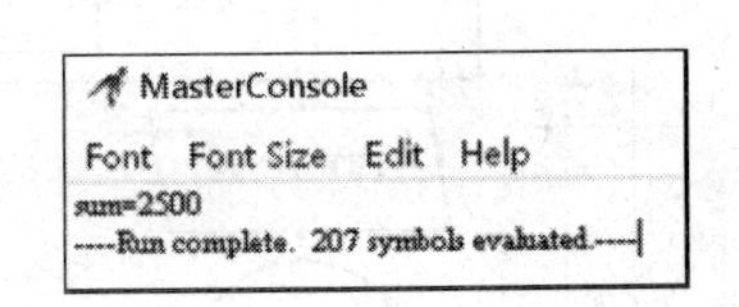

图 2.13 1+3+5+…+99 的运行结果

循环结构程序流程图设计的要点在于循环条件，循环次数是有限次的，否则会产生死循环。

5. 多重循环结构程序设计

【要求】 计算 1!+2!+…+5!。

【案例分析】 设计变量 i 为循环变量，mul 为 i 的阶乘，sum 为求和的变量。变量赋初始值：i=1，mul=1，sum=0；内循环体内执行语句：mul=mul * j，j=j+1；当 i>99 时循环结束。通过输出语句输出显示 sum 的值。

流程图如图 2.14 所示，输出显示如图 2.15 所示。

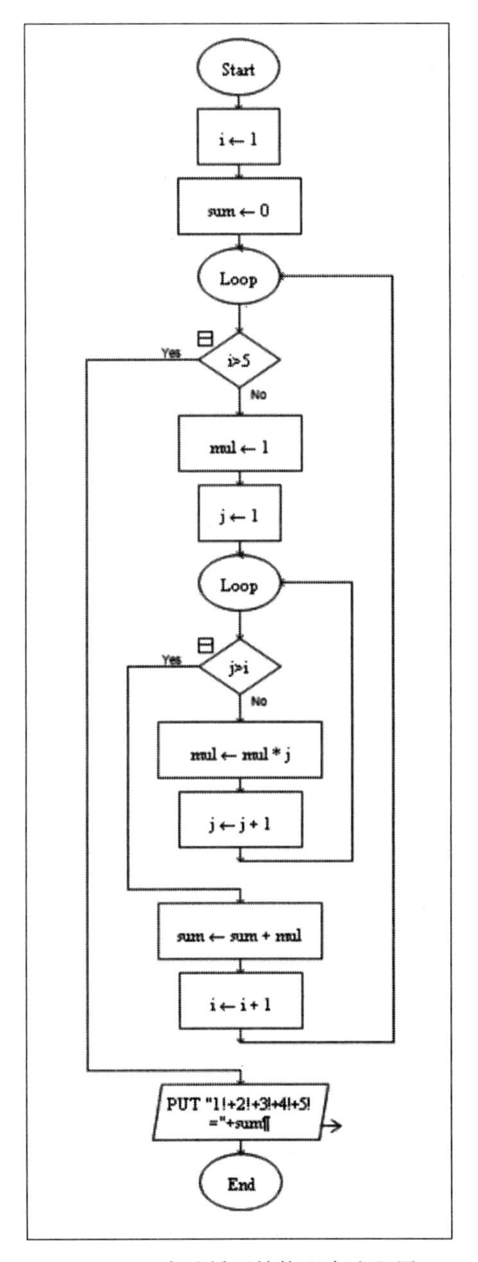

图 2.14　多重循环结构程序流程图

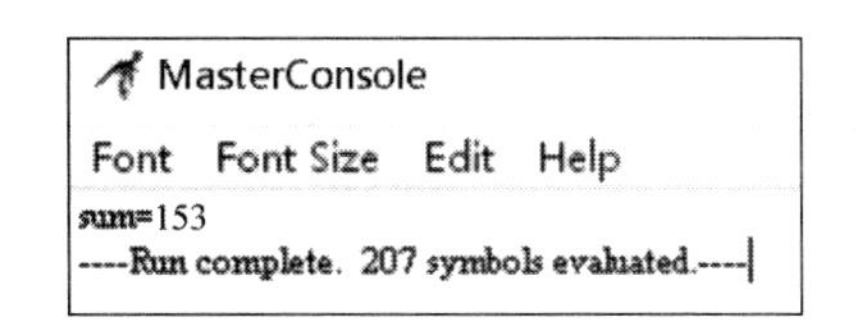

图 2.15　1!+2!+…+5!的范例 5 运行结果

三、实验内容

(1) 输入一个字符,若是数字,则提示为数字;若是小写字母,则提示此字母为小写字母,并将该字母转换为大写字母;若为大写字母,则提示此字母为大写字母,并将该字母转换为小写字母;否则输出其他字符。

(2) 编写一个程序,输入上网的时间,计算上网费用,计算的方法如下。

$$费用=\begin{cases}40\text{元基数} & \leqslant 15\text{小时}\\ \text{每小时}1.5\text{元} & 15\sim 45\text{小时}\\ \text{每小时}1\text{元} & >45\text{小时}\end{cases}$$

同时,为了鼓励多上网,每月收费最多不超过130元。

提示:首先根据3个时间段算出费用,然后将超过130元的费用设置为130元。

(3) 分别用单重循环和双重循环语句求 $S=1+\frac{1}{2}+\frac{1}{4}+\frac{1}{7}+\frac{1}{11}+\frac{1}{16}+\frac{1}{22}+\frac{1}{29}+\cdots$ 的值,在第10项时结束。

(4) 我国古代数学家张丘建在《算经》里提出了一个"百鸡问题":鸡翁一,值钱五,鸡母一,值钱三,鸡雏二,值钱一,百钱买百鸡,问鸡翁、鸡母、鸡雏各多少只?

(5) 求500以内的素数,统计其个数,并以一行5个数输出显示。

四、实验后思考

(1) 如何采用子函数和子过程调用的方式实现实验内容第(3)题,请设计流程图。

(2) 如果要求保存实验内容第(3)题中每一项的值,该如何实现,请设计流程图。

第二篇

多媒体技术

实验三　Photoshop 图片编辑

一、实验目的

（1）掌握图像大小和画布尺寸的调整方法。

（2）掌握图像色彩、明度及对比度等的调整方法。

（3）学会图片瑕疵修复及裁切的方法。

（4）掌握图片个性化艺术处理的方法和技巧。

二、实验指导

1. 图像大小和画布尺寸的调整

（1）打开给定的JPG图像文件，要求调整其分辨率为200像素/英寸，尺寸为500像素×333像素，并以P3-01.jpg为文件名保存。

具体步骤如下。

① 选择“文件”→“打开”命令，打开素材文件“风景-01.jpg”，选择“图像”→“图像大小”命令，弹出“图像大小”设置对话框，如图3.1所示。

图3.1　调整图像大小

② 在对话框中，先取消选中“约束比例”复选框，使用户可以任意调整高宽大小，再修改分辨率为 200 像素/英寸，修改宽度为 500 像素、高度为 333 像素。

③ 选择“存储为”命令，将调整过的图像另存为 P3-01.jpg 文件。

(2) 继续调整刚才调整过大小后的图像，要求在四周增加 1.0 厘米的黑色画布空间，并以 P3-02.jpg 为文件名保存结果。

具体步骤如下。

① 保持原图像处于打开状态，选择“图像”→“画布大小”命令，弹出“画布大小”对话框，如图 3.2 所示。

② 设置“新建大小”选项组中的“高度”为 1.0 厘米，“宽度”为 2.0 厘米，“画布扩展颜色”选择灰色，选中“相对”复选框，定位在中心后，单击“确定”按钮。

③ 选择“存储为”命令，将调整过的图像另存为 P3-02.jpg 文件。

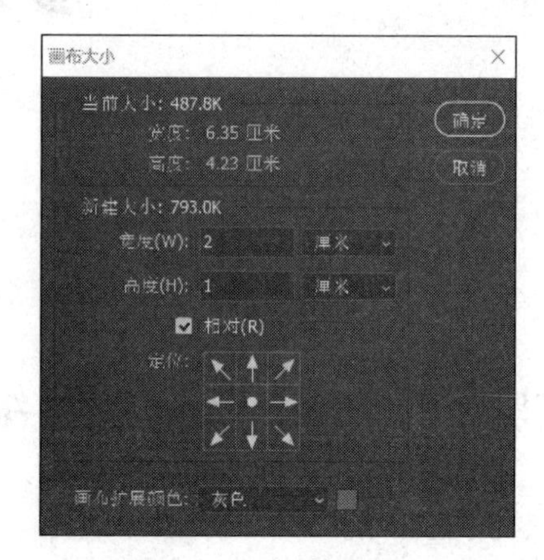

图 3.2 调整画布大小

2. 图像色彩及明暗度的校正

打开一幅 JPG 格式的图片，通过图像调整处理，将图片的色阶、亮度/对比度调整到比较合理的状态，并保存结果。

具体步骤如下。

① 选择“文件”→“打开”命令，打开素材文件“风景-02.jpg”。选择“图像”→“调整”→“色阶”命令，按照图 3.3 所示进行调整。设置色阶参数为 34、1、232，发现图片反差加大、变清晰了，单击“确定”按钮。然后选择“亮度/对比度”命令，按照图 3.4 所示进行调整，亮度为 −8，对比度为 80。

② 选择“存储为”命令，将调整过的图像另存为 P3-03.jpg 文件。

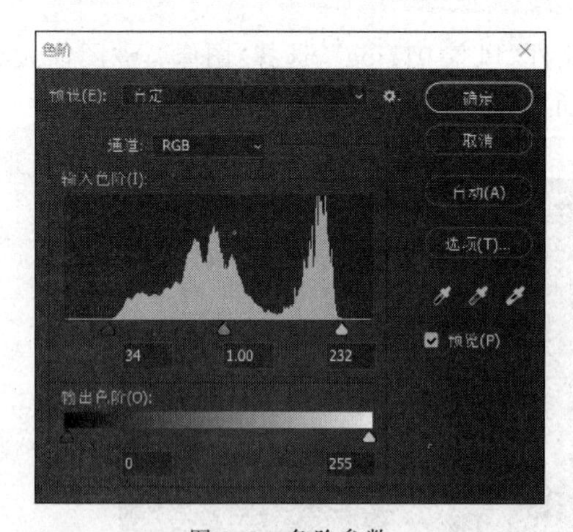

图 3.3 色阶参数

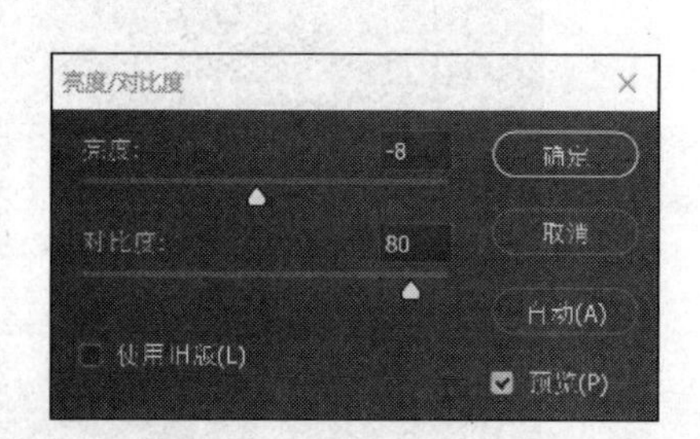

图 3.4 亮度/对比度参数

3. 图片瑕疵修复及裁剪

打开一幅扫描好的书法作品图片，书法文字有些折痕、污迹，通过工具箱中的仿制图章工具或者修补工具进行修复，并保存结果。

具体步骤如下。

① 打开书法作品图片“家”字；发现文字是横向的，如图 3.5 所示。选择“图像”→“图像旋转”→“逆时针 90 度”命令，得到一个正向的文字。

② 图片有些偏，而且边上还有一点多余的其他文字的笔画。选择工具箱中的“裁剪工具”，画面中会出现有 8 个操作柄的方框，可以根据情况拖动图片至合适位置，然后在画面中双击，实现对画面的裁剪，如图 3.6 所示。

图 3.5　横向的“家”字原稿

图 3.6　图片裁剪

③ 画面中文字的中间有很多的折痕，使用仿制图章工具和修补工具都可以进行修复。

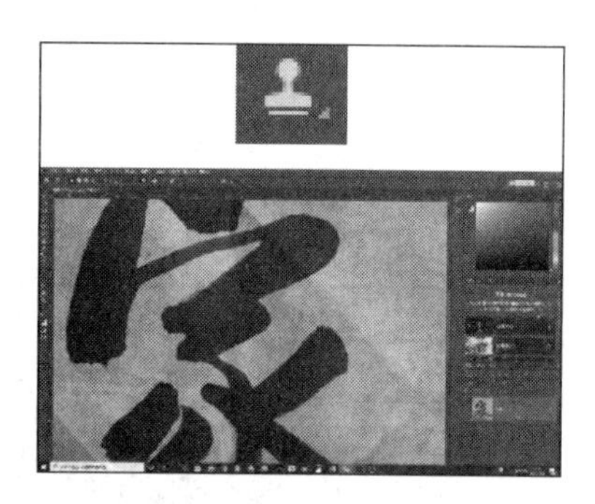

图 3.7　仿制图章工具

方法 1：先用工具箱中的放大工具放大画面，再选择仿制图章工具，如图 3.7 所示。设定“常规画笔”下的“柔边圆”大小为 25，如图 3.8 所示。将光标移到折痕边上平坦的黑色部分，按住 Alt 键单击吸取颜色；松开 Alt 键，将光标移到需要修补的折痕处，轻轻涂抹，就可以修复折痕。

方法 2：选择修补工具，如图 3.9 所示。在折痕处按住鼠标左键圈选要修补的地方，然后按住鼠标左键拖动到平坦的黑色位置，松开鼠标

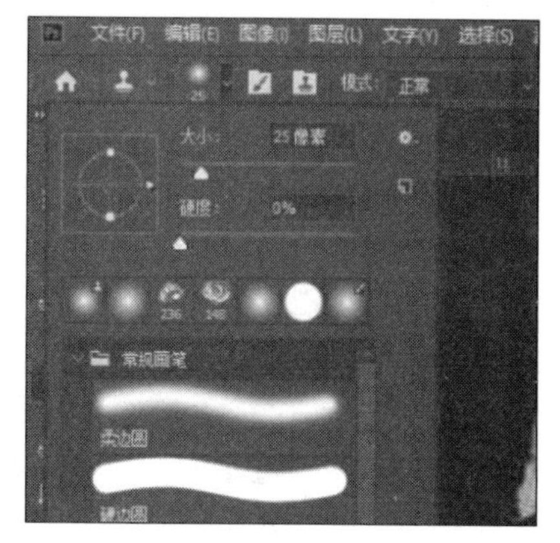

图 3.8　仿制图章工具参数设置

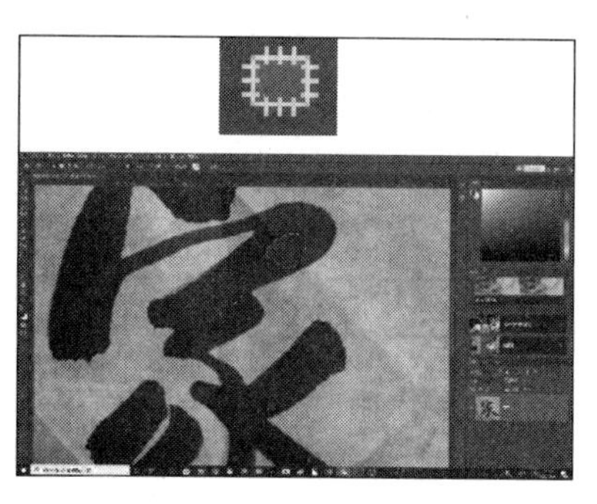

图 3.9　修补工具

左键，就能完成局部的修补。多重复几次，完成全图的文字折痕修复。

④ 画面中的白色宣纸上也有很多折痕，也是用同样的方式修复。最后能够得到一个 15 厘米宽的打印稿。选择“图像”→“图像大小”命令，设定等比关联，将宽度调整至 15 厘米，如图 3.10 所示。再适当调整一下“亮度和对比度”，参数如图 3.11 所示。折痕修复后的效果如图 3.12 所示，然后保存。

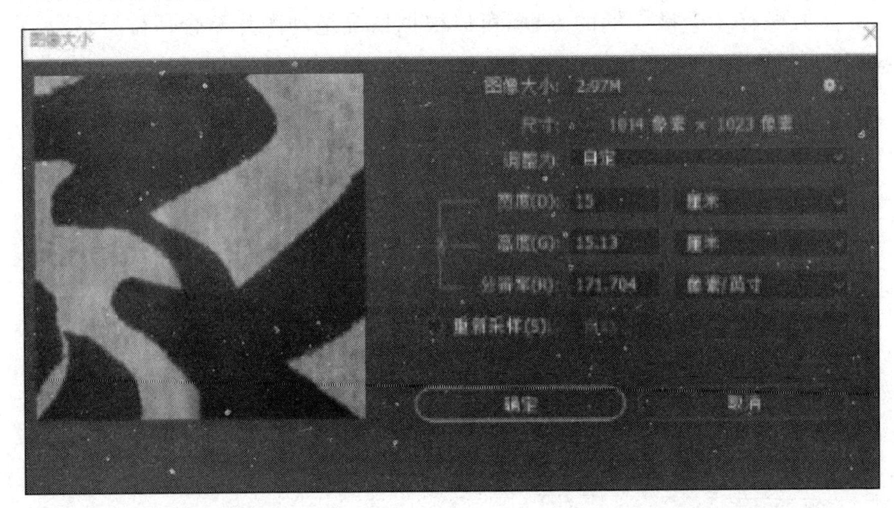

图 3.10 图像大小设定

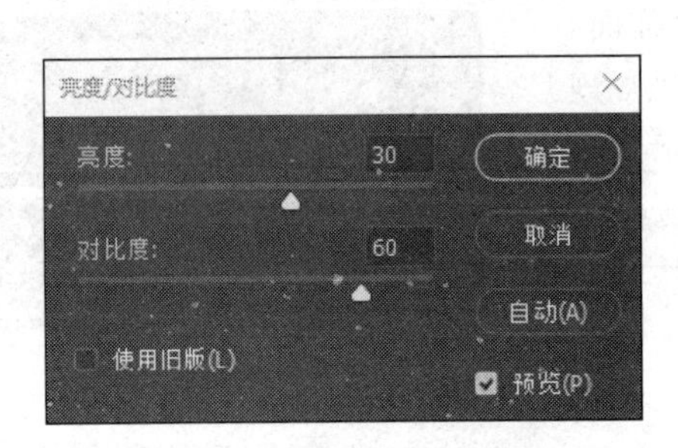

图 3.11 亮度和对比度设定

图 3.12 折痕修复后的效果

三、实验内容

(1) 图像调整。打开“花卉.jpg”素材图片，裁剪图片形成更饱满的构图，调整图像大小为宽度 18 厘米、高度和宽度等比、分辨率为 150 像素/英寸。通过图像调整工具，将图片的光影对比效果调整到比较合理的状态，如图 3.13 所示，最后保存为“花卉-调整.jpg”文件。

(2) 照片调色与修复。运用“图像”→“调整”→“曲线调整图层”命令，以及图层混合模式结合蒙版的局部调整功能，修复逆光环境下暗部过暗的照片，如图 3.14～图 3.16 所示。

制作提示：

(1) 打开实例文件“过暗照片-原图.jpg”，单击“图层”面板下方的按钮，选择“曲线”选项，添加曲线调整图层，得到“曲线 1”调整图层，用曲线调整画面的明暗对比度，使暗部变亮，曲线参数如图 3.16 所示。

图 3.13　图像调整前后的效果

图 3.14　过暗照片

图 3.15　调整后的效果及图层蒙版处理

图 3.16　曲线调整

(2) 将前景色设置为黑色。单击“曲线 1”图层旁的图层蒙版缩略图，将图层蒙版填充为黑色，暂时使曲线调整效果失效；将前景色设置成白色，选择工具箱中的画笔工具，把人物部分涂抹上白色，目的是只将人物部分提亮，如图 3.16 所示。

(3) 按 Ctr+Shift+Alt+E 组合键盖印可见图层，得到“图层 1”，使当前效果以单图层保存。将“图层 1”的图层混合模式改成“滤色”，进一步提亮画面。为“图层 1”添加图层蒙版，单击“图层 1”的图层蒙版，将其填充为黑色，使提亮效果暂时失效；选择画笔工具，将人物部分涂成白色，局部提亮人物部分的亮度，如图 3.15 所示。

实验四 Photoshop 图像合成

一、实验目的

(1) 掌握图像合成处理的基本方法。

(2) 学会“图层”及“图层样式”处理技巧。

(3) 掌握特效文字的制作技巧。

(4) 了解用“滤镜”处理图像的过程。

二、实验指导

(1) 在 Photoshop CC 中新建文件,命名为“片头-主页.psd”,设置其宽度为 10.24cm,高度为 4.68cm,分辨率为 600 像素/英寸,模式为 RGB,背景为白色,如图 4.1 所示。

(2) 选择“文件”→“打开”命令,打开“ps-素材”文件夹下的“三角梅 1.jpg”图片。选择“选择”→“全部”命令,选择“编辑”→“复制”命令,选择“片头-主页.psd”文件,选择“编辑”→“粘贴”命令,将“三角梅 1.jpg”图片合并入“片头-主页.psd”文件,如图 4.2 所示。

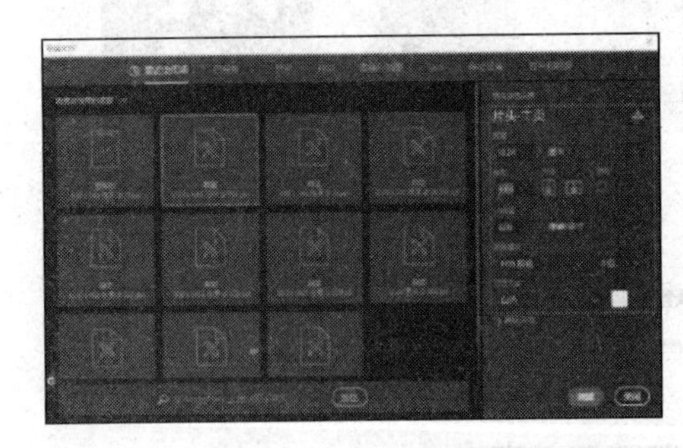

图 4.1 新建文件

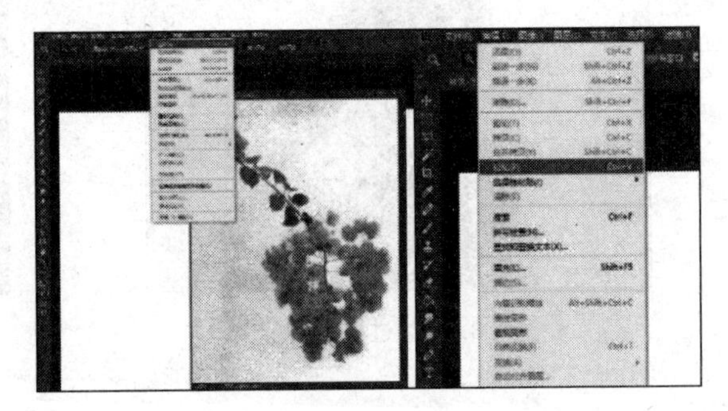

图 4.2 选择、复制、粘贴图片

(3) 合并进来的图片的大小、位置一般都不是很合适,所以需要对其进行大小和位置的调整。选择“编辑”→“变化”→“缩放”命令,将“三角梅 1.jpg”图片进行缩放并调整至画面的左边,如图 4.3 和图 4.4 所示。

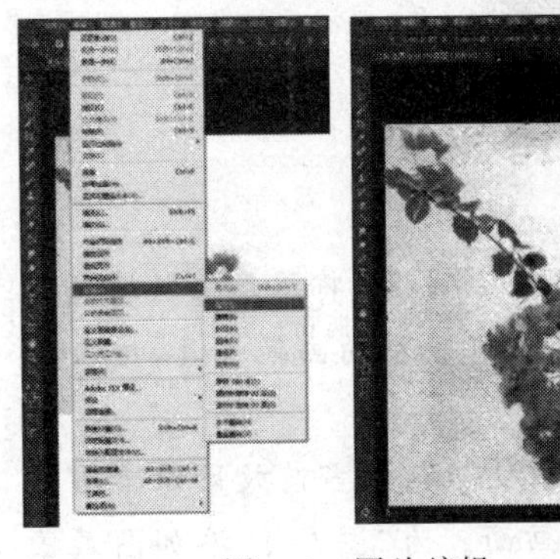

图 4.3 图片编辑

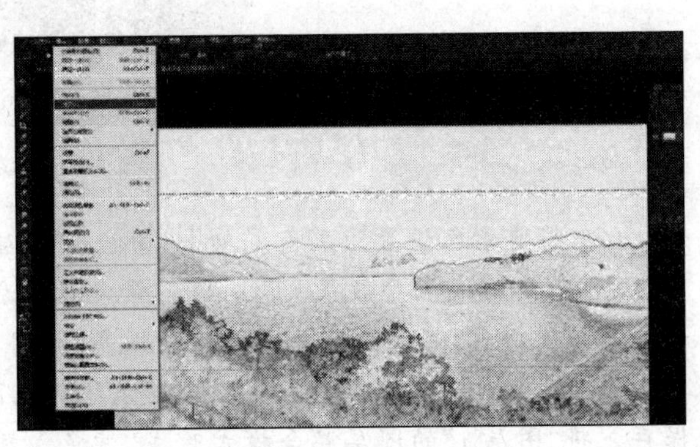

图 4.4 选择、复制图片

(4) 选择“文件”→“打开”命令,打开“ps-素材”文件夹下的“莫干湖.jpg”图片,如图 4.5 所示。选择“图像”→“调整”→“去色”命令,如图 4.6 所示,将“莫干湖.jpg”图片去色,从一张彩色照片变成黑白图片。

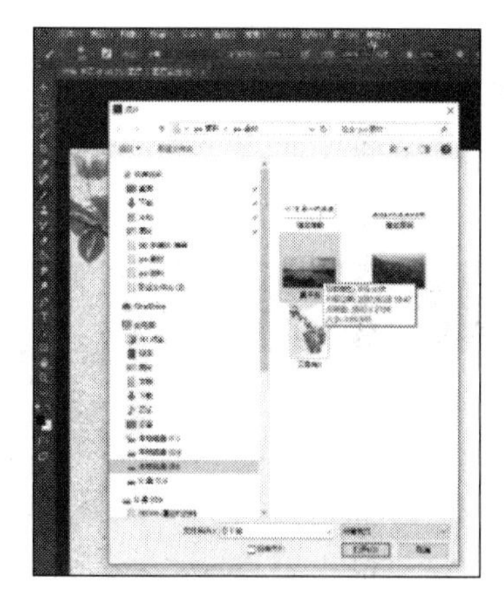

图 4.5　打开文件

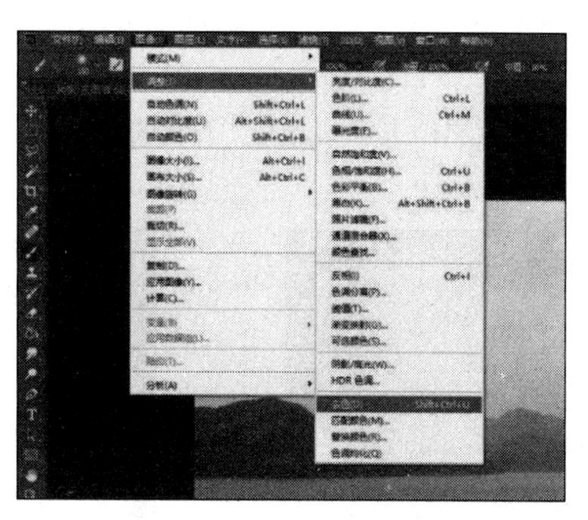

图 4.6　图片去色

(5) 选择“滤镜”→“风格化”→“查找边缘”命令,如图 4.7 所示,将“莫干湖.jpg”变成一张类似铅笔线稿效果的图片。然后将处理好的图片存储为“莫干湖-线稿.jpg”文件,准备后续合成图片时使用。

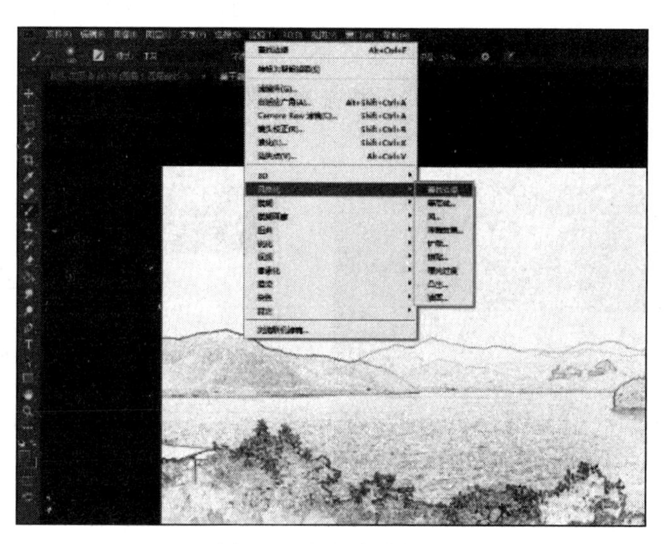

图 4.7　铅笔线稿效果

(6) 打开“莫干湖-线稿.jpg”文件,使用工具箱中的矩形选框工具框选出中间瘦长的图片部分。选择“编辑”→“复制”命令,选择“片头-主页.psd”文件,选择“编辑”→“粘贴”命令。选择“编辑”→“变化”→“缩放”命令将线稿黑白图片进行缩放和调整,并放在画面的下方。

(7) 调整图层的顺序。当把一个图片粘贴入另一个图片时,默认会产生一个新的图层。图层顺序以后粘贴的图片在上层顺序排列,但可以通过拖动图层来调整图层的前后顺序。现在将白色背景调整为最底层;黑白线稿图层为第二层;三角梅图片是第三层,在最上面。

(8) 选择“三角梅”图层,并为这个图层添加图层蒙版。选择工具箱中的画笔工具,调整画笔大小为 160 像素、硬度为 0，如图 4.8 所示，使画笔边缘有一定的过渡。选择黑色，然后用画笔涂抹三角梅图片边上的白色背景，使白色背景被蒙住而不可见，露出下面的线描图案，使三角梅和后面的背景更好地融合。如果不小心把三角梅图案也给蒙住了，也可以选择白颜色涂抹，使原来蒙住的部分变成可见。

(9) 选择“黑白线稿”图层，选择“图层”→“添加蒙版”命令，用画笔黑色涂抹的方法，在“黑白线稿”图层的上部与背景相接的地方涂抹，可进行部分遮罩，使线稿和白色背景融合，效果如图 4.9 所示。

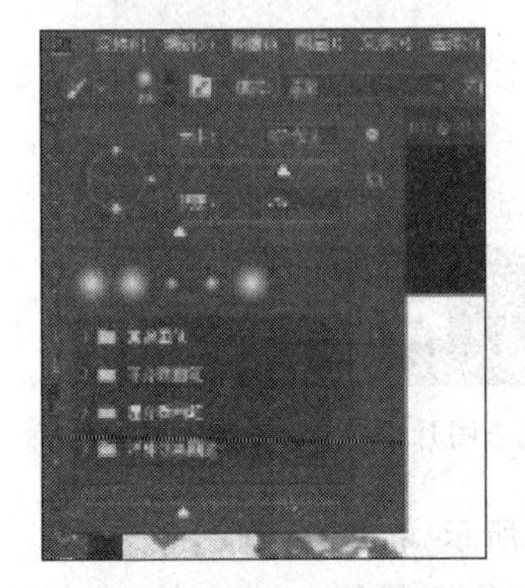

图 4.8　画笔工具参数

图 4.9　图层与蒙板

(10) 选择“文件”→“打开”命令，打开“ps-素材”文件夹下的“馆名题词.jpg”图片。选择“选择”→“全部”命令，如图 4.10 所示，将其复制后粘贴入“片头-主页.psd”文件中。更改新贴入的“图层 3”的图层混合模式类型为“正片叠底”，如图 4.11 所示；发现文字边缘的白色底色被下面图层的底色代替了。

图 4.10　图片全选 1

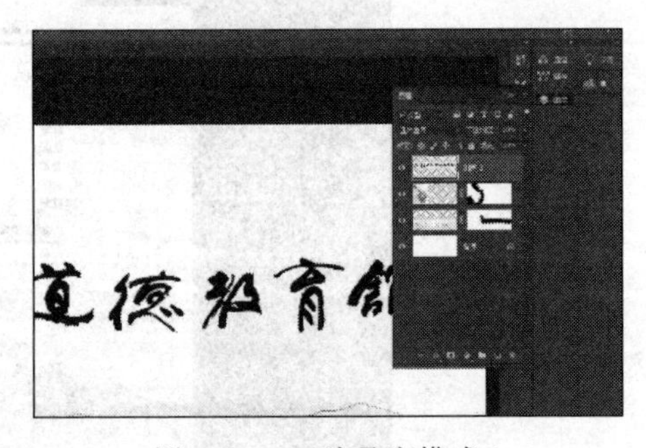

图 4.11　正片叠底模式 1

(11) 选择“编辑”→“自由变化”命令，拖动变化框的边角小方点的同时按住 Shift 键，可以进行等比的调整，实现快速将“图层 3”进行合适的缩放，并调整至合适的位置。

(12) 选择“文件”→“打开”命令，打开“ps-素材”文件夹下的“馆名落款.jpg”图片。按照以上“馆名”的做法完成“复制”“粘贴”，设置合成模式为“正片叠底”以融合白色背景，如图 4.12 和图 4.13 所示。

(13) 选择工具箱中的文本工具，在合适的位置输入“邀请函”三个字。设置字体为“微软雅黑”，颜色为 d60b0b(红色)，字体大小为“18 点”，行距为“6.6 点”，字距为 300，图层上会产生一个新的文字图层，如图 4.14 所示。

图 4.12　图片全选 2

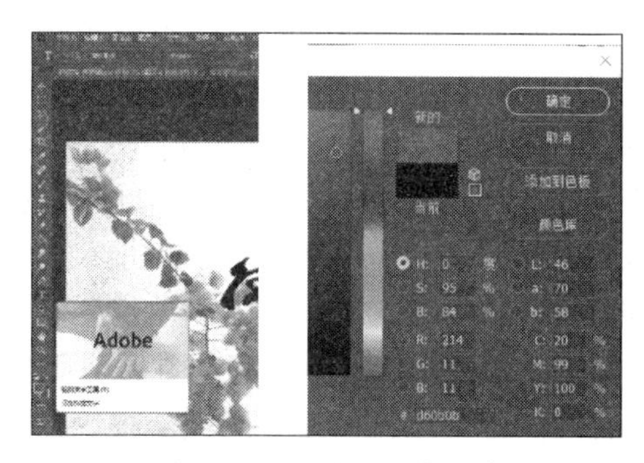

图 4.13　正片叠底模式 2

图 4.14　文字参数设定

(14) 选择这个新建的文字图层，单击 fx(图层样式)按钮为其添加"斜面和浮雕"效果。设置样式为"枕状浮雕"、方法为"平滑"、深度为 84%、方向为上、大小为 7、软化为 1、阴影的角度为 144°；勾选"全局光"，设置高度为 30°、高光模式为滤色、不透明度为 50%，设置阴影模式为"正片叠底"、阴影颜色为 000000、不透明度为 50%，如图 4.15 所示。最后单击"确定"按钮，可以看到"邀请函"三个字快速地产生了立体的效果。

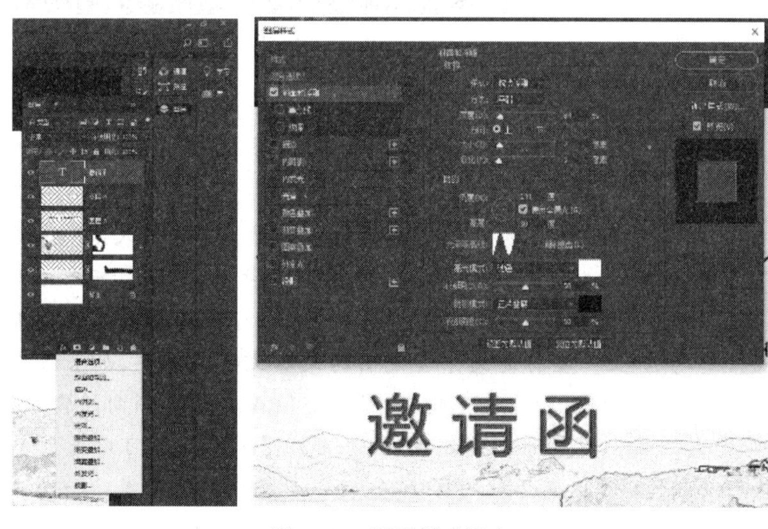

图 4.15　图层样式设定

(15) 为了给黑白的线描山水画添加一点绿色,可添加一张彩色的照片,并用遮罩的方法将不需要的地方蒙住。打开彩色图片"莫干湖全景.jpg"(见图 4.16),将其复制、粘贴入"片头-主页.psd"文件,并置于所有图层的上方。单击"图层"面板下方的"图层蒙版"按钮。单击工具箱中的画笔工具,设置颜色为黑色,边缘稍微设定一些羽化参数,画笔带有羽化时遮罩的融合会好很多。然后在图层蒙版上按如图 4.17 所示进行涂抹,画笔涂抹的地方画面会被遮住不可见,露出下一个图层的内容。如果画错,可以选择白色进行修补,白色画到地方,就会显示出本层的图案。效果如图 4.18 所示,保存文件。

(16) 选择"文件"→"另存为"命令,在弹出的对话框中输入文件名"片头-主页-jpg",保存类型选择.jpg;压缩品质设定为 10,这时会存储一个全部图层合并的无图层的图像文件。

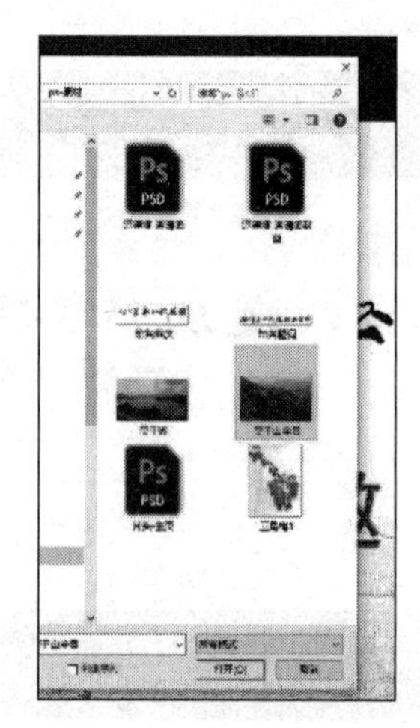

图 4.16 莫干湖全景

三、实验内容

(1) 图像合成。运用提供的素材,完成如图 4.19 所示的效果。将提供的素材进行选择、复制,粘贴到合成文件内。对粘贴后产生的图层进行调整,添加图层样式、添加特效文字等处理。通过这个例子的练习,掌握图片合成的流程及涉及的一些处理方法。

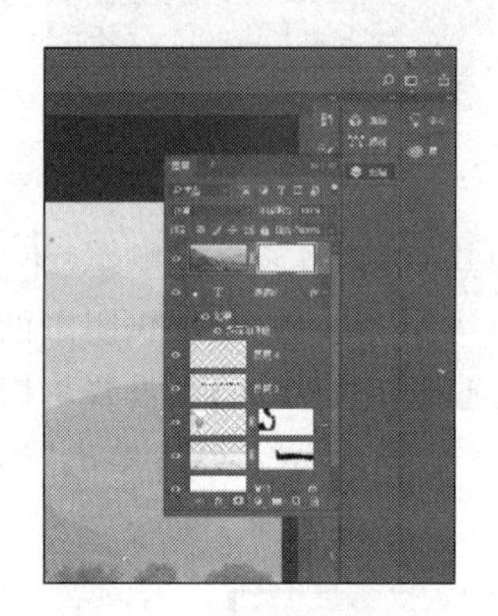

图 4.17 图层样式设定

图 4.18 莫干湖全景

(2) 根据主题或命题,进行宣传海报的合成(见图 4.20)。

制作提示:

综合处理图像,可以简单地把它理解为:根据需求构思一个方案,选择适合的素材,然后把素材中需要的部分粘贴入准备综合处理的文件。多次的素材加入,必然产生多个图层,对每个单独的图层可以对其进行大小、位置、色调、合成模式等修改,甚至可以用蒙版工具把多余的局部进行遮挡。再为其添加多种滤镜等各种效果,直至达到预想的效果。接着为了点明主题、明确信息,会加上一些标题文字和说明的文本文字。同样,如果希望凸显主题和美观,可以对文字进行处理并添加特效。最后,因为补缺或者风格倾向的需求,可能会为画面添加背景图形或者图案。图案可以是波点的,也可以是线条的;可以是用笔尖工具绘制的,也可以是外部载入的;可以是垫底的色块,也可以是半透明的图案。一个丰满的合成稿层层叠叠地浮现出来,每个图层各显其效。

图 4.19　邀请函效果图

图 4.20　曲线调整

实验五　音视频处理

一、实验目的

(1) 掌握声音的录制、剪辑方法。

(2) 掌握音频去噪、增益、特效等处理方法。

(3) 掌握视频的拍摄、剪辑及合成方法。

(4) 掌握视频合成中添加字幕、过渡特效等处理方法。

(5) 掌握视频输出方法。

二、实验指导

1. 音频处理

1) 录制音频

数字音频的录制通过声卡实现，将话筒、录音机、CD播放机等设备与声卡连接好，就可以录音了。下面使用软件 Audition 的强大录音功能，录制“德清简介的旁白”音频素材备用。

录制音频的具体步骤如下。

(1) 完成录音前的准备工作后，启动 Audition CC 软件，选择“文件”→“新建”命令，弹出如图 5.1 所示的“新建音频文件”对话框，在对话框中设置文件名为“德清简介-01”、采样率为 88200、声道为立体声、位深度为 16，单击“确定”按钮返回编辑界面。

(2) 保持录制环境的安静，单击“传送器”面板中的“录制”按钮，开始录音，如图 5.2 所示。录音完成后，再单击“录制”按钮，停止录音。

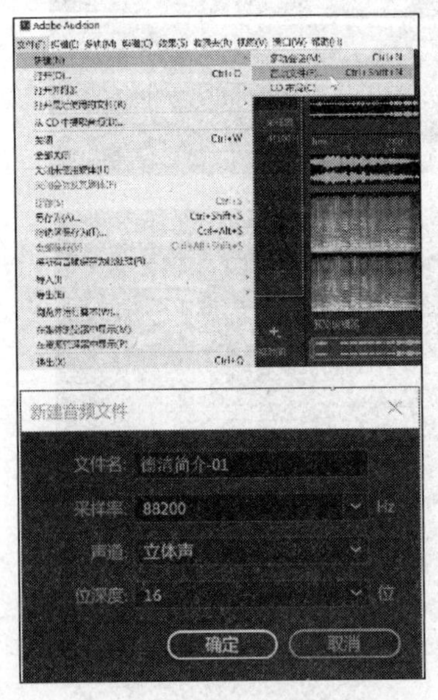

图 5.1　新建音频文件

图 5.2　“传送器”面板

(3) 单击“播放”按钮，试听所录制的声音效果。选择“文件”→“另存为”命令，对录制的文件进行保存。设置文件名为“德清简介-01”、文件格式为.wma，如图 5.3 所示。

（4）在多媒体作品的开发中，声音文件一般推荐质量是22.050kHz、16bit，它的数据量是44.1kHz声音的一半，但音质却很相似。录制的声音在重放时可能会有明显的噪声存在，需要使用音频处理软件进行降噪处理。

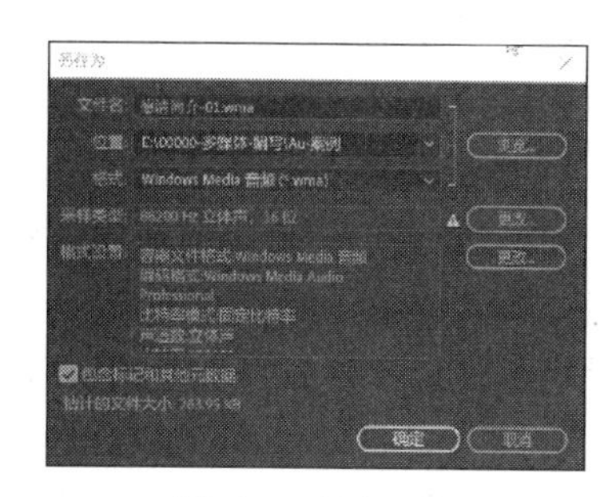

图5.3　保存面板

2）降噪和剪辑处理

在实际工作中，有时虽然在录制时保持了环境安静，但录制的声音还是存在很多杂音，必须对音频进行降噪和剪辑处理。

音频降噪处理的具体步骤如下。

（1）选择"文件"→"打开"命令，打开"德清简介-01.wma"文件，然后单击"水平放大"按钮并滚动鼠标，将音频波形放大，选取波形前端无声部分作为噪声采样。然后按照图5.4所示的过程进行降噪处理。

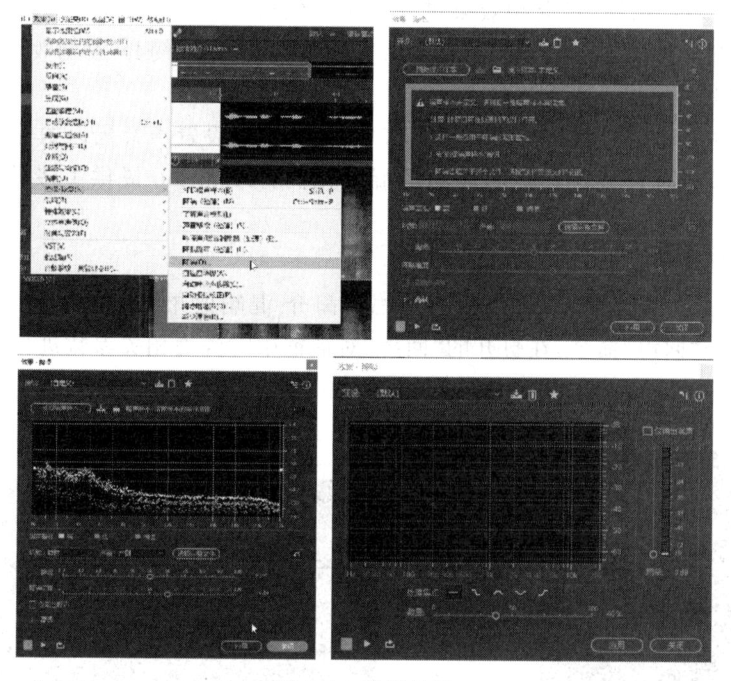

图5.4　降噪处理

（2）选择"效果"→"降噪/恢复"→"降噪处理"命令，打开"降噪处理"对话框。单击"获取噪声样本"按钮，弹出"效果降噪"面板，单击"应用"按钮，采集当前噪声。

（3）回到编辑窗口，双击声波轨道，全部选中声波，选择"效果"→"降噪/恢复"→"降噪"命令，弹出"效果降噪"面板，单击"确定"接钮，进行降噪。

（4）选取波形前端无声部分，右击，选择"删除"命令，删除头部无声部分的声音。用同样的方法选取尾部和中间过长的无声部分并将其删除。

（5）将经过降噪处理后的文件保存为"德清简介-降噪.wma"，完成音频文件的降噪剪辑处理。

3）倒转处理

选择“效果”→“反向”命令，可以把声波调节成为从后往前反向播放的特殊效果。

4）音量调节

选择“效果”→“振幅与压限”→“标准化(处理)”命令，可以将音频进行标准化设置。如果想要放大音量，可选择“效果”→“振幅和压限”→“增幅”命令，在打开的对话框中拖动相应的滑块可改变音量的大小，然后存储修改好的文件。

5）声音的混响效果

对于录制的音频，如果听起来不如磁带或是 CD 里的音乐那么“圆润”，究其原因，除了设备不专业、录音环境不好外，采样效果差也是重要因素。通过 Audition 的混响工具，可以对原始音频进行调节。

添加混响效果的具体步骤如下。

(1) 选择“文件”→“打开”命令，打开“德清简介-降噪. wma”文件，选择“效果”→“混响”→“室内混响”命令，在打开的“室内混响”对话框中对各项相关参数进行设置，如图 5.5 所示。

(2) 单击“预览”按钮，对混响效果进行测试。然后对不满意的地方进行调节，单击“确定”按钮，为音频文件添加混响效果。最后将音频存储为“德清简介-混响效果. wma”文件。

6）声音的回声效果

回声效果主要是通过将声音进行延迟来实现的，可以设置声音延迟的长度，也可以对左右声道分别进行设置并确定原声与延迟的混合比例。Audition 提供了多种添加回声效果的命令工具。

添加房间回声效果的具体步骤如下。

(1) 选择“文件”→“打开”命令，打开“德清简介-混响效果. wma”文件，选择“效果”→“延迟与回声”→“回声”命令，在打开的“回声”对话框中对各项相关参数进行设置，如图 5.6 所示。

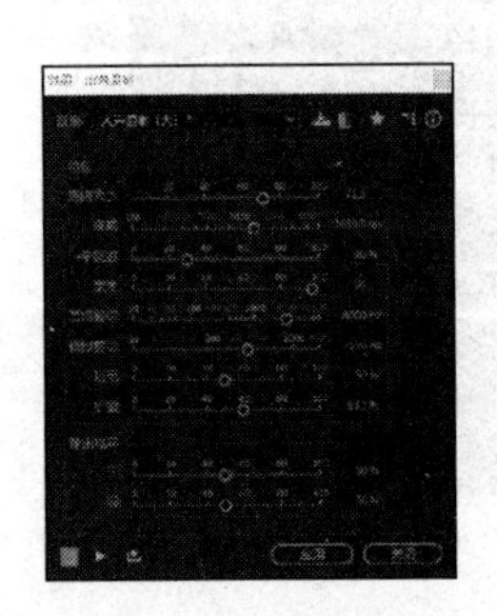

图 5.5　声音混响处理

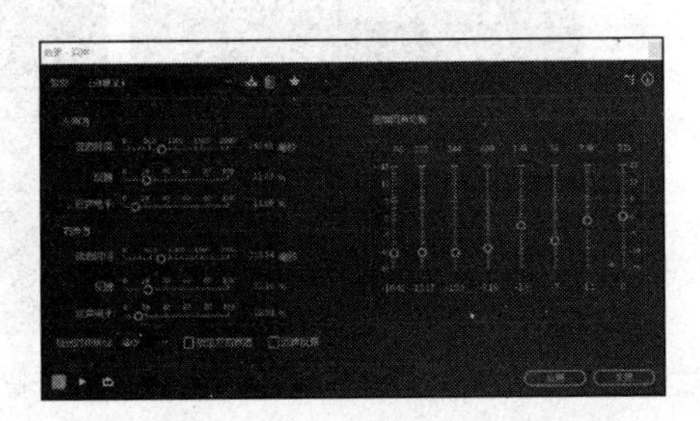

图 5.6　声音回声处理

(2) 单击“预览”按钮，对回声效果进行测试。然后对不满意的地方进行调节，单击“确定”按钮，为音频文件添加混响效果。最后将音频存储为“德清简介-回声效果. wma”文件。

7）声音的淡入淡出处理

对于通过剪切后连接生成的音频素材，在不同声音的连接处往往会出现突然开始或突然结束的现象，这将使声音的效果大打折扣。可以对声音连接处进行淡入淡出处理，使播放即将结束的音频音量由大到小，而使声音即将开始的音频音量由小到大，从而使衔接处更为圆润。

处理声音淡入淡出的具体步骤如下。

(1) 选择“文件”→“打开”命令，打开“德清简介-回声效果.wma”文件。拖动鼠标选择声波开始的一小段，选择“效果”→“振幅和压限”→“淡化包络”命令，即可打开“淡化包络”对话框，声波上会出现声波淡化的曲线，可以对曲线进行调整并预览效果，反复调整效果直到满意为止，如图 5.7 所示。

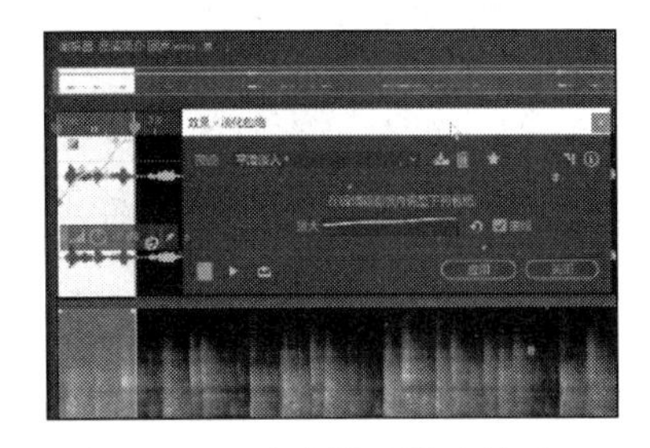

图 5.7　声音淡入淡出处理

(2) 单击“确定”按钮，为音频文件添加淡入效果，并存储为“德清简介-淡入效果.wma”文件。用同样的方法，可以设置尾部声音的淡出，方便后段配音的融合衔接。

2. 使用 Premiere Pro CC 处理视频

1) 预设新项目

预设新项目是进行视频处理的前期工作，包括引入各种图像、音频、视频素材以及各种参数的设置等，下面通过一个例子来具体介绍预设新项目的操作。

(1) 整理好视频处理中要用到的各种素材。启动 Premiere Pro，弹出如图 5.8 所示的开始界面，提示是要打开旧的项目文件还是新建一个项目文件。单击“新建项目”按钮，将会打开“新建项目”对话框，如图 5.9 所示。

(2) 在“常规”选项卡中的“视频”选项组中将“显示格式”设置为“时间码”，在“音频”选项组中将“显示格式”设置为“音频采样”，在“捕捉”选项组中将“捕捉格式”设置为 DV，在“位置”选项组中设置项目保存的盘符和文件夹名，在“名称”选项组中填写制作的影片片名，如图 5.8 所示。

(3) “暂存盘”和“收入设置”选项卡中的参数保持默认状态。设置完成后，单击“确定”按钮，即可进入 Premiere Pro CC 非线性编辑工作界面，如图 5.9 所示。

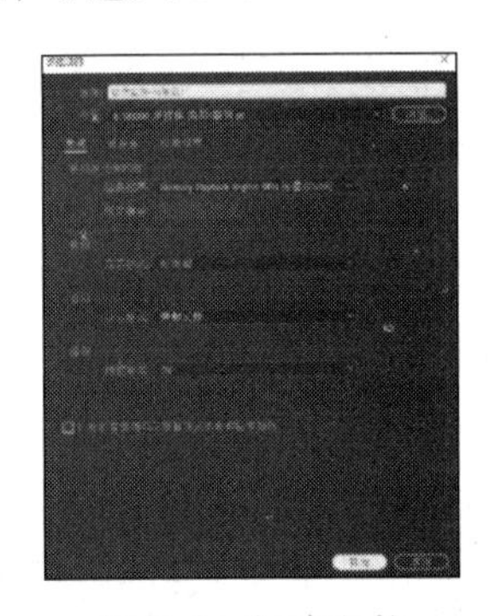

图 5.8　新建文件

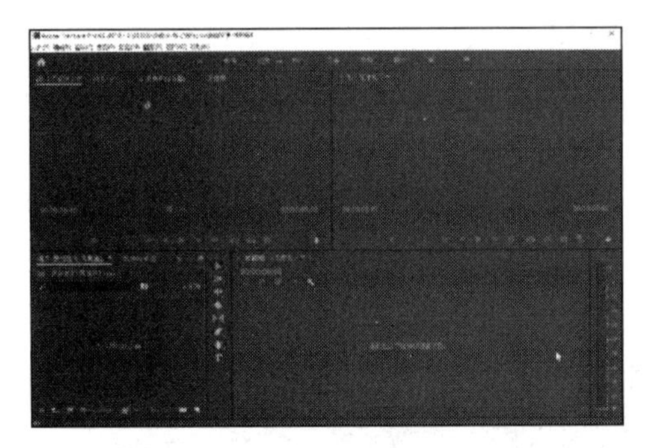

图 5.9　工作界面

2) 添加素材

Premiere Pro CC 不仅可以通过采集的方式获取拍摄的素材，还可以通过导入的方式获取硬盘里的素材文件。这些素材文件包括多种格式的图片、音频、视频、动画序列等。

(1) 在 Premiere Pro CC 中导入素材文件，选择“文件”→“导入”命令或双击“项目”面板的空白处，在打开的“导入”对话框中选择准备好的素材文件夹中的“德清宣传片-风景素材-01.MP4”“德清宣传片-风景素材-02.MP4”“德清宣传片-风景素材-定格照片.jpg”视频文件，然后单击“打开”按钮，此时在 Premiere Pro CC 项目窗口中即可看到刚刚导入的三个素材文件。

（2）导入的各种多媒体素材将会显示在“项目”窗口中，素材在项目窗口中的显示有两种方式，一种是列表方式，另一种是图标方式，可以通过在项目窗口中右击后弹出的快捷菜单中进行选择。

（3）选择“文件”→“保存”命令，保存“德清宣传-风景片 1. prproj”项目文件，以后直接打开这个项目文件，就可以进行视频处理了。项目文件中引入的各种素材文件只是一种链接关系，如果改变了引入素材在计算机中的位置，项目文件将会出错，提示找不到相应的素材。另外，在保存文件时一定要记得保存源文件，以便以后修改和加工。

3）视频、音频、图片的剪辑

在对视频进行编辑时，有时候需要对视频素材进行裁剪，以满足编辑的需要。使用 Premiere Pro CC 即可以对创建或引入的视频素材进行裁剪，从而保留所需的部分并进行编辑。使用 Premiere Pro 对视频进行裁剪时不会影响原始素材，具体方法如下。

（1）打开“德清宣传-风景片 1. prproj”项目文件，将素材“德清宣传片-风景素材-01. MP4”拖放到右侧的时间线窗口，可以看到频视内容分布在 V1 轨道上，音频内容分布在 A1 轨道上。在时间线窗口的下方，可以拖动滑竿，将该视频片段酌情放大或缩小，以方便编辑。

（2）在监视器窗口播放该视频片段，可以看到这是一个德清 2020 宣传片的片段视频，视频中的音频和视频轨道是分开的，我们将去除里面人物及其他的部分，剪辑出一个短的有关德清风景宣传的影片。为了使背景音乐配音不间断，需要将音频和视频轨道分开编辑。在 V1 轨道上右击，选择“取消链接”命令，将两个轨迹分开处理。如要再次同步编辑剪切，可以选中这两个轨道后右击，选择“链接”命令。

（3）要抠取和剪辑风景镜头的片段，首先必须找到风景镜头出现的时间点。通过播放浏览，找出有人物和不合适的地方，分别是 00：00：44：21、00：00：46：13、00：00：52：01、00：01：13：29 等时间点。在“时间线”窗口中，将时间线播放头依次移动到 00：00：44：21 位置，单击工具箱中的剃刀工具，在视频片段中 00：00：44：21 的位置单击，将 V1 视频轨道的内容剪开。因为之前已经选择“取消链接”命令，所以 A1 轨道上的声音没有变动。使用同样的方法，在“时间线”窗口中将其他时间点的节点剪开。

（4）单击工具箱中的选择工具，在 V1 视频轨道中选择不需要的视频片段，按 Delete 键即可将其删除，保留需要的片段，效果如图 5.10 所示。然后将留下的片段向左移动并靠拢排序，如图 5.11 所示。

图 5.10　视频裁剪

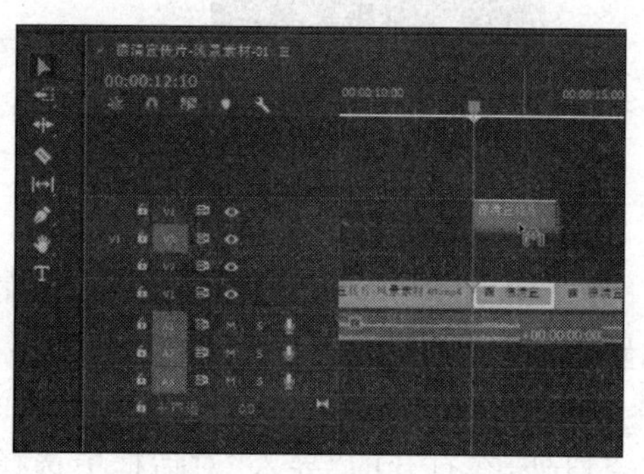

图 5.11　视频复制

(5) 选择 A1 音频轨道，用播放查找的方式找到独白的地方，用剃刀工具将其切割开，删掉不要的部分。然后移动轨道位置，将其和上面的视频及字幕基本能够对上。因为之前剪掉过画面的内容声音会变长，所以还需要剪掉一部分背景音乐。

(6) 拖动另外一段视频“德清宣传片-风景素材-02. MP4”到时间线窗口的 V2 轨道上，同步产生 A2 音频轨道，并相互关联。V2 紧接在 V1 的后面放置。用播放查找结合剃刀工具，剪出“人有德行，如水至清”的画面。A2 紧接在 A1 的后面放置。

(7) 拖动“德清宣传片-风景素材-定格照片. jpg”图片素材到时间线窗口的 V3 轨道上，紧接在 V2 的后面放置。使用选择工具，移动光标到 V3 轨道的尾部，将其向后拖动与 A2 音频平齐。

(8) 将光标移到 V1 轨道的 00:00:12:10、00:00:14:06 时间点，用剃刀工具剪开。用选择工具选择这一段视频，按住 Alt 键拖动这段视频到 V3 轨道上面的空白处，将内容复制，同步产生新的 V4 轨道，将其拖动到影片的尾部。此时时间线的剪辑基本完成，效果如图 5.12 所示。选择“文件”→“保存”命令，保存为“德清宣传-风景片 1. prproj”项目文件。

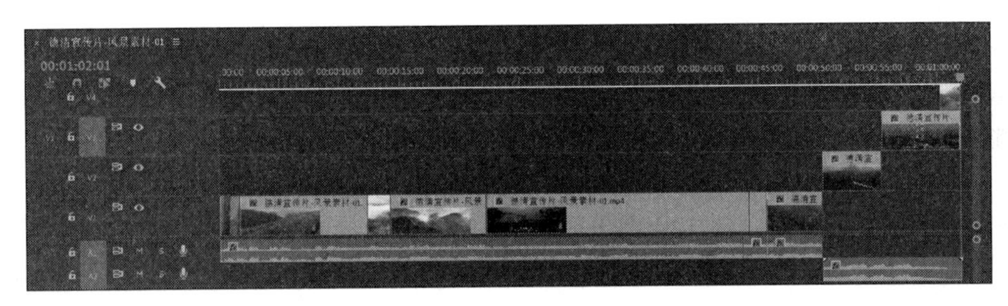

图 5.12　时间线排列

(9) 剪切好以后，删除其他不需要的部分，可以将时间轴中的视频和音频做一个重新的排序。将 V4 轨道上的片段拖动到 V1 的 00:00:50:11 至 00:00:52:07 时间区间。将 V2 轨道上的片段拖动到 V1 轨道的后面接上，将 V3 轨道上的片段再拖动到 V1 的后面接上。将 A2 音频轨道的内容也拖动到 A1 的后面接上，删除 V4 轨道。整理完毕，选择“文件”→“保存”命令，保存“德清宣传-风景片 1. prproj”项目文件。

4) 添加字幕

字幕是视频中的一种重要的视觉元素，包括文字和图形两部分，常常作为标题或注释。漂亮的字幕，可以为视频增色不少。在 Premiere Pro CC 中可以通过工具箱中的文字工具在监视器窗口的任何位置添加文字，文字会单独占用一个视频轨道呈现，文字出现的时间长短可以拖动视频片段的长短来调整。

选择工具箱中的竖排文字工具，在右上方的监视器窗口的中间单击，输入“德清”两个字。然后单击监视器窗口左上角的效果控件，对文字进行设置。设置字体为 FZHuangCao-S09、大小为 237 磅；填充颜色为 AA0505(红色)、描边颜色为 FFFFFF(白色)，边框大小为 2，勾选“阴影”复选框。然后将 V2 轨道上的片段拖动到 00:00:50:11 至 00:00:54:03 时间区间，效果如图 5.13 所示，保存文件。

5) 添加视频特效

在视频处理中，一段视频结束另一段视频紧接着开始，这就是镜头切换。为了使切换衔接自然或更加有趣，可以使用各种过渡效果来增强视频作品的艺术感染力。在 Premiere Pro CC 的综合面板组 2 中，打开“效果”选项卡，其中提供了 6 类效果，分别是“预置”

图 5.13　添加字幕

“Lumetri 预置”“音频效果”“音频过渡”“视频效果”和“视频过渡”。在使用各种过渡效果之前，需要对每一种效果的特点和用途有一个简单的了解，这样才能根据需要进行选择。添加视频过渡效果的方法基本相同。

(1) 选择综合面板组 2 中的效果选项，选择“视频过渡”→“溶解”→“交叉溶解”并将其拖动到 V2 轨道上的“德清”文字片段上，效果如图 5.14 所示，轨道上叠加了一段黄色的交叉溶解片段。可以拖动片段的前后时长位置，来调整过渡的长短。也可以选择综合面板组 1 中的效果控件选项进行调整。用同样的方法，给这个片段的尾部添加一个“胶片溶解”的效果。这样“德清”文字就产生了“交叉溶解”淡入、“胶片溶解”淡出的效果，比之前生硬的衔接相比更加生动。

图 5.14　添加视频特效

(2) 选择综合面板组 2 中的效果选项，选择“视频效果”→“调整”→“光照效果”并将其拖动到 V2 轨道上的“德清”文字片段上。视频效果只能添加到整个视频片段，所以全部文字都具有了效果。选择综合面板组 1 中效果控件下的“光照效果”→“光照 1”选项进行调整。设置光照类型为全光源、光照颜色为白色、中央为 928.0、392.0、主要半径为 18.9、强度为30。此时整个文字被提亮了很多。还有很多的效果都可以用类似方法添加，完成特效添加后保存文件。

6）视频的输出

多媒体素材在Premiere中经过合成后，可以输出不同的结果，既可以输出为图像，也可以输出为视频，还可以单独输出为音频。

视频加工处理完成后，选择“文件”→“导出”→“媒体”命令，打开“导出设置”对话框。在“格式”下拉列表框中可以设置导出媒体的格式。若要导出媒体中的视频和声音，可同时选中“导出视频”和“导出音频”复选框；若要仅导出音频或视频，则取消相应的复选框的选中状态即可。另外，单击“输出名称”选项，可设置媒体导出的位置。设置完成后，单击“确定”按钮，即可导出媒体文件。

（1）选择“文件”→“导出”→“媒体”命令，打开“导出设置”对话框，如图5.15所示。设置格式为H.264(mp4)，将文件存储在源文件目录下，名称为“德清宣传-风景篇-01.mp4”，其他选项不变。设定好后单击“导出”按钮，文件就可以开始渲染导出了。完成后可以在指定文件夹中找到相应的视频文件。H.264(mp4)可以在Animate的时间轴上被导入，也可以使用播放组件加载外部视频的方式被加载。

图5.15　MP4导出设置

（2）这里选择导出H.264(mp4)文件，因为它的体量不大，方便存储，质量符合我们导入Animate中使用。Premiere还支持导出其他很多文件格式，如图5.16所示，这里选择将其导出成.avi格式。Premiere也支持图片的输出，比如JPG格式等，参数设定如图5.17所示，输出后将产生一系列的连续图片。Premiere还支持音频文件的单独输出，如MP3格式等。

（3）因为Animate多媒体作品合成的需要，我们还将对这个视频进行剪辑，缩短其播放的时间，去掉其音频，单独导出动态视频画面。要去掉声音部分，只须在“导出设置”对话框中仅选中“视频导出”选项即可。选择“文件”→“导出”→“媒体”命令，打开“导出设置”对话框，如图5.18所示。设置格式为.avi、输出名称为“德清宣传-风景篇-02.avi”，仅选中“视频导出”选项，其他选项不变，设定好后单击“导出”按钮。

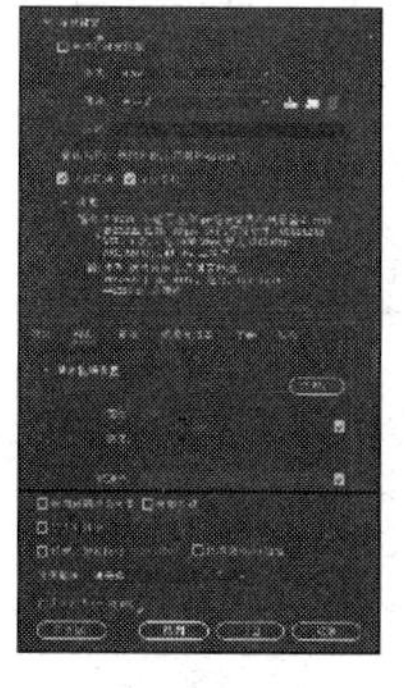

图5.16　AVI导出设置

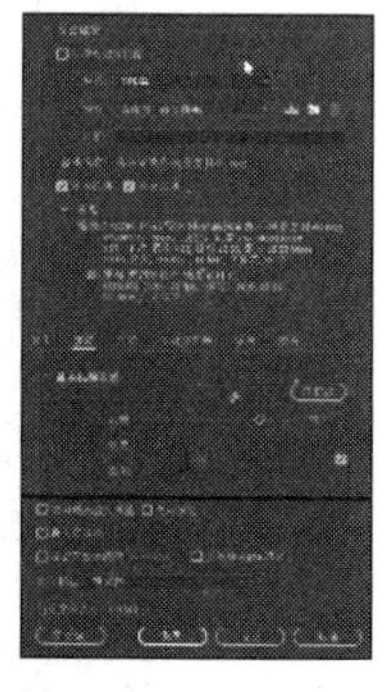

图5.17　JPG导出设置

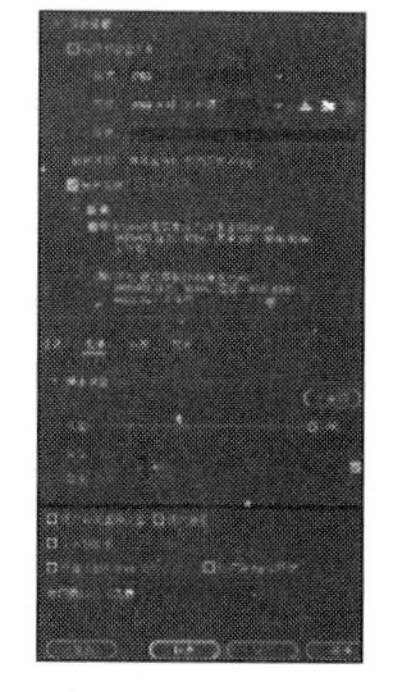

图5.18　AVI无声导出

三、实验内容

(1) 录制一段校园介绍的声音，并对录制的声音进行去噪、增益，并进行剪辑整理，然后添加混响、房间回声、淡入淡出等音频特效，使其取得更佳的音频效果，最后保存。

(2) 拍摄、剪辑、合成一个有关学校介绍的短视频。

① 规划简单的短视频脚本。

② 拍摄视频素材。

③ 根据脚本剪辑、编辑素材，合成短视频初稿。

④ 添加字幕、音频、特效等。

⑤ 保存原始文件，输出视频文件。

实验六　Animate 动画基础

一、实验目的

(1) 掌握 Animate 软件的简单应用。

(2) 了解 Animate 中帧、图层、元件的概念、类型及运用。

(3) 掌握运用 Animate 软件绘制图形、图案。

(4) 了解 Animate 动画的制作原理。

(5) 掌握补间动画的制作过程及方法。

二、实验指导

1. 图形绘制与编辑

动画素材主要包括图形、图像、文本、声音、视频、动画等。在开始制作动画时，先要准备好相应的素材，好的素材可以帮助实现理想的动画效果。Animate 的工具箱中提供了丰富的绘制图形的工具，可以使用线条、椭圆、矩形和五角星形等工具绘制基本图形，也可以使用钢笔、铅笔等工具进行不规则图形的绘制，还可以对已经绘制的图形进行旋转、缩放、扭曲等操作。也可以将导入的位图照片转换为矢量图形，再进行调整。

花瓣图形素材的绘制与编辑的具体操作如下。

(1) 打开 Animate CC 2019 软件，选择“文件”→“新建”命令，新建一个宽 1024 像素、高 768 像素、文件名为“三角梅绘制与编辑”的文件。选择“修改”→“文档”命令，弹出修改对话框，将背景色修改成灰色，色号为＃999999，如图 6.1 所示。

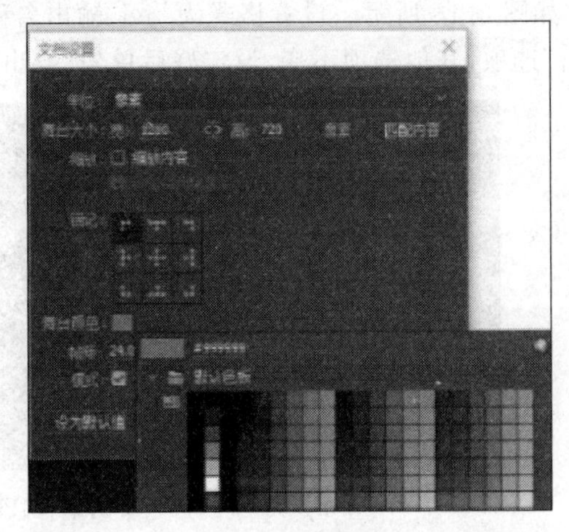

图 6.1　背景颜色

(2) 选择“文件”→“导入”→“导入到库”命令，如图 6.2 所示，将“三角梅绘制与编辑素材”文件夹下的“三角梅”“三角梅-单朵”“三角梅花瓣”图片导入库面板中。Animate 可以导入大多数主流图像格式。位图是制作影片时常用的图形元素，在

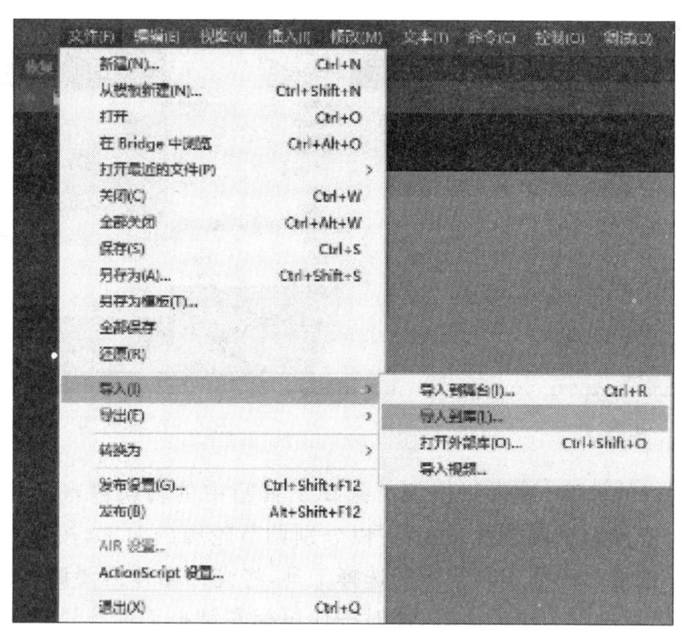

图 6.2　导入文件

Animate 中默认支持的位图格式包括 BMP、JPEG 以及 GIF 等。

(3) 选择“三角梅花瓣”图片，将其移动到舞台中。挑选其中一朵花瓣做参考，绘制花瓣形状。选择工具箱中的钢笔工具，沿着花瓣的边缘单击绘制花瓣的轮廓，首尾相接即可完成轮廓绘制，如图 6.3 所示。选择“修改”→“组合”命令将轮廓组合，如图 6.4 所示。如果不进行组合，轮廓线条是图形，它将位于底层，只有组合后的图形、元件、图片等才可以使用“修改”→“排列”下的命令调整位置次序，如图 6.5 所示。

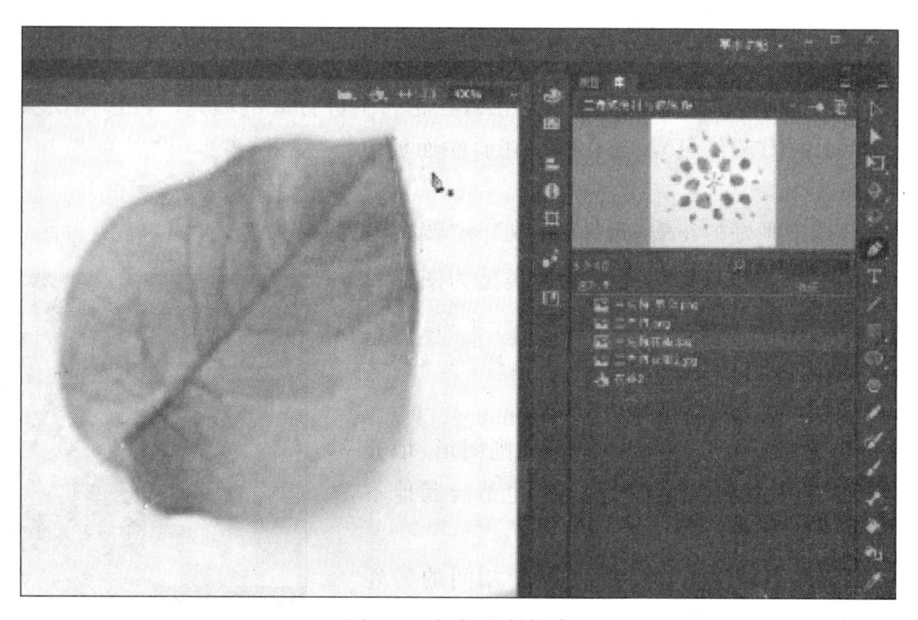

图 6.3　钢笔绘制轮廓

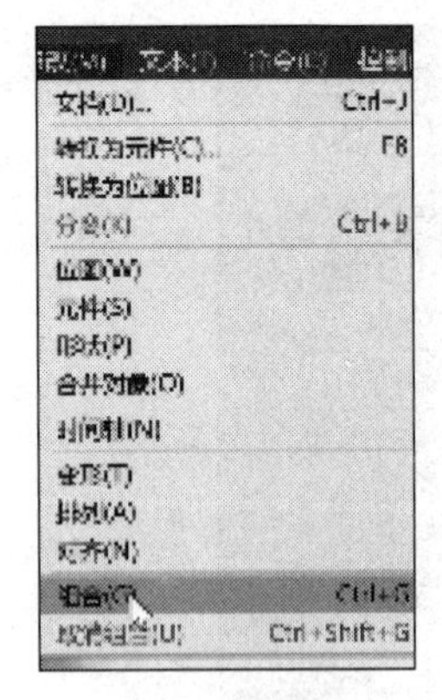

图 6.4 组合

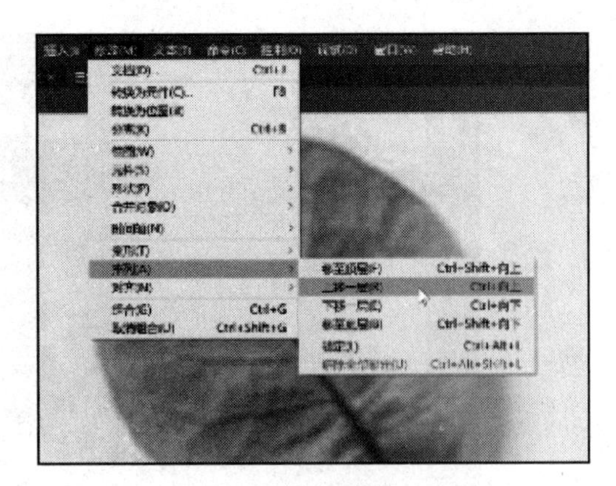

图 6.5 排列图

(4) 双击绘制好的轮廓,进入组层级。选择工具箱中的转换锚点工具,选择轮廓上的点,按下鼠标拖动,支开两个调节线,然后可以分别调节轮廓的曲率,按照花瓣外形调整,效果如图 6.6 所示。也可以选择工具箱中的选择工具,将光标靠近需要调整的线段,如图 6.7 所示,光标下方会出现一段小小的曲线,此时按住鼠标左键拖动曲线进行调整,至与图片花瓣轮廓一致即可。两种方法可以交替使用。

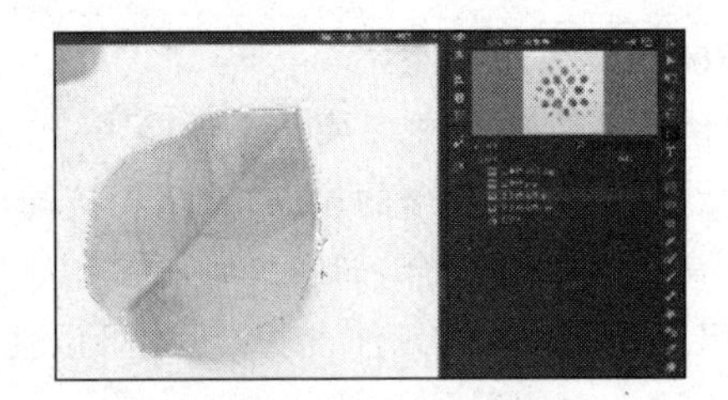

图 6.6 锚点轮廓调整

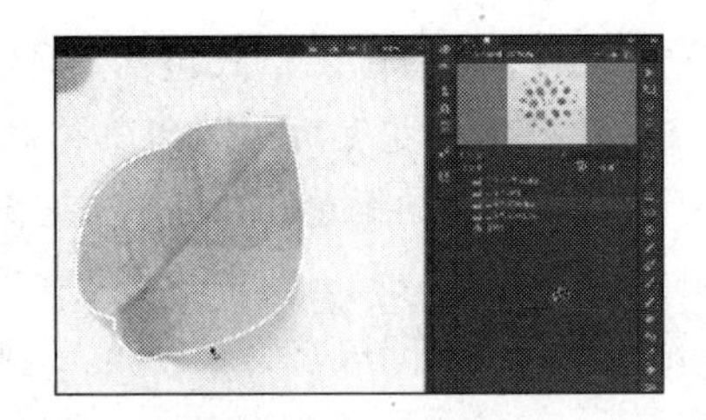

图 6.7 拖动调整

(5) 调整完成后,用选择工具双击绘制的曲线,将其全部选择。选择工具箱中的颜料桶工具,再单击"选择颜色",选择#ffccff(粉色),在轮廓中进行倾倒填充。再选择比填充颜色略深一点的#ff33ff(粉红色)填充轮廓。在属性面板中将"笔触"参数,设置为 2,加粗边框,效果如图 6.8 所示。

(6) 全部选中画好的花瓣,选择"修改"→"转换为元件"命令,弹出"转换为元件"对话框,输入元件名称"单色花瓣",设置元件类型为图形元件。单击"确定"按钮,库面板中就增加了一个名为"单色花瓣"的图形元件,如图 6.9 所示。选择"文件"→"保存"命令,保存文件以待在动画中使用。

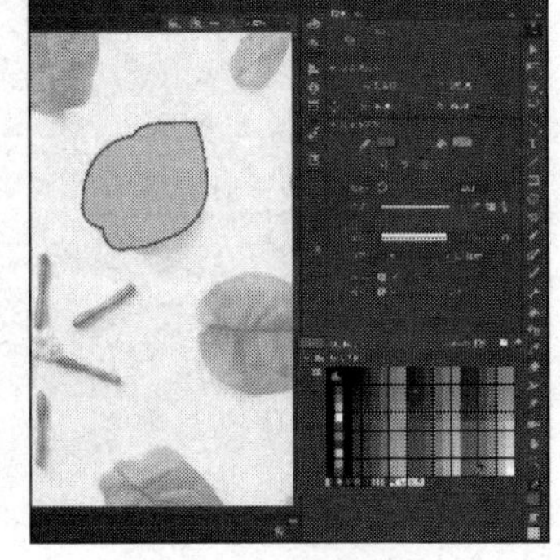

图 6.8 笔触参数

以上是导入参考图片、绘制一个不规则图形、填充颜色和轮廓,并将其转换为元件的方法,也适合其他不规则图形的绘制与编辑。

观察发现"三角梅花瓣"图片中,粉绿相间的另外一个花瓣也很漂亮,若希望能够单独剪切下来,将其转换为图形元件,可以选择"变化"菜单下转换物体为矢

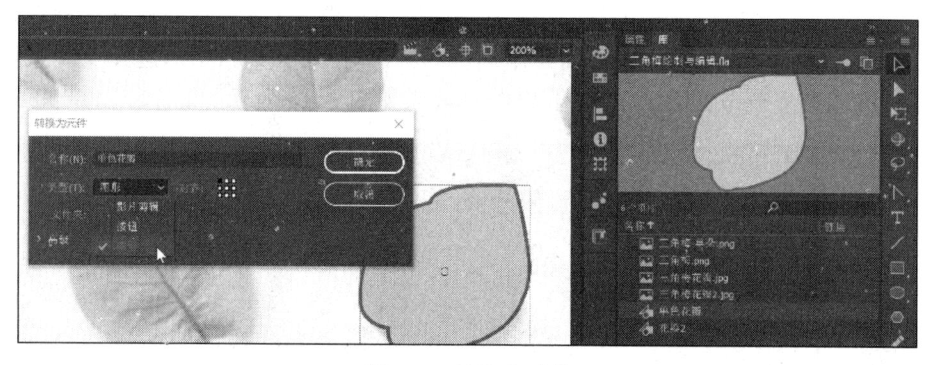

图 6.9　转换为元件

量图形命令的方法去完成。

(7) 单击舞台左上角的场景选项，回到场景层级。选择“三角梅花瓣”图片和刚才绘制的图形，选择“编辑”→“清除”命令，将场景中的对象删除，但库面板中图片和元件都还保留着，后面根据动画要求调用。

(8) 在库面板中选择“三角梅花瓣”图片，右击，选择“使用 Adobe Photoshop CC 进行编辑”命令，如图 6.10 所示，在打开的 Adobe Photoshop CC 软件中单击工具箱中的剪切工具，将花瓣剪切下来，保存为“三角梅花瓣 2.jpg”文件。回到 Animate 软件，选择“文件”→“导入”→“导入到库”命令，将“三角梅花瓣 2”图片导入库面板中。Animate 提供了这样一个链接外部图像处理软件的接口，方便用户借用强大图像处理软件的优势，处理好动画需要的素材。

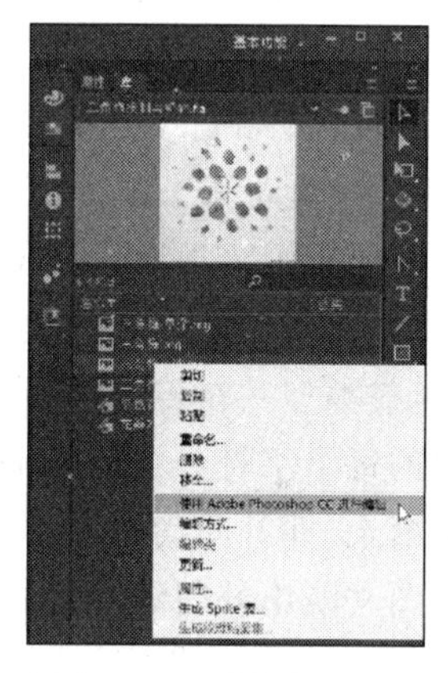

图 6.10　跨软件编辑

(9) 选择“三角梅花瓣 2”图片，将其移动到舞台中。选择“修改”→“位图”→“转换位图为矢量图”命令，如图 6.11 所示，弹出“转换位图为矢量图”对话框。设置颜色阈值为 30、最小区域为 8、角阈值为“较多转角”、曲线拟合为“紧密”，可以通过预览观看效果，如图 6.12 所示。这是一种将位图转换为矢量图的便捷方法，转换的清晰度视参数而定，颜色阈值数值越高分块越少，最小区域值越大图形分块也越少。

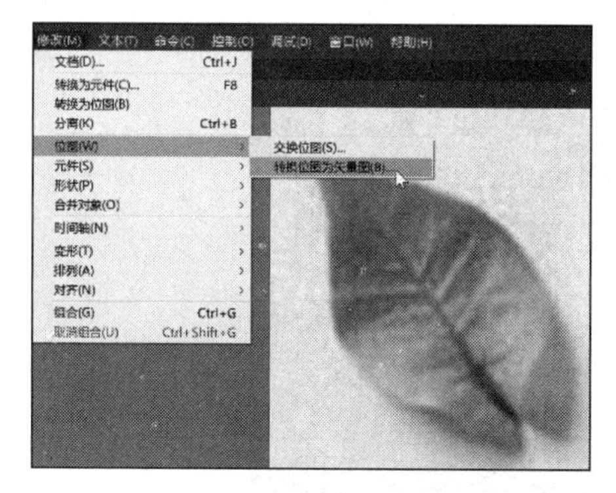

图 6.11　转换位图为矢量图

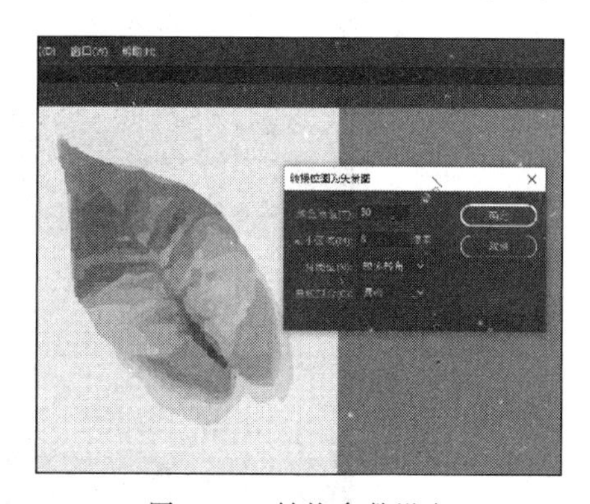

图 6.12　转换参数设定

(10) 选择工具箱中的选择工具，在画面中点选白色背景色块，将其删除；再点选原阴影部分灰色，将其删除；也可以用前面绘制调整的方法，使用工具箱中的选择工具或部分选择工具，直接用节点调节的方式灵活调节图形，效果如图 6.13 所示。

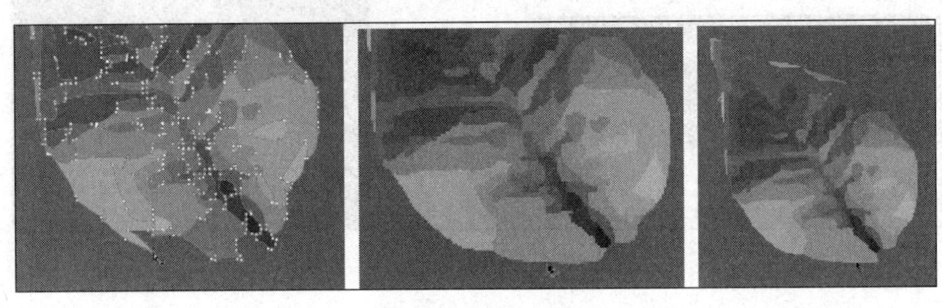

图 6.13 图形调整

(11) 选择工具箱中的选择工具，框选全部多色花瓣图形，选择"修改"→"转换为元件"命令，弹出"转换为元件"对话框，输入元件名称"多色花瓣"，设置元件类型为图形元件。单击"确定"按钮，库面板中就增加了一个名为"多色花瓣"的图形元件。将舞台上的多色花瓣删除，选择"文件"→"保存"命令，保存"三角梅绘制与编辑"文件。现在舞台上是空的，库里的元件被保存下来，等待在动画中使用。

2. 补间动画

补间动画直观地说就是在一个关键帧上放置一个实例，然后在另一个关键帧上改变该对象的大小、颜色、位置、透明度等，两个帧之间的变化过程即可自动形成。实例必须是元件、组或类型。在传统补间动画中要改变组或文字的颜色，必须将其变换为元件。要使文本块中的每个字符分别动起来，则必须将其分离为单个字符。在 Animate CC 2019 中有两种动画形式，即补间动画和传统补间。

图文淡出补间动画的具体操作如下。

(1) 打开"三角梅绘制与编辑.fla" 文件，下面在这个文件的基础上利用库中原来准备的素材，创建补间动画和传统补间动画。

(2) 双击时间轴上的"图层 1"文字，将其重命名为"白色背景"。选择工具箱中的矩形工具，在场景上随意绘制一个白色的矩形。在属性面板中设置白色矩形的属性：X 为 0，Y 为 150，宽为 1024，高为 468，边框为无，填充色为白色。调整矩形的位置使其正好位于舞台的中央，效果及参数如图 6.14 所示。

图 6.14 白色背景设置

（3）单击时间轴面板上的“新建图层”按钮，新建一个图层，命名为“边框”。继续用工具箱中的矩形工具，在场景上随意绘制一个深灰色的矩形。在属性面板中设置灰色矩形的属性：X 为 0、Y 为 135，宽为 1024，高为 15，边框为无，填充色为＃666666。效果及参数如图 6.15 所示。

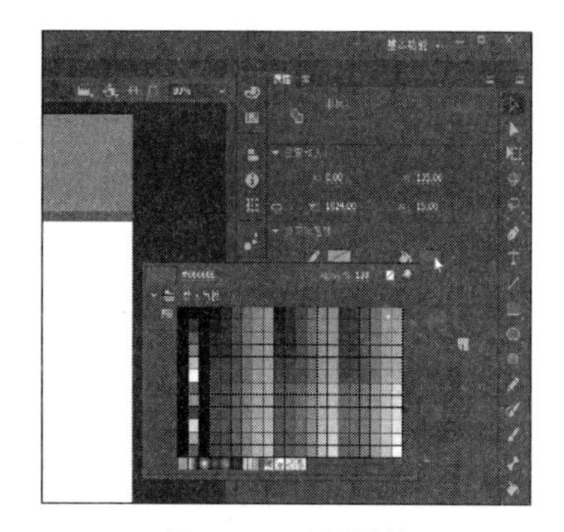

图 6.15　边框属性

选中灰色矩形，选择“修改”→“组合”命令，将其组合。然后依次选择“编辑”→“复制”和“粘贴”命令，复制一个灰色矩形。在属性面板中设置灰色矩形的 Y 轴参数为 615，其他不变。灰色矩形正好位于白色矩形的上下两边，这样舞台背景就做好了。

（4）单击“白色背景”图层，在时间轴的第 100 帧的位置右击，在弹出的快捷菜单中选择“插入帧”命令，如图 6.16 所示。选择“边框”图层，用同样的方法，在第 100 帧的位置插入普通帧。将白色背景灰色边框的效果延续到第 100 帧。

（5）选择“插入”→“新建元件”命令，如图 6.17 所示，在弹出的对话框中输入元件名称“三角梅-图形”，设置元件类型为“图形”，单击“确定”按钮。将库里的三角梅图片拖动到元件舞台，在库面板中就增加了“三角梅-图形”图形元件。

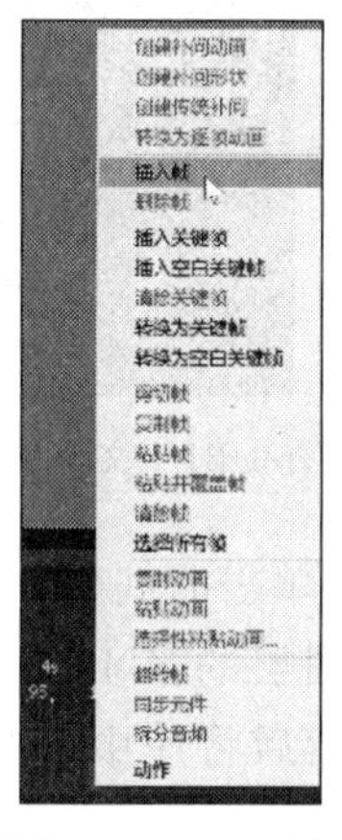

图 6.16　插入帧

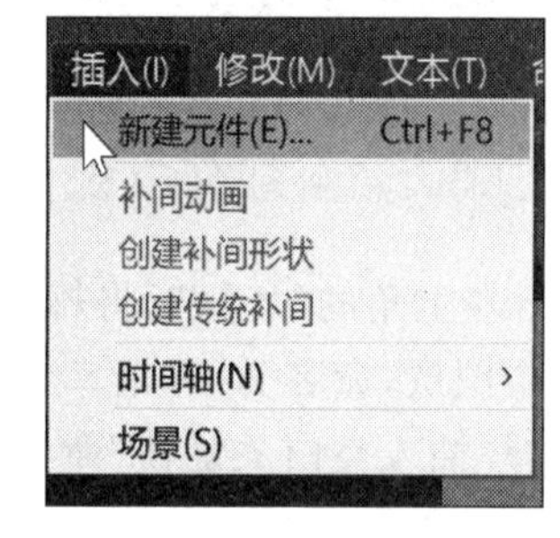

图 6.17　“新建元件”命令

（6）单击舞台左上角的“场景”，将舞台切换到场景层级。单击时间轴面板上的“新建图层”按钮，新建一个图层，命名为“三角梅”，然后将库中的“三角梅-图形”元件拖动到舞台外左边。运用工具箱中的任意变形工具，按住 Shift 键等比调整其大小，并使高度与白色矩形齐平，效果如图 6.18 所示。

（7）在“三角梅”图层第 1 帧的位置右击，在弹出的快捷菜单中选择“创建补间动画”命令，如图 6.19 所示。时间轴就会有部分变黄，将最后一帧拖动到时间轴的第 48 帧，然后单击场景中的三角梅元件，将其移到舞台的左边，形成渐入的动画效果，如图 6.20 所示。

图 6.18 三角梅图形元件

图 6.19 创建补间动画

(8) 选择“插入”→“新建元件”命令，在弹出的对话框中输入元件名称“和谐幸福”，设置元件类型为“图形”，单击“确定”按钮。选择工具箱中的文本工具，分别输入“和”“谐”“幸”“福”四个字，移动其位置后如图 6.21 所示。在文字中间用椭圆工具绘制一个圆点。以上文字和图片，全部填充为灰色＃cccccc。

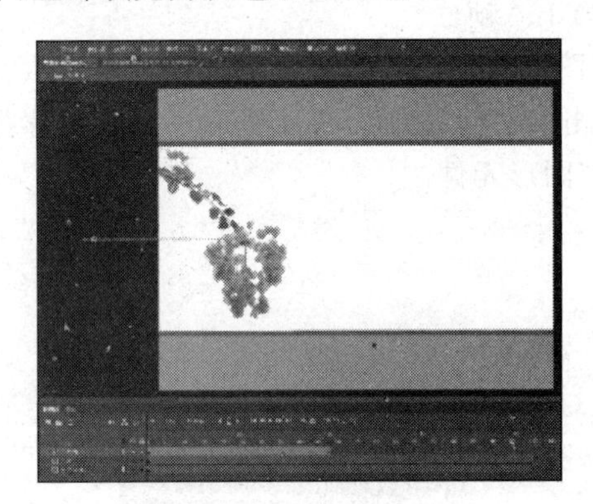

图 6.20 补间动画调整

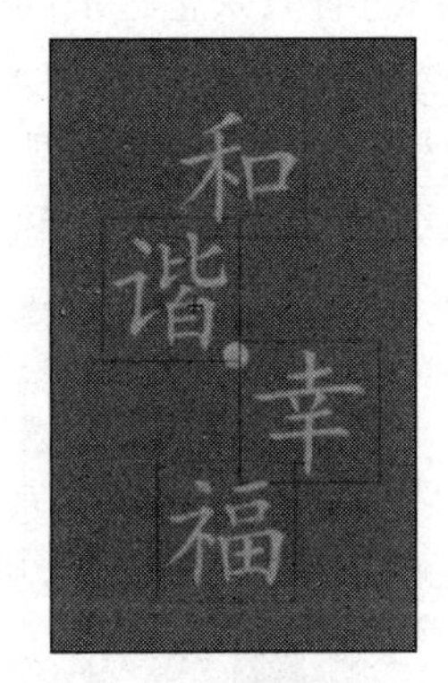

图 6.21 文字编排效果

(9) 单击舞台左上角的“场景”，将舞台切换到场景层级。单击时间轴面板上的“新建图层”按钮，新建一个图层，命名为“和谐幸福”。在“和谐幸福”图层的第 49 帧上右击，在弹出的快捷菜单中选择“插入空白关键帧”命令，如图 6.22 所示，然后将库中的“和谐幸福”图形元件拖动到舞台的左下角。

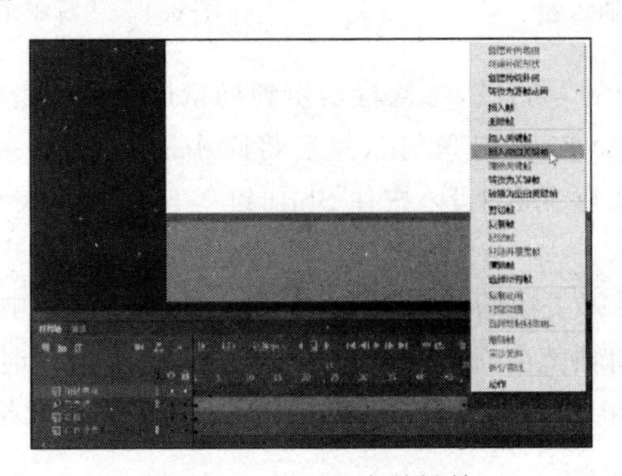

图 6.22 插入空白关键帧

(10) 单击“三角梅”图层，在这个图层的第 100 帧上右击，在弹出的快捷菜单中选择“插入关键帧”命令，将三角梅图层的效果延续到第 100 帧，方便“和谐幸福”图层核对位置。

(11) 单击“和谐幸福”图层，运用工具箱中的任意变形工具，按住 Shift 键等比调整其大小，效果如图 6.23 所示。在第 100 帧上右击，在弹出的快捷菜单中选择“插入关键帧”命令。然后选择第 49 帧(关键帧)，单击此帧场景中的“和谐幸福”元件。在属性面板中的“色彩效果”下选择 Alpha 选项，如图 6.24 所示，将值拖动到 0。然后将“和谐幸福”元件在第 49 帧上变成透明。

图 6.23　插入关键帧

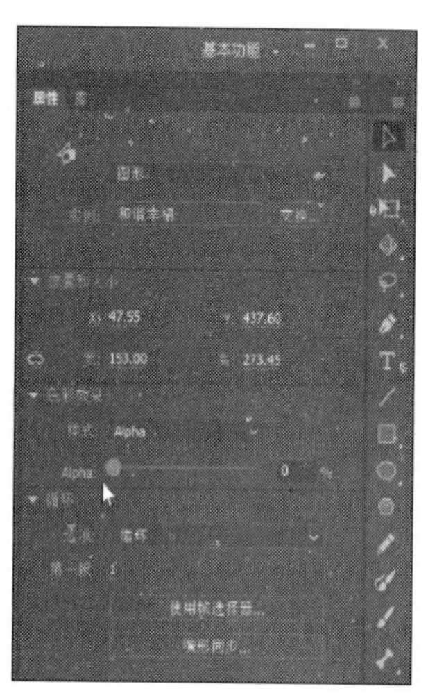

图 6.24　Alpha 参数设置

(12) 在“和谐幸福”图层的第 49 帧上右击，在弹出的快捷菜单中选择“创建传统补间”命令，时间轴上产生了紫色的带箭头的变化，产生了第 49～100 帧的传统补间动画，如图 6.25 所示。

(13) 选择“文件”→“保存”命令，在弹出的对话框中输入文件名“补间动画”，设置文件类型为默认的 Animate(＊.fla)。选择“控制”→“测试”命令，浏览动画效果，可以看到文字渐出的动画效果。测试动画文件的同时会在原文件的同一目录下自动产生一个“补间动画.swf”动画文件，如图 6.26 所示。

图 6.25　创建动画

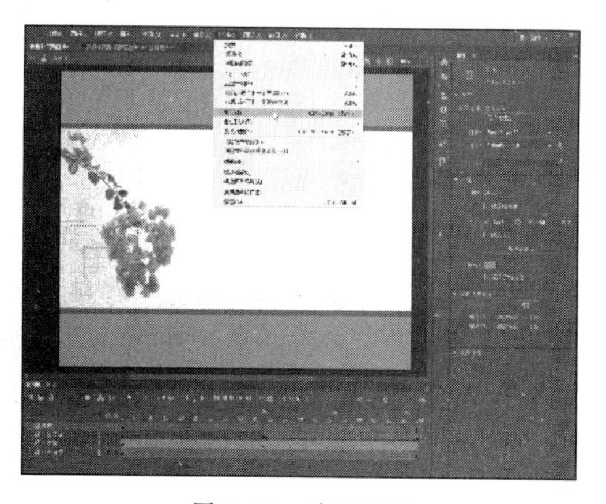

图 6.26　动画测试

三、实验内容

(1) 运用工具箱中提供的绘制工具，参考实验指导的步骤绘制“花瓣”图形并保存。

(2) 运用工具箱中提供的绘制工具，绘制简单图形，如心形、树叶、五角星、卡通形状、校徽等，并保存待用。

(3) 按照实验指导的步骤，运用提供的“三角梅绘制与编辑.fla”文件素材，实现文字的淡出效果，并保存原始文件和动画输出文件。

(4) 运用刚刚绘制的“叶子”等图形，实现“叶子”等图形的淡入淡出、变大变小、移动等补间动画效果。

实验七　Animate 动画制作与合成

一、实验目的

(1) 掌握逐帧动画、路径动画、遮罩动画的制作及方法。

(2) 掌握 Animate 中声音的导入与控制方法。

(3) 掌握 Animate 中按钮的创建及应用方法。

(4) 了解 ActionScript 脚本语言的运用方法。

(5) 掌握基于 Animate 的多媒体动画合成方法。

二、实验指导

1. 逐帧动画

在时间轴上逐帧绘制帧内容称为逐帧动画。由于是一帧一帧地画，所以逐帧动画具有非常大的灵活性，几乎可以表现任何想表现的内容。逐帧动画的帧序列内容不一样，不仅增加制作负担，而且最终输出的文件量也很大。但它的优势也很明显，因为它与电影播放模式相似，适合于表演很细腻的动画。通常在网络上看到的行走、飞行、书写文字等动画，很多都是使用逐帧动画实现的。逐帧动画在时间轴上表现为连续出现的关键帧。要创建逐帧动画，就要将每一个帧都定义为关键帧，给每个帧创建不同的对象。

制作书法题词逐帧动画的具体操作如下。

(1) 打开“补间动画.fla”文件，将在这个文件的基础上适当调整一下时间轴各图层上实例出场的时间，使得动画效果更加合理。单击“三角梅”图层的第 1 帧，按住 Shift 键单击最后一帧，全部选择这个图层的帧，然后将第 1 帧拖动放置在第 110 帧的位置。用同样的方法，选择“和谐幸福”图层，选择两个关键帧之间的全部帧，将首关键帧拖动放置在第 158 帧的位置。分别选择“白色背景”“边框”图层的第 209 帧，右击，选择“插入帧”命令，将两个图层的图形延续到本片尾，如图 7.1 所示。

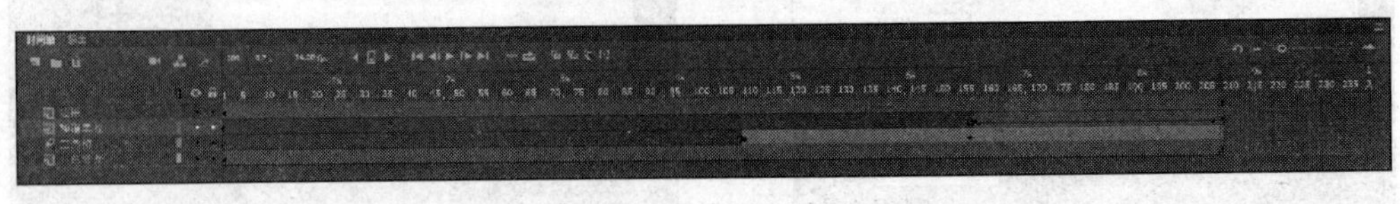

图 7.1　时间轴布局

(2) 选择“文件”→“导入”→“导入到库”命令,将“素材”文件夹下的“题词 7-印章. png”图片导入库面板中。

(3) 选择“插入”→“新建元件”命令,在弹出的对话框中输入元件名称“题词”,设置元件类型为“图形”,单击“确定”按钮。将库中的“题词 7-印章. png”图片拖入元件的舞台中。选择“修改”→“位图”→“转换位图为矢量图”命令,弹出“转换位图为矢量图”对话框,设置颜色阈值为 10、最小区域为 8、角阈值为“较多转角”、曲线拟合为“紧密”,如图 7.2 所示。框选题词落款部分文字和印章,选择“修改”→“转换为元件”命令,打开对话框,如图 7.3 所示,将其转换为“题词落款”图形元件,并将其在舞台上删除。单击左上角的“场景”标签,进入场景层级,现在在库面板中增加了“题词”和“题词落款”两个元件。

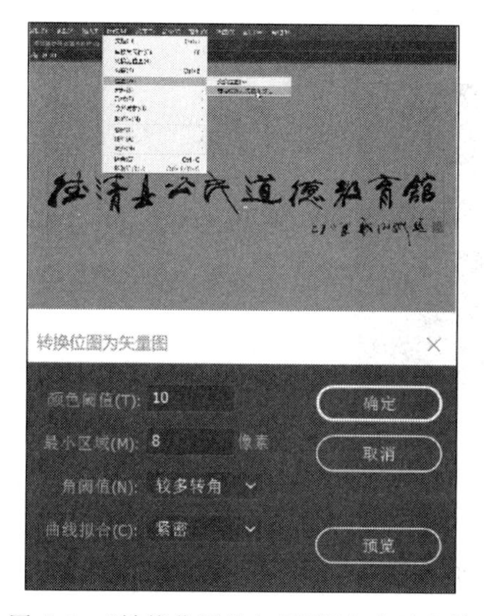

图 7.2 “转换位图为矢量图”命令及参数

图 7.3 “转换为元件”对话框

(4) 单击时间轴面板上的“新建图层”按钮,新建一个图层,将其命名为“题词”,然后将其拖动到“和谐幸福”图层的上方。双击打开库中的“题词”图形元件,框选全部题词,选择“编辑”→“复制”命令。在“题词”图层第 16 帧上右击,在弹出的快捷菜单中选择“插入空白关键帧”命令。然后选择“编辑”→“粘贴到中心位置”命令。不能直接将元件拖入舞台中,因为在后面做逐帧动画时,需要的是图形本身,而不是组合和元件。

(5) 因为要将题词放在花的上方,但不希望遮住太多的花,所以需要花的图片做参照,但第 16 帧的位置花还没有出现,所以单击时间轴面板上的“绘图纸外观”按钮,拖动右绿点边框图标至第 170 帧。这时就可以看到花的洋葱皮式的背景,方便我们确定当前图层的实例位置。运用工具箱中的任意变形工具,按住 Shift 键等比调整其大小,并将其移动第 16 帧上全部题词的位置,如图 7.4 所示。

(6) 接下运用擦除笔画和翻转帧的方式,制作题词的逐帧动画效果。为了防止橡皮的误擦,依次单击“白色背景”和“三角梅”图层右侧的“锁定”按钮,锁定这两个图层,如图 7.5 所示。

(7) 在“题词”图层的第 17 帧上右击,选择“插入关键帧”命令。选择工具箱中的橡皮擦工具,根据笔画的顺序,将后写的笔画稍微擦掉一点。然后右击第 18 帧,选择“插入关键帧”

图 7.4 绘图纸外观及题词位置

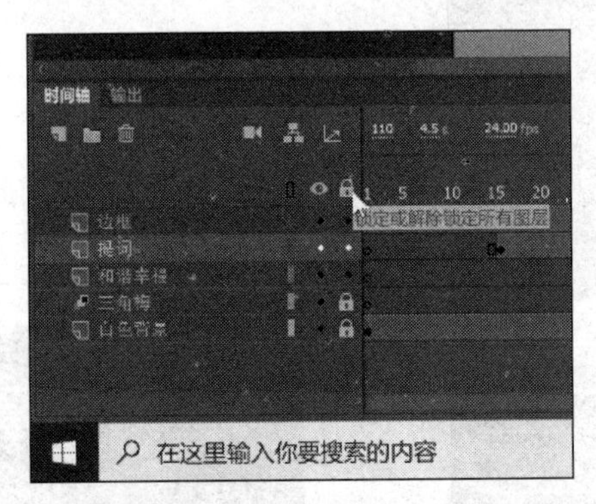

图 7.5 锁定图层

命令，用橡皮擦再擦掉一点“馆”字的笔画，如图 7.6 所示。以此类推，慢慢地擦除，每擦掉一个字间隔 4 帧插入关键帧，直到擦光全部文字。

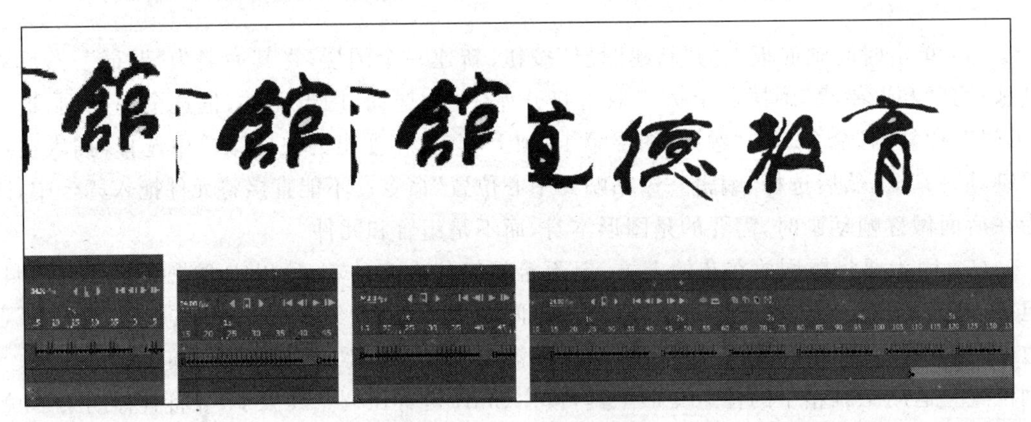

图 7.6 “馆”字擦除效果

(8) 单击“题词”图层的第 16 帧，按住 Shift 键单击最后一帧(209 帧)，右击，选择“翻转帧”命令，将选中的帧进行翻转，效果如图 7.7 所示。

(9) 单击时间轴面板上的“新建图层”按钮，新建一个图层，将其命名为“题词落款”。在该图层第 160 帧上右击，在弹出的快捷菜单中选择“插入空白关键帧”命令，然后将库中的“题词落款”图形元件拖动到舞台上题词文字的右下方。单击“绘图纸外观”按钮，使用户可

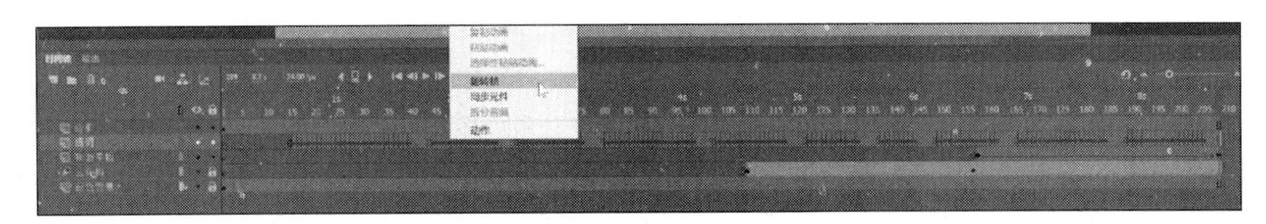

图 7.7　翻转帧

以看到完整的背景，以参考背景调整其大小至合理状态。右击该图层的第 209 帧，在弹出的快捷菜单中选择“插入关键帧”命令。单击第 160 帧上的“题词落款”元件，在属性面板中设置“色彩效果”为 Alpha，将值设置为 0。将“题词落款”元件在第 160 帧上变成透明。在第 160 帧上右击，在弹出的快捷菜单中选择“创建传统补间”命令，创建题词落款淡出的效果，如图 7.8 所示。

图 7.8　逐帧动画及淡出效果

（10）选择“文件”→“保存”命令，在弹出的对话框中输入文件名“逐帧动画”，设置文件类型为默认的 Animate（*.fla）。选择“控制”→“测试”命令，浏览动画效果，可以看到类似书写题词的文字动画效果。测试动画文件的同时会在原文件的同一目录下自动产生一个“逐帧动画.swf”文件。

2. 路径动画

引导层是一种特殊的图层，在该图层中，同样可以导入图形和引入元件，但是最终发布动画时引导层中的对象不会被显示出来。按照引导层发挥的功能不同，可以将其分为普通引导层和运动引导层两种类型。

普通引导层主要用于辅助静态对象定位，并且可以不使用被引导层而单独使用。运动引导层主要用于绘制对象的运动路径，所以引导层中的内容可以是用钢笔工具、铅笔工具、线条工具、椭圆工具、矩形工具或画笔工具等绘制的线段。可以将图层链接到同一个运动引导层中，使图层中的对象沿引导层中的路径运动，这时该图层将位于运动引导层下方并成为被引导层。被引导层中的对象是跟着引导线走的，可以使用影片剪辑、图形元件、按钮、文字等，但不能应用形状。在 Animate 中，将一个或多个层链接到一个运动引导层，使一个或多个对象沿同一条路径运动的动画形式称为路径动画。

制作飘花路径动画的具体操作如下。

(1) 打开“逐帧动画.fla”文件，选择“文件”→“另存为”命令，保存为“路径动画.fla”文件。下面在前面文件的基础上，延迟各图层上最后一帧的效果，使飘花路径效果出现时，还有前面制作的动画背景。分别选择“白色背景”“和谐幸福”“题词落款”“题词”“边框”图层的第 357 帧，右击，选择“插入帧”命令，然后拖动“三角梅”最后一帧到第 357 帧的位置以延续效果，此时时间轴布置如图 7.9 所示。

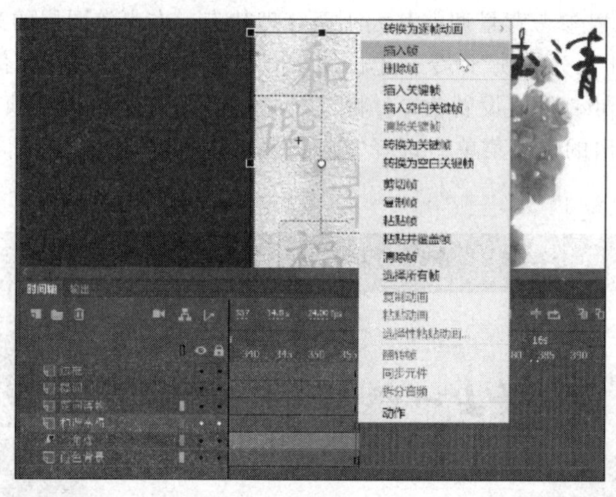

图 7.9　时间轴布局

(2) 单击时间轴面板上的“新建图层”按钮，新建一个图层，将其命名为“飘花”。右击第 157 帧，选择“插入空白关键帧”命令。然后将库中的“多色花瓣”图形元件拖动到左边三角梅的位置，运用工具箱中的任意变形工具，按住 Shift 键等比调整其大小，让这个花瓣就像是本来就在三角梅图片中的样子。选中效果“多色花瓣”，选择“修改”→“转换为元件”命令，在弹出的对话框中输入元件名称“飘花”，设置元件类型为“影片剪辑”，单击“确定”按钮。如图 7.10 所示，将“多色花瓣”元件先拖入场景，再将其转换为影片剪辑元件，以确定其位置和大小，使后面的影片剪辑编辑可以参考场景，使位置、动画距离及变化更加合理。

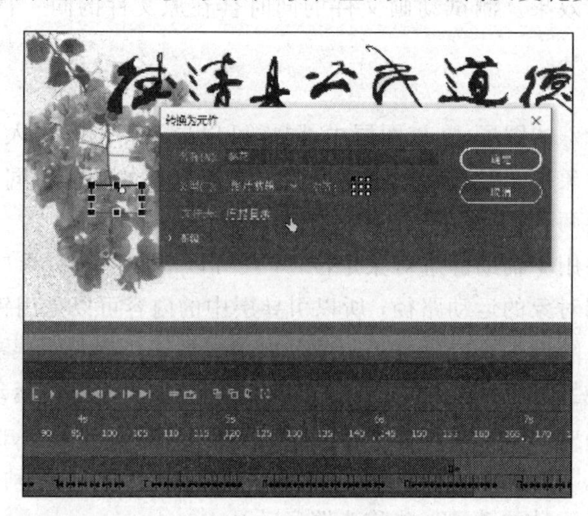

图 7.10　转换元件

(3) 双击“飘花”图层第157帧上的“飘花”影片剪辑元件，进入“飘花”影片剪辑元件的层级，可以看到背景上其他图层的内容变淡了，但当前影片剪辑元件“花瓣”还是正常颜色。在影片剪辑元件里有独立的时间轴，因为这个元件是用转换为元件的方式建立的影片剪辑元件，所以“图层-1”中是“飘雪”元件。单击时间轴面板上的“新建图层”按钮，新建“图层-2”，选择工具箱中的铅笔工具，在工具箱的最下方单击“平滑”按钮，然后在场景上画一个带圈的曲线。在第131帧上右击，选择“插入帧”命令插入普通帧，将线条延续到第131帧。然后在第1帧上右击，选择“引导层”命令将其转换成引导层，如图7.11所示。

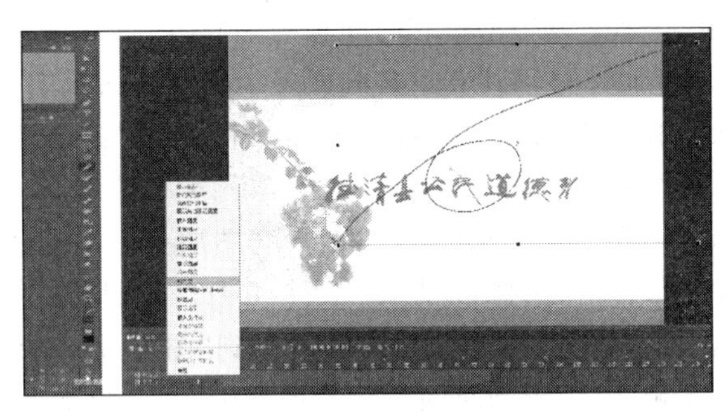

图7.11　设定引导层

(4) 选择“图层-1”，将其拖动到“图层-2”的下方，图层图标会比原来的位置向右缩进一点。单击第1帧上的“多色花瓣”元件，将其移动到曲线路径的最左边，当接近的时候，图形会自动吸附上去。右击第131帧，选择“插入关键帧”命令，然后将第131帧上的“多色花瓣”元件移动到曲线路径的最右边让其吸附上去。将“多色花瓣”放大两倍，并旋转一些角度，然后在属性面板中设置“色彩效果”下Alpha项的值设为0，元件即变透明。在第1帧上右击，选择“创建传统补间动画”命令，将多色花瓣沿着轨迹从左向右放大、旋转、淡出画面，如图7.12所示。

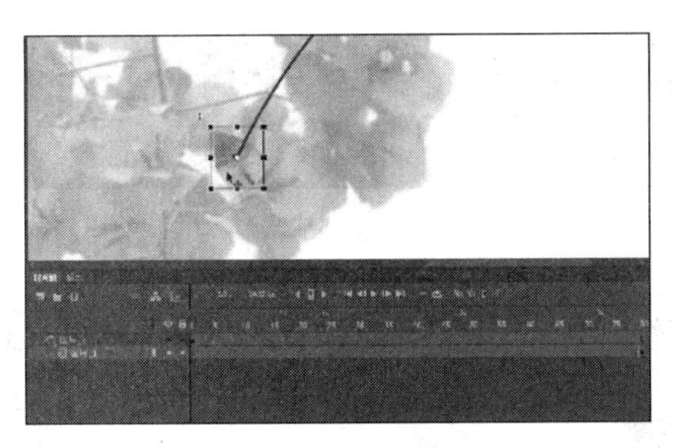

图7.12　吸附到路径

(5) 单击时间轴面板上的“新建图层”按钮，新建“图层-3”。单击“图层-2”图层的第1帧，按住Shift键单击“图层-1”的第131帧，同时选中两个图层上这个范围内的帧，右击，选择“复制帧”命令。右击“图层-3”上的第22帧，选择“粘贴帧”命令，将“图层-1”和“图层-2”的内容包括引导层的信息全部复制到“图层-3”和“图层-4”中。“图层-4”是在粘贴时自动产生的。将“图层-4”上的曲线路径的位置上移，用工具箱中的部分选取工具适当调整一下曲线，让它与第一条有些区别。选中“图层-3”上第1帧的花瓣元件，使其与曲线路径的头部位置对齐。单击“图层-3”上第 131 帧的花瓣元件，使其与曲线路径的尾部位置对齐。两朵花瓣沿路径飘动并淡出画面的动画就制作好了。

(6) 两片多色花瓣沿着路径飘落的效果还是有点单调，所以下面增加一些简单的单朵三角梅飘动的动画。单击时间轴面板上的“新建图层”按钮，新建“图层-5”。将库中的“三角梅-单朵.png”图片拖入场景，运用工具箱中的任意变形工具，按住 Shift 键等比调整其大小，让这个“三角梅-单朵”就像本来就在三角梅图片中的样子。选中“三角梅-单朵.png”，选择“修改”→“转换为元件”命令，在弹出的对话框中输入元件名称“三角梅-单朵”，设置元件类型为“图形”，单击“确定”按钮。在“图层-5”时间轴的第 63 帧右击，选择“插入关键帧”命令，然后将“三角梅-单朵”图形元件移动到右上方画面外。在属性面板中设置“色彩效果”Alpha 选项的值为 0。选择第一帧并右击，选择“创建传统补间动画”命令，“三角梅-单朵”图形元件从左到右、从小到大变透明飘出画面的效果就做好了。

(7) 单击时间轴面板上的“新建图层”按钮，新建“图层-6”。单击“图层-5”图层第 1 帧，按住 Shift 键单击第 63 帧，右击，选择“复制帧”命令。右击“图层-6”上的第 15 帧，选择“粘贴帧”命令，如图 7.13 所示。将“图层-5”上的内容复制到“图层-6”。单击“图层-6”第 78 帧的关键帧，将其拖动到第 54 帧，缩短飘动时间。单击场景中的“三角梅-单朵”图形元件，将其稍微移动到左边一点，改变一下位置。用同样的方法，复制、粘贴、改变时间轴长短、改变元件位置，以产生好多花随机飘动的动画效果，时间轴及元件位置安排如图 7.14 所示。

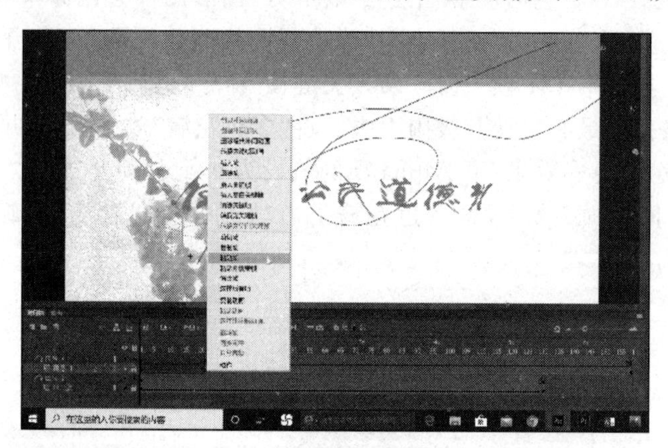

图 7.13 粘贴帧

图 7.14 时间轴及元件位置安排

(8) 通过上面的操作,已经用 200 帧完成了“飘花”影片剪辑内的动画。单击舞台左上角的“场景”选项,回到场景层级。右击“飘花”图层的第 357 帧,选择“插入帧”命令,将效果延续到第 357 帧。影片剪辑元件要在场景中完全播放完毕,场景留给影片剪辑的帧数不能少于影片剪辑本身的动画帧数。

(9) 选择“文件”→“保存”命令保存文件。选择“控制”→“测试”命令,浏览动画效果,可以看到花瓣沿路径飘动、花朵随机飘洒的动画效果。

3. 遮罩动画

遮罩动画是 Animate 中的一个很重要的动画类型,很多效果丰富的动画都是通过遮罩动画来完成的。在 Animate 的图层中有一个遮罩图层类型,为了得到特殊的显示效果,可以在遮罩层上创建一个任意形状的“视窗”,遮罩层下方的对象可以通过该“视窗”显示出来,而“视窗”之外的对象将不会显示。

在 Animate 动画中,遮罩主要有两种用途:①用在整个场景或一个特定区域,使场景外的对象或特定区域外的对象不可见;②用来遮罩住某一元件的一部分,从而实现一些特殊的效果。

在 Animate 的时间轴图层中,可以将普通图层转化为遮罩层。只要在某个图层上右击,在弹出的快捷菜单中选择“遮罩层”命令,使命令的左边出现一个小钩,该图层就会变成遮罩层,层图标就会从普通层图标变为遮罩层图标,系统会自动把遮罩层下面的一层关联为被遮罩层,同时将其缩进在遮罩层的下方。如果想关联更多层被遮罩,只要把这些层拖到遮罩层下面即可。

制作遮罩动画的具体操作如下。

(1) 打开“路径动画.fla”文件,选择“文件”→“另存为”命令,将文件保存为“遮罩动画.fla”。下面在前面文件的基础上,加上一个“视窗”打开的效果。在时间轴面板上单击“新建图层”按钮,新建一个图层,“屏幕遮罩”。将其移动到“边框”图层的下方、“飘雪”图层的上方。

(2) 绘制图形时如果需要参考位置,可以打开视窗下的标尺,可以在上面和左面的标尺中,按住鼠标左键拖动出辅助线,帮助后续绘制定位,如图 7.15 所示。不需要辅助线时,可以拖动辅助线至画面外,它将自行消失。还可以在“贴紧”子菜单中选择需要的贴紧辅助功能,如图 7.16 所示。

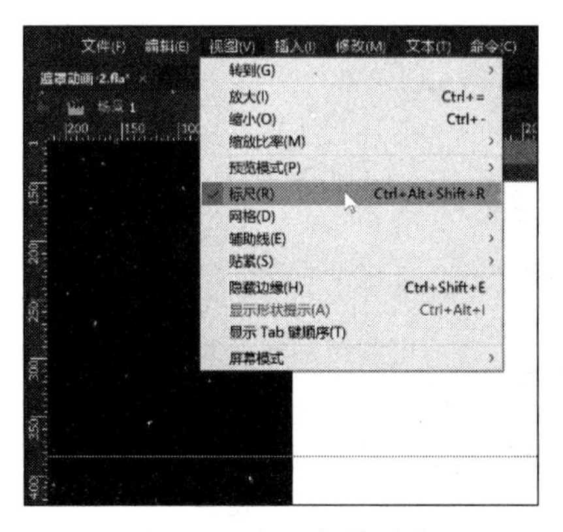

图 7.15 标尺与辅助线

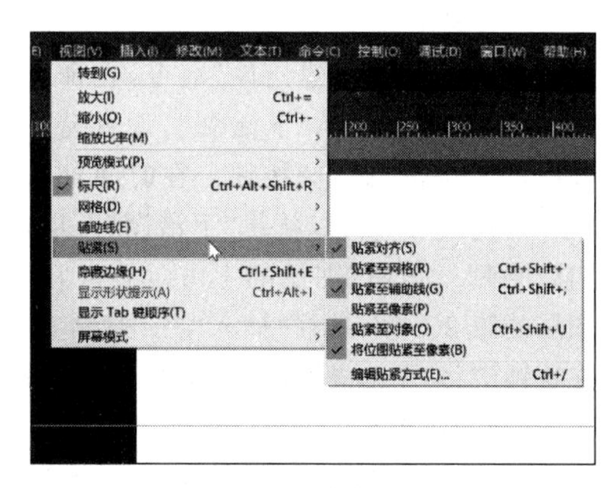

图 7.16 贴紧功能

(3) 选择工具箱中的矩形工具,在“屏幕遮罩”图层的第1帧绘制一个1024像素×1像素的小矩形,居于舞台的中间位置,如图7.17所示。在“屏幕遮罩”图层的第10帧右击,插入空白关键帧,绘制一个1024像素×467像素的大矩形,位于上下边框内。在这个图层的第1帧上右击,选择“创建补间形状”命令,如图7.18所示。类似一条线的小矩形就会慢慢地变大成大矩形,形成类似幕布慢慢打开的动画效果。

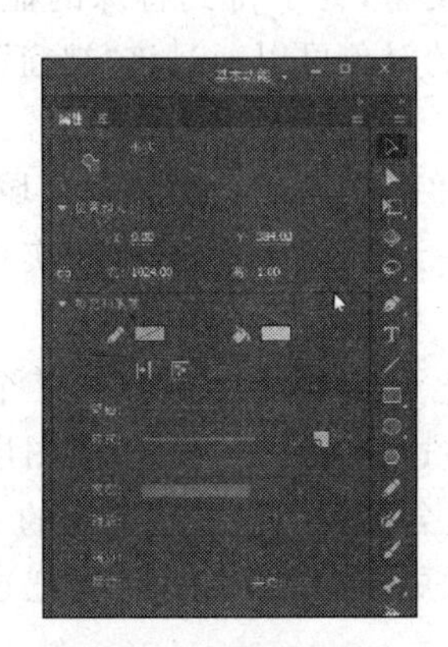

图7.17 矩形参数

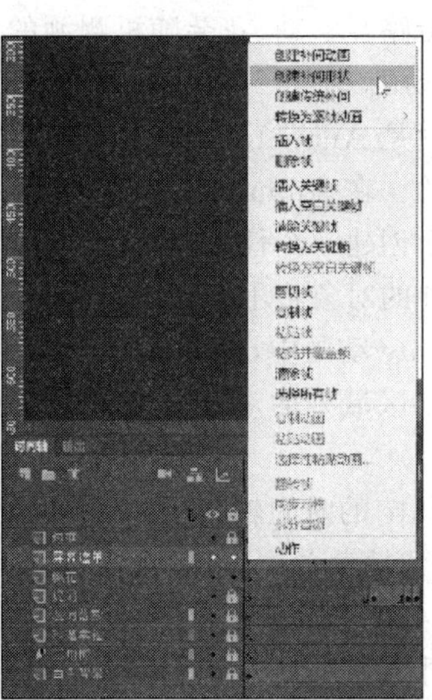

图7.18 创建补间形状动画

(4) 右击时间轴上的“屏幕遮罩”图层,选择“遮罩层”命令,“飘花”图层会自动变成被遮罩层,缩进遮罩层的右边。然后把“题词”“题词落款”“和谐幸福”“三角梅”“白色背景”这些层拖到遮罩层下面,如图7.19所示。这些图层被遮罩了,将随着遮罩层动画产生图片慢慢展开的动画效果。

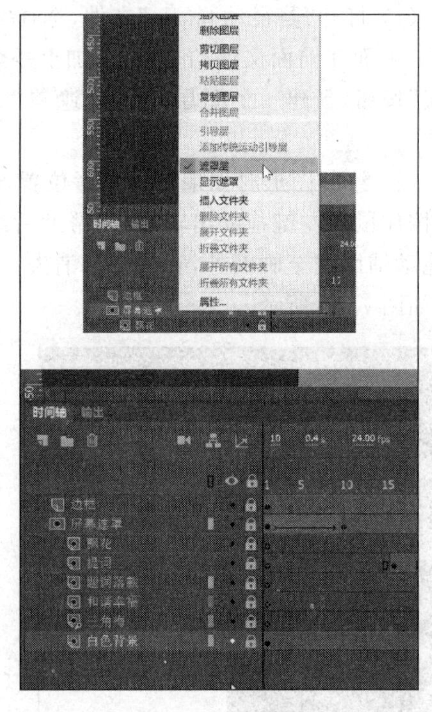

图7.19 遮罩层

(5) 选择“文件”→“导入”→“导入到库”命令,导入“下渚湖全景-x1.png”图片到库面板中。选择“插入”→“新建元件”命令,在弹出的对话框中输入元件名称“下渚湖”,设置元件类型为“图形”,单击“确定”按钮。在时间轴面板上单击“新建图层”按钮,新建“下渚湖”图层,并将其移动到“三角梅”图层的上方。右击“下渚湖”图层的第308帧,选择“插入空白关键帧”命令,在这帧中将“下渚湖”元件移进场景,准备制作背景移动的效果。

(6) 分别单击“下渚湖”图层的第339、351、366、413、418、436、489、620、1616、1639、1654

帧，插入关键帧，然后移动缩放“下渚湖”元件。在关键帧上有选择性地右击，选择“创建传统补间”命令，完成背景移动缩放的补间动画。关键帧位置和图片大小可以在属性面板上调整，参数如图 7.20 所示。

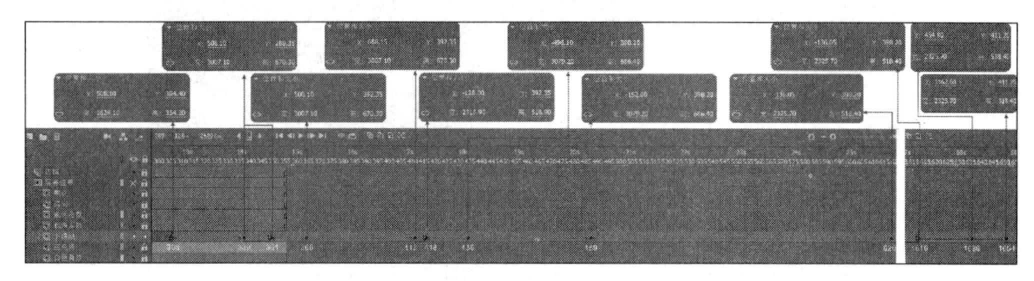

图 7.20　背景补间动画

(7) 单击时间轴面板上的“新建图层”按钮，新建“背景方框”图层，将其移到“屏幕遮罩”层的上方。在第 520 帧上右击，选择“插入空白关键帧”命令。选择工具箱中的矩形工具，在场景上绘制一个无边框矩形，设置其属性 X 为 -75、Y 为 270、宽为 1130、高为 260、填充色为蓝色 #003399、ALpha 值为 48%，如图 7.21 所示。选中矩形，选择“修改”→“转换为元件”命令，在弹出的对话框中输入元件名称“长方底色”，设置元件类型为“图形”，单击“确定”按钮。选择时间轴上的第 1516 帧，右击，选择“插入关键帧”命令，将背景延续到第 1516 帧。选择时间轴上的第 1566 帧，继续插入关键帧。单击“长方底色”图形元件，在属性面板中将“色彩效果”Alpha 选项的值设为 1%。在第 1516 帧上右击，选择“创建传统补间”命令，完成 1516～1566 帧背景淡出的效果。

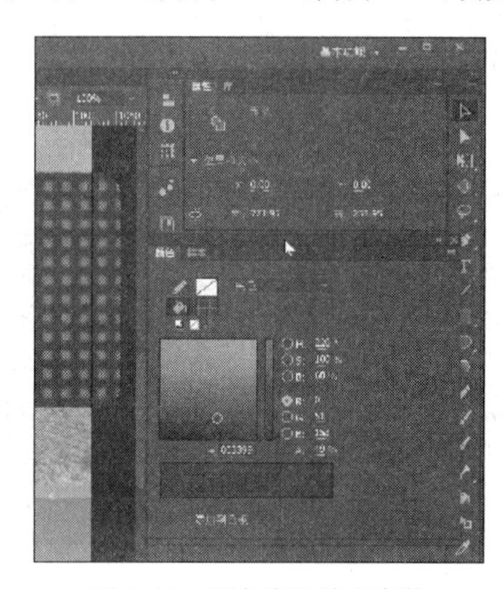

图 7.21　蓝色半透填充参数

(8) 继续单击时间轴面板上的“新建图层”按钮，新建“序言”图层，并将其移动到“背景方框”图层的上方。在第 520 帧上右击，选择“插入空白关键帧”命令。选择工具箱中的文本工具，在场景上输入准备好的序言文字，设置其属性 X 为 663、Y 为 357、宽为 736、高为 233、填充色为白色、字体为宋体、大小为 17 磅，如图 7.22 所示。选中文字，选择“修改”→“转换为元件”命令，在弹出的对话框中输入元件名称“序言”，设置元件类型为“图形”，单击“确定”按钮。和前面一样，选择时间轴第 1516 帧，右击，选择“插入关键帧”命令，将文字延续到第 1516 帧。选择时间轴上的第 1566 帧，继续插入关键帧。单击“序言”图形元件，在属性面板中设置“色彩效果”Alpha 选项的值为 1%。在第 1516 帧上右击，选择“创建传统补间”命令，完成第 1516～1566 帧文字淡出的效果。

(9) 单击时间轴面板上的“新建图层”按钮，新建“序言遮罩”图层，并将其移动到“序言”层的上方。在第 520 帧上右击，选择“插入空白关键帧”命令。选择工具箱中的矩形工具，在场景上绘制一个无边框矩形，设置其属性 X 为 870、Y 为 268、宽为 21、高为 72、填充色为白色(什么颜色都可以，因为这个图层的图形用作遮罩)。选择第 525 帧，插入关键帧，将前面

图 7.22　序言文字参数

的图形延续。选择工具箱中的部分选择工具，单击图形边框，出现轮廓的控制点。框选下面两个节点，按键盘上的↓键，将图形向下延伸。选择第 527、535、546 帧，用前面的方法，依次插入关键帧，将图形慢慢向下延伸。在第 546 帧的位置，图形超出蓝色背景框，第一列逐帧动画完成，用 26 帧左右的时间完成一列的动画。在第 550 帧位置插入关键帧。选择第 520 帧的方块复制一个，然后单击第 550 帧，选择"编辑"→"选择到当前位置粘贴"命令，方块会在复制的原位，按键盘上的←键，将图形向左移动，正好贴紧第一列图形时即可。选择新复制列下面的两个节点，重复上面的方法，向下移动。其后几列的制作方法也是如此。最后形成逐帧动画，效果如图 7.23 所示。

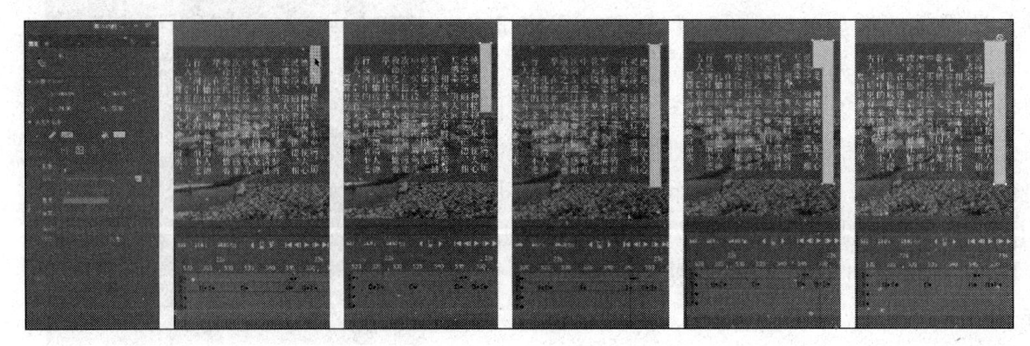

图 7.23　序言遮罩的位置

(10) 在"序言遮罩"图层上右击，选择"遮罩层"命令，将"序言"和"背景方框"缩进在其下，作为被遮罩层。文字一列列渐出的遮罩动画就做好了，可以将其保存。选择"控制"→"测试"命令观看动画效果，然后调试一下。文字字体、大小等会影响排版位置、列的宽度和这段文字的总长列数，所以遮罩层可以做相应的调整，以求同步。分别选择"边框""屏幕遮罩""下渚湖"图层的第 1760 帧，插入普通帧将画面延续到末尾。

(11) 为了让文字的效果更加的醒目，在文字的上面增加一个高光亮块动画。选择"插入"→"新建元件"命令，在弹出的对话框中输入元件名称"高光块"，设置元件类型为"图形"，单击"确定"按钮。选择工具箱中的矩形工具，在场景上绘制一个无边框矩形，设置其属性宽为 94、高为 69、填充色为白色线性渐变(中间白色 Alpha 值为 80%、两边白色 Alpha 值为 10%)，如图 7.24 所示。

(12) 单击时间轴面板上的"新建图层"按钮，新建"高光块"图层，并将其移到"序言遮罩"层的上方。在第 520 帧上右击，选择"插入空白关键帧"命令。将"高光块"图形元件移入第一列文字的上方，如图 7.25 所示。在第 546 帧上右击，选择“插入关键帧”命令，将“高光块”图形元件移动到第一列文字的下方，如图 7.26 所示。在第 520 帧上右击，选择“创建传统补间”命令。在第 547 帧上右击，选择“插入关键帧”命令，重复第一列的做法，完成下面很多列的操作。关键点在于，要和“序言遮罩”的动画位置基本对上，形成同步。和“序言”“背景方框”图层一样，选择时间轴上第 1516 帧，右击，选择“插入关键帧”命令，将高光块延续到第 1516 帧。选择时间轴上的第 1566 帧，继续插入关键帧。单击“高光块”图形元件，在属性面板中设置“色彩效果”Alpha 值为 1%。在第 1516 帧上右击，选择“创建传统补间”命令完成第 1516～1566 帧高光块淡出的效果。时间轴图层安排、时间轴动画设置的总体效果如图 7.27 所示。

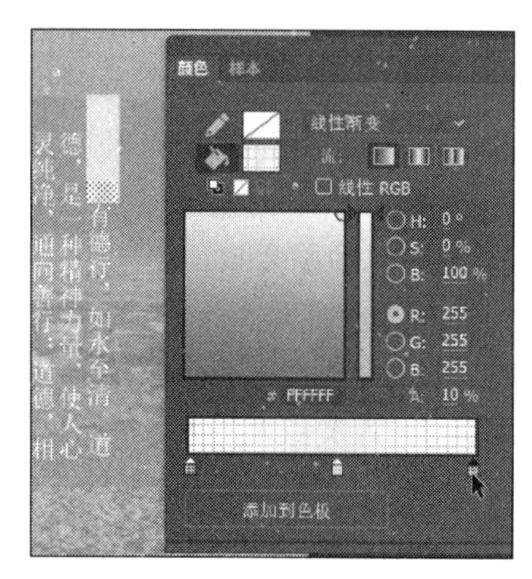

图 7.24　高光块填充参数

图 7.25　高光块起始位置

图 7.26　高光块尾部位置

图 7.27　时间轴图层、动画设置总体效果

(13) 选择“文件”→“保存”命令，覆盖原来的“遮罩动画.fla”文件。选择“控制”→“测试”命令，浏览动画效果，可以看到用形状补间动画叠加遮罩图层功能的序幕缓缓打开的动画效果以及后续用逐帧动画、补间动画叠加遮罩图层功能的字幕渐出的动画效果。遮罩的两种运用，在这个案例中都得到了呈现。

4. 多媒体动画合成

上面通过一个个小案例讲述了 Animate 动画的基本形式及操作方法。通过一个个案例的串联叠加，让大家初步感受到 Animate 动画作品的构思与制作流程。接下来对作品进行整理调整，加入多媒体元素与 ActionScript 控制行为，让作品在效果上更加具有渲染力，在操作上具有更多的灵活性和可控性。

导入声音的具体操作如下。

(1) 打开“遮罩动画.fla”文件，选择“文件”→“另存为”命令，将文件保存为“导入声音动画.fla”。下面在前面文件的基础上，添加背景音乐和配音效果。选择“文件”→“导入”→“导入到库”命令，导入 bgmusic-1.mp3 和“h 配音 1.mp3”两个声音文件到库面板中。

(2) 在时间轴面板上，单击“新建图层”按钮，新建一个图层，“背景音乐”，并将其移动到“边框”图层的上方。单击库面板中的 bgmusic-1.mp3，拖动声音文件到场景中，即可将其添加至当前图层中。当前图层的时间轴上显示了声音文件的波形，如图 7.28 所示。设置 bgmusic-1.mp3 的属性同步为“事件”、重复为 1 次，如图 7.29 所示。

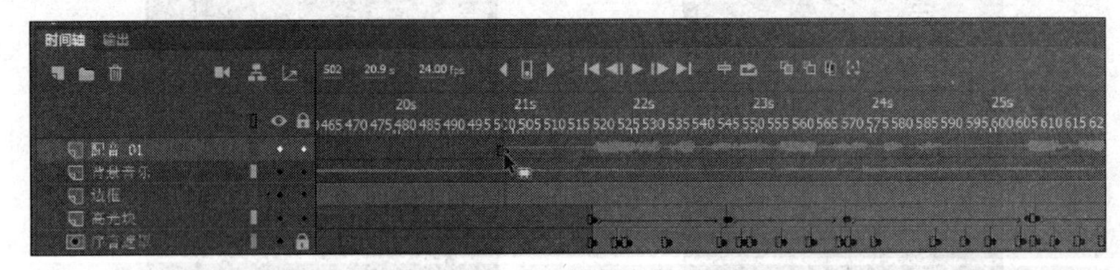

图 7.28　添加声音

可以把多个声音放在同一图层上，或放在包含其他对象的图层上。不过，尽量能将每个声音放在独立的图层上，这样每个图层可以作为一个独立的声音通道。当回放 SWF 文件时，所有图层上的声音就可以混合在一起。

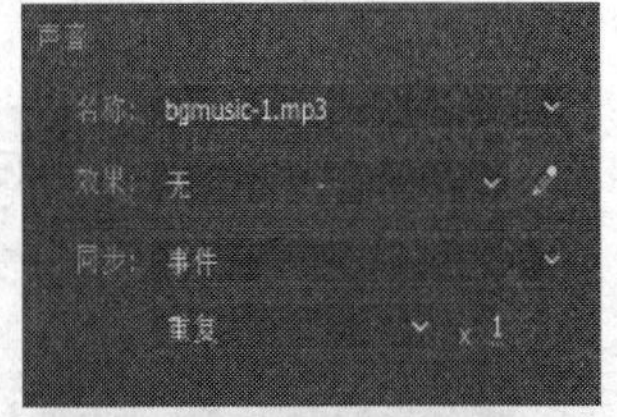

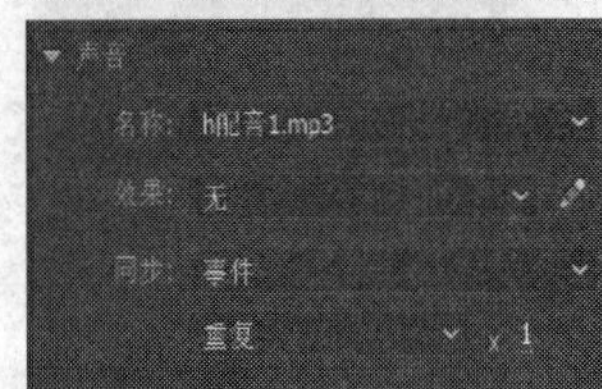

图 7.29　声音属性设置

(3) 选择“背景音乐”图层，再单击“新建图层”按钮，在其上增加一个新图层“配音-01”。选择图层的第 502 帧，右击，选择“插入空白关键帧”命令。单击库面板中的“h 配音 1.mp3”，拖动声音文件到场景中释放，即可将声音添加到第 502 帧后面的帧上。设置“h 配音 1.mp3”的属性同步为“事件”、重复为 1 次。

(4) 选择“文件”→“保存”命令，覆盖原来的“导入声音动画.fla”文件。选择“控制”→“测试”命令，浏览动画效果，可以听到从第 1 帧开始播放背景音乐，从第 502 帧开始配音和背景音乐同时播放，到第 1710 帧后配音结束，背景音乐一直播放到最后。加入精心挑选的配乐和配音后，动画的感染力一下提升了很多。

5. 按钮创建及切换功能

“按钮元件”是除“图形”“影片剪辑”外的第三种元件，可以通过鼠标控制，也可以制作交互式按钮。按钮元件有4帧，代表4种状态，分别是弹起、指针经过、按下和点击，其中前三项是按钮在不同情况下的显示状态，最后一项则是按钮的点击热区，这里绘制的图形是透明的，在制作隐形按钮时可以使用。虽然按钮的前三个可显示状态都是一帧，但如果在这一帧上使用带有动画效果的“影片剪辑”也可制作动态按钮。可以在按钮的前三个状态中导入相应的声音文件，这样在鼠标经过、单击、按下时就可以出现不同的声效。

按钮创建及切换的具体操作如下。

(1) 打开“导入声音动画.fla”文件，选择“文件”→“另存为”命令，将文件保存为“按钮切换.fla”。下面在前面文件的基础上，添加按钮和按钮引导切换功能。选择“插入”→“新建元件”命令，在弹出的对话框中输入元件名称“德清按钮”，设置元件类型为“按钮”，单击“确定”按钮。

(2) 在库面板中，双击“提词”元件，进入此元件的编辑状态。选择工具箱中的选择工具框选“德清”两个字进行复制。然后新建“德清按钮文字”图形元件，按Ctrl＋V组合键粘贴。这个图形元件将在后面的按钮元件编辑中运用。

(3) 在库面板中，双击“德清按钮”元件。双击“图层-1”文字，改为“德清文字”。将“德清按钮文字”图形元件拖到舞台上，在属性面板中设置“色彩效果”的Alpha值为85%。单击第2帧“指针经过”帧，右击，选择“插入关键帧”命令，将其Alpha值设置100%。按键盘上的←键两次、↓键两次，使鼠标经过它的时候有向下向左位移的感觉。选择第4帧“点击”帧，右击，选择“插入关键帧”命令，在其外围画一个框。这个框在按钮实际使用时是不显示出来的，第4帧上的范围是点击的热区范围，原来只有“德清”两个字的位置可以产生有效点击，范围有点小，要比较精确才能点击到，界面显得不够友好。绘制框后，只要鼠标进入这个区域，就能产生有效热区反应，鼠标指针变成手状。

(4) 在时间轴面板上单击“新建图层”按钮，新建“花瓣”图层。将“单色花瓣”元件拖到舞台上，放置在“德清”文字的左边。单击“单色花瓣”图形元件，将其Alpha值设置为50%。单击第2帧“指针经过”帧，右击，选择“插入关键帧”命令，将其Alpha值设置为100%。按键盘上的←键两次，↓键两次，使鼠标经过它的时候也有向下向左位移的感觉。

(5) 在这两个图层的中间新建“请点击”图层，输入文字“请点击”。设置字体为楷体、大小为27磅、颜色为#333333，并将其放置在花瓣和德清文字的中间。单击第2帧“指针经过”帧，右击，选择“插入关键帧”命令，将其颜色改变成白色#FFFFFF，然后按键盘上的←键两次，↓键两次，使鼠标经过它的时候也有向下向左位移的感觉。这样按钮元件内的内容就全部编辑好了，效果如图7.30所示。

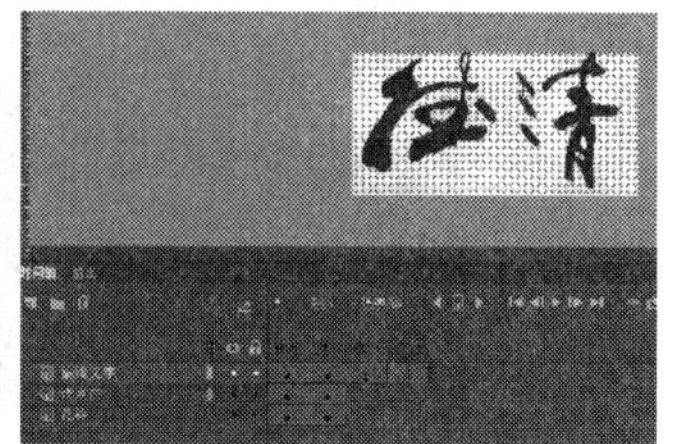

图7.30　按钮编辑设置

（6）单击舞台左上角的“场景”，回到场景 1 层级。在时间轴面板上单击“新建图层”按钮，新建“德清按钮”图层。将刚才制作好的按钮元件移动到画面的右下方，如图 7.31 所示。在属性面板中将这个实例命名为 btn1，这个名称就是这个按钮元件被拖动到舞台变成实例后的名称，以方便 ActionScript 脚本调用。

图 7.31 按钮放置

（7）在时间轴面板上单击“新建图层”按钮，新建“AS1_发光滤镜”图层。在其第 1 帧上右击，选择“动作”命令，打开动作面板。在面板上输入以下脚本语言，如图 7.32 所示。

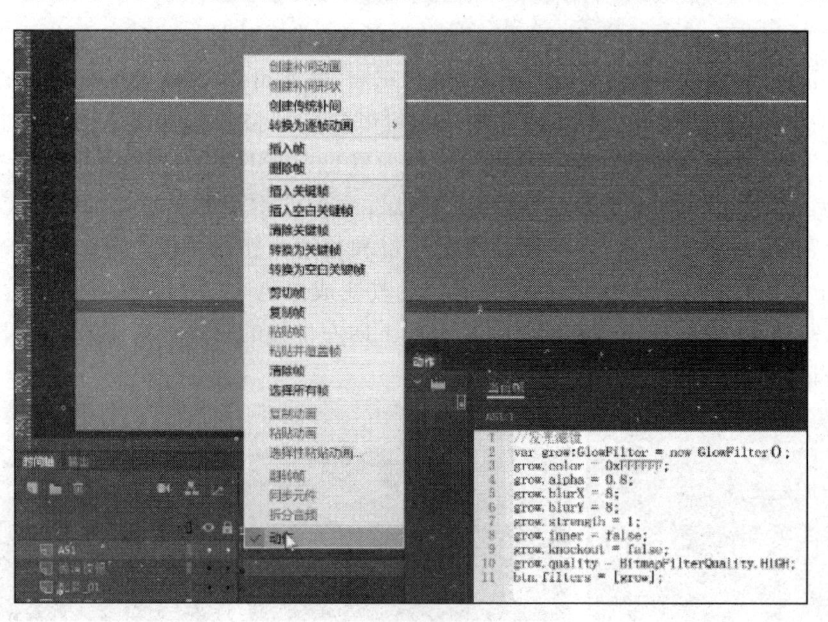

图 7.32 发光滤镜脚本

发光滤镜效果脚本代码如下。

```
1   var grow:GlowFilter = new GlowFilter();
2   grow.color = 0xFFFFFF;
3   grow.alpha = 0.8;
4   grow.blurX = 8;
5   grow.blurY = 8;
6   grow.strength = 1;
7   grow.inner = false;
8   grow.knockout = false;
9   grow.quality = BitmapFilterQuality.HIGH;
10   btn1.filters = [grow];
```

这个 ActionScript 脚本能给 btn1 实例添加一个发光效果。

(8) 选择"文件"→"保存"命令,覆盖原来的"按钮切换.fla"文件。选择"控制"→"测试"命令,浏览动画效果,可以看到按钮的周围有一圈白色的光晕。当鼠标经过的时候,会位移和变色;当鼠标按下时,花瓣图形和"请点击"文字消失,并有闪烁的感觉;当鼠标点击时,链接到其他界面。

6. 多媒体动画合成

可以运用 ActionScript 代码控制时间轴的运行、控制舞台中实例的行为方式、控制多文件之间的链接和跳转、创建多媒体合成动画。下面将在前面制作的基础上,补全和调整之前动画的效果,调节时间轴的播放与停止,给按钮添加切换页面的 ActionScript 代码,使得片头动画更加完整、连贯。片头分为前后两段,所以在动画上要补充一些衔接画面的传统补间动画。当前段动画播放完成后,通过 ActionScript 控制语句,直接加载下一段动画;当不想观看片头时,可以随时单击"德清"文字按钮,链接到主界面。

多媒体动画合成的具体操作如下。

(1) 打开"按钮切换.fla"文件,选择"文件"→"另存为"命令,将文件保存为"德清片头动画合成.fla"。选择"文件"→"导入"→"导入到库"命令,将"素材"文件夹下的"莫干山 1.png"和"莫干山 2.png"图片导入库面板。

(2) 单击时间轴面板上的"飘花"图层,然后单击"新建图层"按钮,这时就会在"飘花"图层的上面新建一个图层,命名为"莫干山林景"。新建的"莫干山林景"图层还会延续"飘花"图层的属性,同属于"屏幕遮罩"图层的被遮罩层。在第 1654 帧上右击,在弹出的快捷菜单中选择"插入空白关键帧"命令,将"莫干山 1.png"图片拖动到舞台画面的左下方,并将其转换为"莫干山 1"图形元件。选择第 1683 帧,插入关键帧,将图形元件向右上方移动,具体位置如图 7.33 所示。在第 1654 帧上右击,选择"创建传统补间"命令,山林渐出的效果就制作好了。

图 7.33 图片移动位置

(3) 用同样的方法制作远山渐出效果。单击"新建图层"按钮,在"莫干山林景"图层的上方新建"莫干山山景"图层。在第 1683 帧上右击,在弹出的快捷菜单中选择“插入空白关键帧”命令。将“莫干山 2.png”图片拖动到舞台画面的中间偏上方位置，并将其转换为“莫干山 2”图形元件。选择第 1744 帧和第 1760 帧分别插入关键帧。单击第 1683 帧上的“莫干山 2”图形元件，将其缩小一些，将 Alpha 值设置为 30%。单击 1760 帧上的“莫干山 2”图形元件，将 Alpha 设置为 60%。分别在第 1683、1744 帧上右击，选择“创建传统补间”命令，远山渐出的效果就制作好了，具体位置如图 7.34 所示。

（4）为了画面的美观，需要给“三角梅”“和谐幸福”“题词落款”“题词”“飘花”5 个图层添加淡出画面的效果，方法是：分别在各自图层的第 260、330 帧插入关键帧，然后将第 330 帧上的元件的 Alpha 值设置为 0，使其变成全透明。选择各层的第 260 帧，创建传统补间动画。在“三角梅”图层第 260 帧插入“颜色”关键帧，动画类型是补间动画。题词图层因为原来是逐帧动画，题词的属性是图形而非组合和元件，所以单击这个图层的第 260 帧创建关键帧后，先将其转换为图形元件，然后插入第 330 帧的关键帧，将第 260 帧图形元件的属性传递到第 330 帧，才能进行传统补间动画的创建，具体的时间轴设置如图 7.35 所示。

图 7.34　远山位置及渐出效果

图 7.35　淡出效果补间

（5）在时间轴面板上单击“新建图层”按钮，新建“AS2_链接总界面”图层。在其第 1 帧上右击，选择“动作”命令，打开动作面板。

在面板上输入以下脚本代码。

```
1   btn1.addEventListener("click",onPlay01)
2   function onPlay01(e:MouseEvent):void
3   //按钮侦听
4   {
5   var loader:Loader = new Loader();
6   var url:String = " index.swf";
7   var urlReq:URLRequest = new URLRequest(url);
8   loader.load(urlReq);
9   addChild(loader);
10   //加载 index.swf 到舞台中
11   stop();
12   SoundMixer.stopAll();
13   }//停止时间轴播放,关闭当前所有声音
```

以上代码可实现通过按钮点击链接到德清的总界面，同时停止播放视频和声音。

（6）在时间轴面板上单击“新建图层”按钮，新建“AS3_链接片头 2”图层。在其第 1760

帧上右击，选择“动作”命令，打开动作面板。

在面板上输入以下脚本代码。

```
1  stop();
2  var loader:Loader = new Loader();
3  var url:String = "片头 2.swf";
4  var urlReq:URLRequest = new URLRequest(url);
5  loader.load(urlReq);
6  addChild(loader);
7  SoundMixer.stopAll();
```

以上代码可实现停止当前动画播放并自动链接到“片头 2.swf”动画继续播放，同时停止当前的声音。

(7) 选择“文件”→“保存”命令，覆盖原来的“德清片头动画合成.fla”文件。选择“控制”→“测试”命令，浏览动画效果。

三、实验内容

(1) 按照实验指导的步骤，运用提供的“补间动画.fla”文件，制作文字逐帧出现的动画，并保存原始文件和动画输出文件。

(2) 按照实验指导的步骤，运用提供的“逐帧动画.fla”文件，制作花瓣沿路径飘动的路径动画，并保存原始文件和动画输出文件。

(3) 按照实验指导的步骤，运用提供的“路径动画.fla”文件，制作遮罩动画，并保存原始文件和动画输出文件。

(4) 按照实验指导的步骤，运用提供的“遮罩动画.fla”等文件制作按钮元件、导入声音，并添加 ActionScript 代码以实现运用按钮控制声音的播放与停止及文件的加载与跳转。

(5) 运用所学动画制作的方法，参考“德清片头动画合成.swf”实验指导案例，使用 Animate 自己设计一个多媒体动画作品，作品名称为“校园风光”，其关键帧设置和动画效果可以参考实验指导中的补间、逐帧、路径、遮罩等动画案例。具体要求如下。

① 多媒体作品界面尺寸为 800 像素×450 像素(宽高比约为 16∶9)，其他展示信息尺寸自定。

② 作品主题与校园风光、风景紧密关联，所有素材可以是本人拍摄的，也可以从网络获取。

③ 作品要求有较好的视觉效果，包括色彩、文字、特效等。

④ 作品必须有片头信息(包含封面图、标题、制作人姓名、学号等)。

⑤ 整个作品展示必须包含以下内容。

a. 图片：校徽，其他图片必须保证较好的色调明暗效果。

b. 交互：按钮可自建，也可以使用公共库中已有的按钮元件。

c. 声音：要有与主题匹配的背景音乐。

⑥ 校园风光图片至少 3 张或以上，并赋予一定的动画效果。

⑦ 在作品合适位置显示制作人相关信息(如姓名、学号、日期等)。

⑧ 保存文件(FLA、SWF 格式)，并测试播放效果。

第三篇

Office 2019 高级应用

实验八　Word 高级应用技术

一、实验目的

（1）掌握设置文档页面和编辑文本的方法。

（2）掌握利用模板创建文档的方法。

（3）掌握设置文档字符和段落格式的方法。

（4）掌握查找和替换功能的应用。

（5）掌握 Word 2019 中边框和底纹及项目符号的设置方法。

（6）掌握 Word 2019 中页眉、页脚及页码的设置方法。

（7）掌握 Word 2019 中表格的设置方法。

（8）掌握 Word 2019 中艺术字、图片、文本框及对象格式的设置方法。

（9）掌握 Word 2019 中图文混排的方法。

（10）掌握 Word 2019 中分栏操作和其他各种高级排版操作。

（11）掌握 Word 2019 中页面的设置方法。

（12）能够综合使用 Word 2019 各项基本功能。

（13）能够综合应用邮件合并功能。

（14）能够综合应用目录设计功能。

二、实验指导

1. 图文排版

1）要求

打开素材文档“范例 8-1 素材.docx”，按下列要求操作，结果以“范例 8-1 结果.docx”保存在自己的文件夹。最终结果（样张）如图 8.1 所示。

（1）标题“三山五岳”：任意一种艺术字效果，居中对齐，文字四周型环绕。

（2）全文：段落首行缩进 2 字符，第二段文字分两栏、等宽并加上分隔线。

（3）全文中的“三山”：黑体，小四号，加粗，加着重号，字体颜色绿色。

（4）全文中的“五岳”：黑体，小四号，加粗，绿色双下画线，字体颜色红色。

三山五岳，泛指名山或各地。三山是指旅游胜地闻名的黄山、庐山、雁荡山，五岳指泰山、华山、衡山、嵩山、恒山；也有一种说法认为三山是传说中的蓬莱（蓬壶）、方丈山（方壶）、瀛洲（瀛壶）三座仙山。三山五岳在中国虽不是最高的山，但都高耸在平原或盆地之上，这样也就显得格外险峻。东、西、中三岳都位于黄河岸边，黄河是中华民族的摇篮，是华夏祖先最早定居的地方。三山处于南方，相对于中原稍远，继五岳之后成名，反映了华夏民族的南向扩展和中原文化的传播。

1. 五岳

中国名山首推五岳。五岳是远古山神崇拜、五行观念和帝王封禅相结合的产物，它们以象征中华民族的高大形象而名闻天下。以中原为中心，按东、西、南、北、中方位命名，"五岳归来不看山"。五岳称华夏名山之首，有景观和文化双重意义。五岳各具特色：东岳泰山之雄，西岳华山之险，南岳衡山之秀，北岳恒山之奇，中岳嵩山之峻，早已闻名于世界。

➢ 东岳泰山

泰山是"五岳"之首，有"中华国山"、"天下第一山"之美誉，又称东岳，中华十大名山之首，位于山东泰安，有数千年精神文化的渗透和渲染以及人文景观的烘托。于 1987 年被列入世界自然文化遗产名录，是中国首例自然文化双重遗产项目。文化遗产极为丰富，现存古遗址 97 处，古建筑群 22 处，对研究中国古代建筑史提供了实物资料。

东岳泰山巍峨陡峻，气势磅礴，被尊为五岳之首，号称"天下第一山"，被视为崇高、神圣的象征，故有"五岳独尊"之说。"重于泰山"、"泰山北斗"，泰山其实已经作为汉族传统文化积淀中不可分割的一部分。

泰山东望黄海，西襟黄河，汶水环绕，前瞻圣城曲阜，背依泉城济南，以拔地通天之势雄峙于中国东方，以五岳独尊的盛名称誉古今。中华民族的精神象征，华夏历史文化的缩影。

➢ 西岳华山

华山是我国著名的五岳之一，海拔 2154.9 米，位于陕西省西安以东 120 公里历史文化故地渭南市的华阴市境内，北临坦荡的渭河平原和咆哮的黄河，南依秦岭，是秦岭支脉分水脊的北侧的一座花岗岩山。凭藉大自然风云变换的装扮，华山的千姿万态被有声有色的勾画出来，是国家级风景名胜区，国家 5A 级旅游景区。

华山以其峻峭吸引了无数浏览者。山上的观、院、亭、阁、皆依山势而建，一山飞峙，恰似空中楼阁，而且有古松相映，更是别具一格。山峰秀丽，又形象各异，如似韩湘子赶牛、金蟾戏龟、白蛇遭难……。峪道的潺潺流水，山涧的水帘瀑布，更是妙趣横生。并且华山还以其巍峨 180 度看华山挺拔屹立于渭河平原。东、南、西三峰拔地而起，如刀一次削就。唐朝诗人张乔在他的诗中写道："谁将依天剑，削出倚天峰。"都是针对华山的挺拔如削而言的。同进华山山麓下的渭河平原海拔仅 330-400 米，而华山海拔 2154.96 米，高度差为 1700 多米，山势巍峨，更显其挺拔。

➢ 南岳衡山

衡山，又名南岳，是我国五岳之一，位于湖南省衡阳市南岳区，海拔 1300.2 米。由于气候条件较其他四岳为好，处处是茂林修竹，终年翠绿；奇花异草，四时飘香，自然景色十分秀丽，因而又有"南岳独秀"的美称。清人魏源《衡岳吟》中说："恒山如行，泰山如坐，华山如立，嵩山如卧，惟有南岳独如飞。"这是对衡山的赞美。

五岳之中，唯独衡山雄踞南方。《述异记》称南岳系盘古左臂变成的。南岳称为衡山，因它位处星度二十八宿的轸星之翼，"度应玑衡"，像衡器一样，可以称量天地的轻重，能够"铨德钧物"，所以定名叫"衡山"。又因轸星旁有一小星，曰"长沙星"，这颗星主管人间寿命。而衡山古属长沙。借名伸义，所以衡山有"寿岳"之称。后人祝寿，时常称颂为"寿比南山"，其来源就是从这儿借喻的。

南岳衡山地临湘水之滨，林木苍郁，景色幽秀，享有"五岳独秀"的美名。衡山位于湖南省衡山县，是五岳之南岳，自古天下闻名，尤以壮美的自然风光和佛、道两教形成的人文景观著称。

➢ 北岳恒山

恒山，人称北岳，亦名"太恒山"，又名"元岳、紫岳、大茂山"，与东岳泰山、西岳华山、南岳衡山、中岳嵩山并称为五岳，扬名国内外。1982 年，恒山以山西恒山风景名胜区的名义，被国务院批准列入第一批国家级风景名胜区名单。曾名常山、恒宗、元岳、紫岳。位于山西省浑源县城南 10 山，与东岳泰山、西岳华山、南岳衡山、中岳嵩山并称为五岳，扬名国内外。1982 年，恒山以山西恒山风景名胜区的名义，被国务院批准列入第一批国家级风景名胜区名单。曾名常山、恒宗、元岳、紫岳。位于山西省浑源县城南 10 公里处，距大同市 62 公里。其中，倒马关、紫荆关、平型关、雁门关、宁武关虎踞为险，是塞外高原通向冀中平原之咽喉要冲，自古是兵家必争之地。主峰天峰岭在浑源县城南，海拔 2016.8 米，被称为"人天北柱"，"绝塞名山"，"天下第二山"。

北岳恒山则山势陡峭，沟谷深邃。深山藏宝，如著名的悬空寺便隐匿其中。相传四千年前舜帝巡狩至此，因见其山势雄伟，遂封为北岳。秦时"奉天下名山十二"，泰山之次便是恒山。

恒山，又称恒岳，位于山西浑源县。恒山别名常山。恒，常也，万物伏北方，有常也。历来称为北岳。秦朝时"奉天下名山十二，其二便是恒山"，《尔雅》也称："恒山为北岳"。

➢ 中岳嵩山

中岳嵩山横跨荥阳、新密、巩义、登封、偃师、伊川、洛阳等市县，全长 60 多公里。主体部分在登封境内，分东西两部分，东为太室山，西为少室山。太室山主峰为峻极峰，海拔 1494 米，少室山最高峰为连天峰，海拔 1512 米，两山各有 36 峰，合称嵩山 72 峰。

嵩山的形成已有 35 亿年的历史，是中华民族的发祥地之一。远在距今 25 亿年、18 亿年、8 亿年之间，嵩山地区先后发生过剧烈的 "嵩阳运动"、"中岳运动"、"少林运动"三次全球性前寒武纪造山、造陆运动，最终形成了今天绚丽多姿、奇特秀美、峻幽迷人的自然景观。

2. 三山

传说中的"三山"即海上的"三神山"，因为是神仙居住的地方，格外受到古人的神往。《史记·秦始皇本纪》载："齐人徐福等上书，言海中有三神山，名曰蓬莱、方丈、瀛洲"。从此以后海中三神山的名字，便在古代小说、戏曲、笔记中经常出现，然而它是传说，不存在的。后人为了延续三山五岳的美丽神话，就在五岳之外的名山中间选择新的三山，广为流传的三山是：安徽黄山、江西庐山、浙江雁荡山。然而，另有一说为：安徽黄山、江西庐山、四川峨眉山。国际上大部分认可的是第一种说法，因为峨眉山本身是四大佛教名山之一，一般不把它重复列为三山之一。

✧ 安徽黄山

黄山风景黄山位于安徽省南部黄山市。为三山五岳中三山的之一，有"天下第一奇山"之美称。为道教圣地，遗址遗迹众多，传轩辕黄帝曾在此炼丹。徐霞客曾两次游黄山，留下了"五岳归来不看山，黄山归来不看岳"的感叹。李白等大诗人在此留下了壮美诗篇。中国最美的、令人震撼的十大名山之一。"奇松"、"怪石"、"云海"、"温泉"被称为黄山四奇。黄山是著名的避暑胜地，是国家级风景名胜区和疗养避暑胜地。1985 年入选全国十大风景名胜，1990 年 12 月被联合国教科文组织列入《世界文化与自然遗产名录》，生态保护完好，动植物众多！

✧ 江西庐山

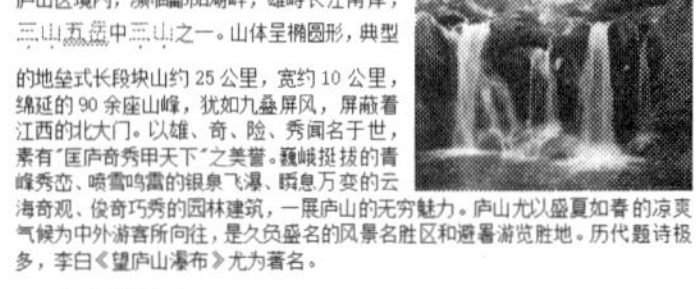

庐山地处江西省北部鄱阳湖盆地，九江市庐山区境内，濒临鄱阳湖畔，雄峙长江南岸，三山五岳中三山之一。山体呈椭圆形，典型的地垒式长段块山约 25 公里，宽约 10 公里，绵延的 90 余座山峰，犹如九叠屏风，屏蔽着江西的北大门。以雄、奇、险、秀闻名于世，素有"匡庐奇秀甲天下"之美誉。巍峨挺拔的青峰秀峦、喷雪鸣雷的银泉飞瀑、瞬息万变的云海奇观、俊奇巧秀的园林建筑，一展庐山的无穷魅力。庐山尤以盛夏如春的凉爽气候为中外游客所向往，是久负盛名的风景名胜区和避暑游览胜地。历代题诗极多，李白《望庐山瀑布》尤为著名。

✧ 浙江雁荡山

雁荡山以山水奇秀闻名，素有"海上名山、寰中绝胜"之誉，史称中国"东南第一山"，主体位于浙江省温州市东北部海滨，小部在台州市温岭南境。雁荡山形成于一亿二千万年以前，是环太平洋大陆边缘火山带中一座白垩纪流纹质破火地。《载敬堂集》载："雁荡山以瓯江自然断裂，分北雁荡山和南雁荡山。以景观区位分有北雁荡山、南雁荡山、西雁荡山、东雁荡山、中雁荡山之称"。总面积 450 平方公里，500 多个景点分布于 8 个景区，以奇峰怪石、古洞石室、飞瀑流泉称胜。其中，灵峰、灵岩、大龙湫三个景区被称为"雁荡三绝"。特别是灵峰夜景，灵岩飞渡堪称中国一绝。因山顶有湖，芦苇茂密，结草为荡，南归秋雁多宿于此，故名雁荡。其开山凿胜始于南北朝，兴于唐，盛于宋。历代文人墨客纷至沓来，谢灵运、沈括、徐霞客、张大千、郭沫若等都留下了诗篇和墨迹。

图 8.1　范例 8-1 样张

（5）图片：大小调整到合适，四周型图文环绕方式。

（6）段落：加边框和底纹，与样张相似。

（7）项目编号和项目符号：与样张相似。

2）案例分析

本案例涉及艺术字、图片、图文混排、段落格式、分栏、艺术字、文本框、段落格式等 Word 2019 的基本功能。

3）具体操作

（1）选中“三山五岳”，在“插入”选项卡中单击“文本”组中的“艺术字”下三角按钮，在打开的艺术字预设样式列表中选择合适的艺术字样式。

（2）单击“三山五岳”艺术字，使其处于编辑状态。

（3）在“绘图工具|格式”选项卡中单击“艺术字样式”组中的“文本效果”下三角按钮。

（4）在打开的文字效果列表中指向“转换”选项，在弹出的艺术字形状列表中选择需要的形状。当光标指向某一种形状时，Word 文档中的艺术字将即时呈现实际效果。

（5）选中“三山五岳”艺术字，单击“文字环绕”或者“位置”按钮，选择“其他布局选项”，弹出布局窗格，设置位置、文字环绕和大小属性，如图 8.2 所示。

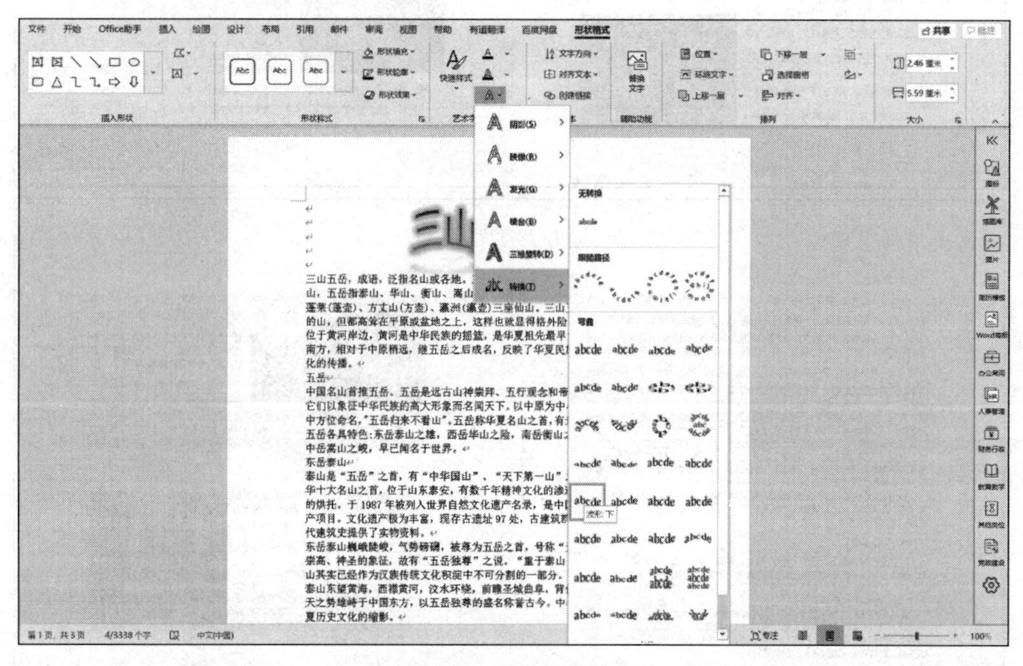

图 8.2　艺术字设置

（6）选中全文文本，单击“开始”选项卡“段落”组中的下三角按钮，弹出“段落”对话框，设置段落格式，如图 8.3 所示。

（7）选中第二段文本，在“页面布局”选项卡的“页面设置”组中单击“栏”按钮，在展开的“分栏”下拉列表中选择两栏，勾选“分隔线”复选框，如图 8.4 所示。

（8）选定所有的文本，单击“开始”选项卡“编辑”组中的“替换”按钮，弹出“查找和替换”对话框，如图 8.5 所示。在其中设置替换字体格式，如图 8.6 所示。

（9）参考样张，在文中插入相应的图片，单击图片，在“布局选项”窗格中设置环绕方式，如图 8.7 所示。

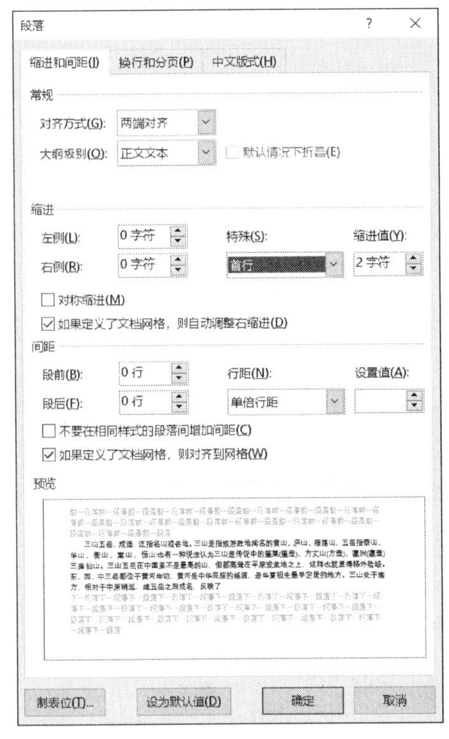

图 8.3 段落设置

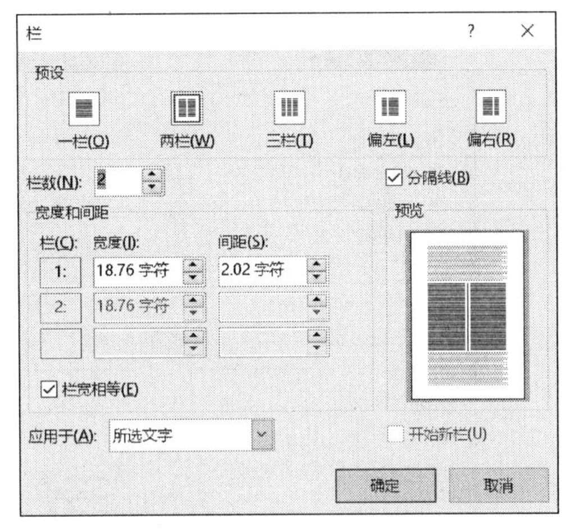

图 8.4 分栏设置

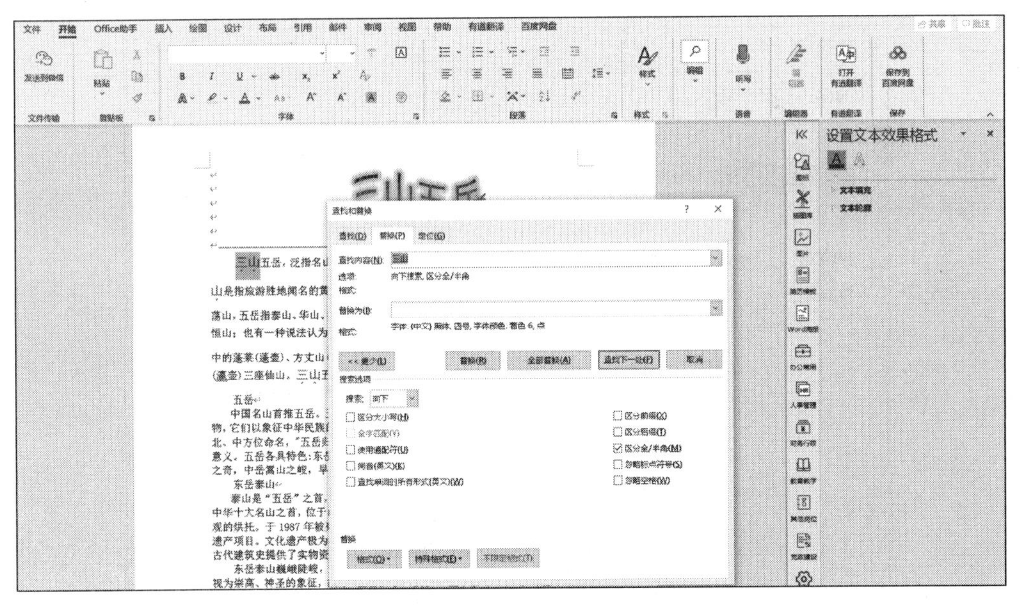

图 8.5 查找替换设置

(10) 选择样张所示的段落，单击“开始”选项卡“段落”组中的“边框和底纹”右侧的下三角按钮，弹出下拉列表，单击其中的“边框和底纹”选项，设置段落边框和底纹格式，如图 8.8 和图 8.9 所示。

图 8.6 替换字体格式设置

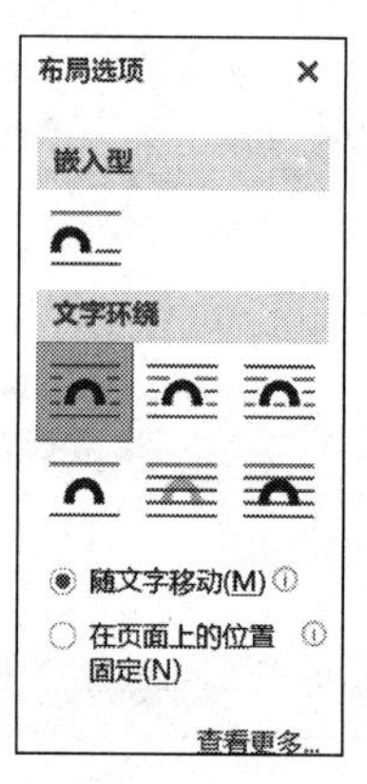

图 8.7 文字环绕方式设置

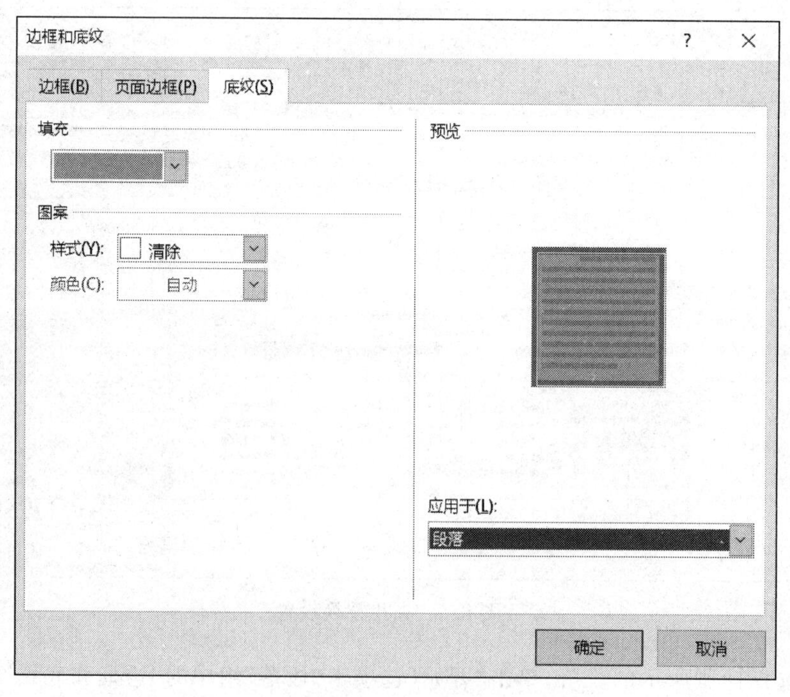

图 8.8 底纹设置

(11) 选中各标题段落,分别设置项目编号和项目符号,如图 8.10 和图 8.11 所示。

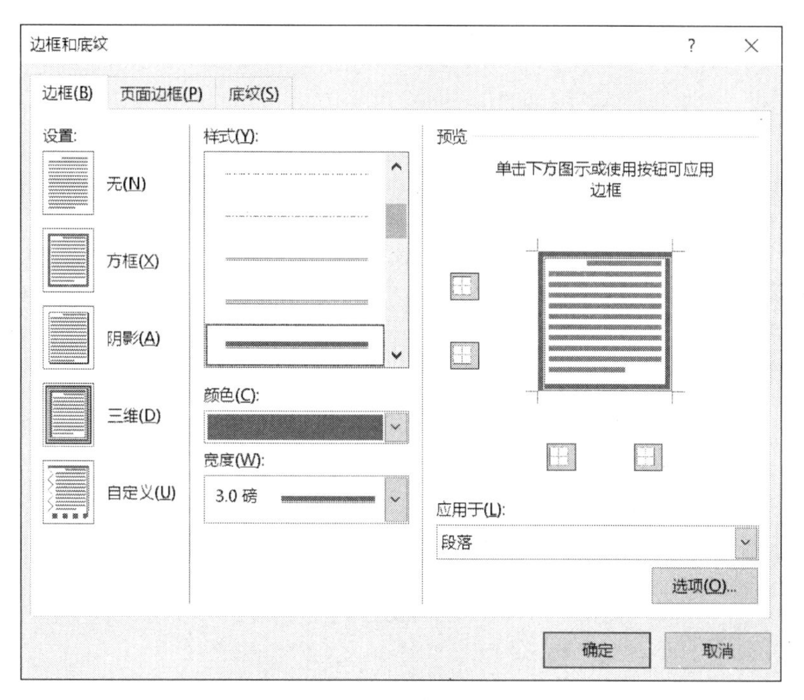

图 8.9　边框设置

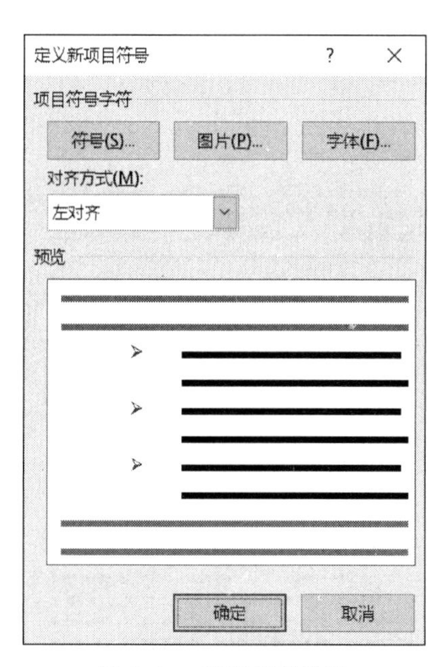

图 8.10　项目符号设置

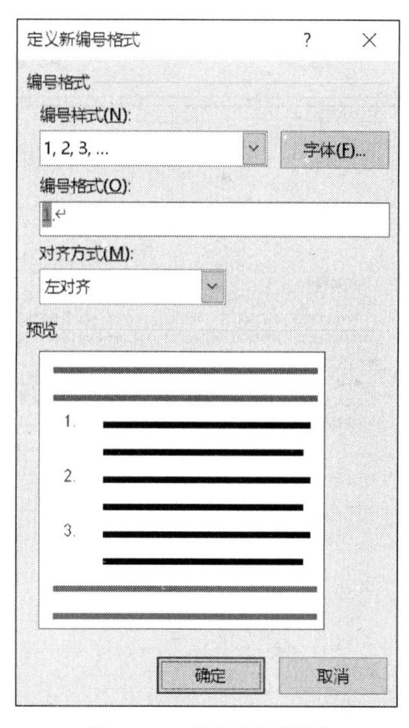

图 8.11　项目编号设置

2. 制作目录和页眉页脚

1）要求

打开素材文档“范例 8-2 素材. docx”，按下列要求操作，结果以“范例 8-2 结果. docx”保存在自己的文件夹。样张最终结果如图 8.12 所示。具体的操作结果见文件“范例 8-2 样张.docx”。

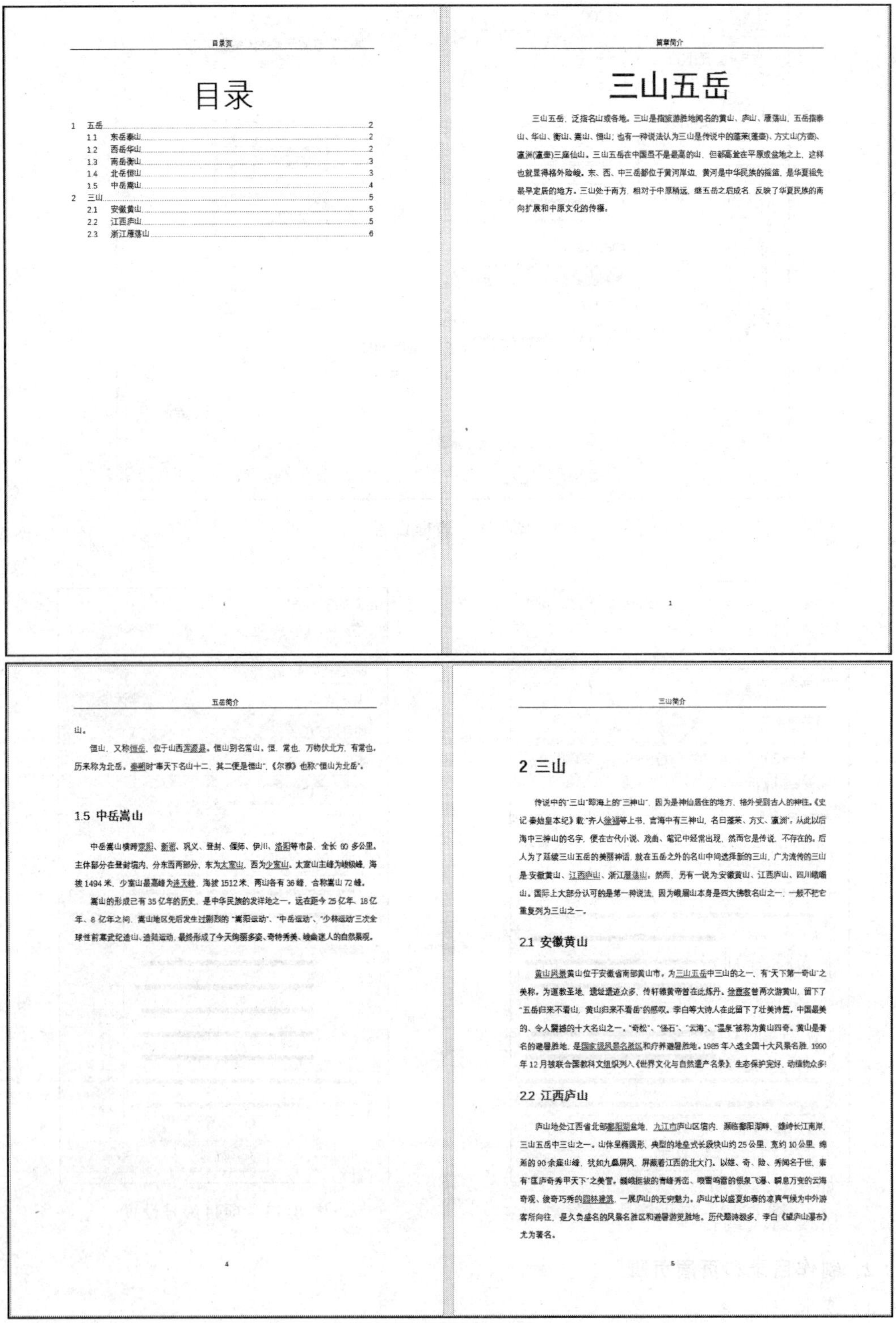

目录页

目录

篇章简介

三山五岳

三山五岳，泛指名山或各地。三山是指旅游胜地闻名的黄山、庐山、雁荡山，五岳指泰山、华山、衡山、嵩山、恒山；也有一种说法认为三山是传说中的蓬莱(蓬壶)、方丈山(方壶)、瀛洲(瀛壶)三座仙山。三山五岳在中国虽不是最高的山，但都高耸在平原或盆地之上，这样也就显得格外险峻。东、西、中三岳都位于黄河岸边，黄河是中华民族的摇篮，是华夏祖先最早定居的地方。三山处于南方，相对于中原稍远，继五岳之后成名，反映了华夏民族的南向扩展和中原文化的传播。

1

五岳简介

山。

恒山，又称恒岳，位于山西浑源县。恒山别名常山。恒，常也，万物伏北方，有常也，历来称为北岳。秦朝时"奉天下名山十二，其二便是恒山"，《尔雅》也称"恒山为北岳"。

1.5 中岳嵩山

中岳嵩山横跨荥阳、新密、巩义、登封、偃师、伊川、洛阳等市县，全长 60 多公里。主体部分在登封境内，分东西两部分，东为太室山，西为少室山。太室山主峰为峻极峰，海拔 1494 米，少室山最高峰为连天峰，海拔 1512 米，两山各有 36 峰，合称嵩山 72 峰。

嵩山的形成已有 35 亿年的历史，是中华民族的发祥地之一。远在距今 25 亿年、18 亿年、8 亿年之间，嵩山地区先后发生过剧烈的"嵩阳运动"、"中岳运动"、"少林运动"三次全球性前寒武纪造山、造陆运动，最终形成了今天绚丽多姿、奇特秀美、峻险迷人的自然景观。

4

三山简介

2 三山

传说中的"三山"即海上的"三神山"，因为是神仙居住的地方，格外受到古人的神往。《史记·秦始皇本纪》载"齐人徐福等上书，言海中有三神山，名曰蓬莱、方丈、瀛洲"，从此以后海中三神山的名字，便在古代小说、戏曲、笔记中经常出现，然而它是传说，不存在的。后人为了延续三山五岳的美丽神话，就在五岳之外的名山中间选择新的三山，广为流传的三山是安徽黄山、江西庐山、浙江雁荡山。然而，另有一说为安徽黄山、江西庐山、四川峨嵋山。国际上大部分认可的是第一种说法，因为峨眉山本身是四大佛教名山之一，一般不把它重复列为三山之一。

2.1 安徽黄山

黄山风景黄山位于安徽省南部黄山市，为三山五岳中三山的之一，有"天下第一奇山"之美称。为道教圣地，遗址遗迹众多，传轩辕黄帝曾在此炼丹。徐霞客曾两次游黄山，留下了"五岳归来不看山，黄山归来不看岳"的感叹。李白等大诗人在此留下了壮美诗篇，中国最美的、令人震撼的十大名山之一。"奇松"、"怪石"、"云海"、"温泉"被称为黄山四奇。黄山是著名的避暑胜地，是国家级风景名胜区和疗养避暑胜地。1985 年入选全国十大风景名胜，1990 年 12 月被联合国教科文组织列入《世界文化与自然遗产名录》，生态保护完好，动植物众多

2.2 江西庐山

庐山地处江西省北部鄱阳湖盆地，九江市庐山区境内，濒临鄱阳湖畔，雄峙长江南岸，三山五岳中三山之一。山体呈椭圆形，典型的地垒式长段块山约 25 公里，宽约 10 公里，绵延的 90 余座山峰，犹如九叠屏风，屏蔽着江西的北大门。以雄、奇、险、秀闻名于世，素有"匡庐奇秀甲天下"之美誉。巍峨挺拔的青峰秀峦、喷雪鸣雷的银泉飞瀑、瞬息万变的云海奇观、俊奇巧秀的园林建筑，一展庐山的无穷魅力。庐山尤以盛夏如春的凉爽气候为中外游客所向往，是久负盛名的风景名胜区和避暑游览胜地。历代题诗极多，李白《望庐山瀑布》尤为著名。

5

图 8.12　范例 8-2 操作结果样张

(1) 将全文分成三节,每一节新起一页,如范例 8-2 操作结果样张所示。

(2) 设置标题文本的级别。具体级别定义如表 8.1 所示。

表 8.1 标题级别要求

一级标题	二级标题	
五岳	东岳泰山	中岳嵩山
	西岳华山	安徽黄山
三山	南岳衡山	江西庐山
	北岳恒山	浙江雁荡山

(3) 设置各级标题的多级编号样式,具体各级标题编号要求如表 8.2 所示。

表 8.2 各级标题编号要求

一级标题编号	二级标题编号		说明
1 五岳	东岳泰山	1.5 中岳嵩山	采用列表库默认样式
	1.2 西岳华山	2.1 安徽黄山	
2 三山	1.3 南岳衡山	2.2 江西庐山	
	1.4 北岳恒山	2.3 浙江雁荡山	

(4) 插入目录。如样张所示,采用内置目录 1 样式。

(5) 按节设置页眉页脚。第一节页眉:目录页;第二节页眉:篇章简介;第三节页眉:五岳简介;第四节页眉:三山简介。目录页页码格式“i,ii,…”,正文页页码格式“1,2,3,…”。

(6) 更新目录。

2) 案例分析

本案例涉及大纲视图、标题样式、多级编号样式、分节符、页眉页脚、目录等知识点的综合应用。

3) 具体操作

(1) 将光标分别定位到“反映了华夏民族的南向扩展和中原文化的传播。”“最终形成了今天绚丽多姿、奇特秀美、峻幽迷人的自然景观。”后面,在“布局”选项卡中单击展开“分隔符”,选择“分节符”中的“下一页”,将文档分成三节,如图 8.13 所示。

(2) 在“视图”选项卡中单击“视图”组中的“大纲”,分别设置各级标题的大纲级别,如图 8.14 所示。

(3) 在“开始”选项卡的“段落”组中单击“多级列表”,选择列表库中的多级编号的样式,设置界面如图 8.15 所示,多级编号设置后的效果如图 8.16 所示。

(4) 切换到大纲视图,定位到文档的第一行空白处,在“引用”选项卡的“目录”组中展开“目录”列表,选择“自动目录 1”,如图 8.17 所示。生成的目录效果如图 8.18 所示。

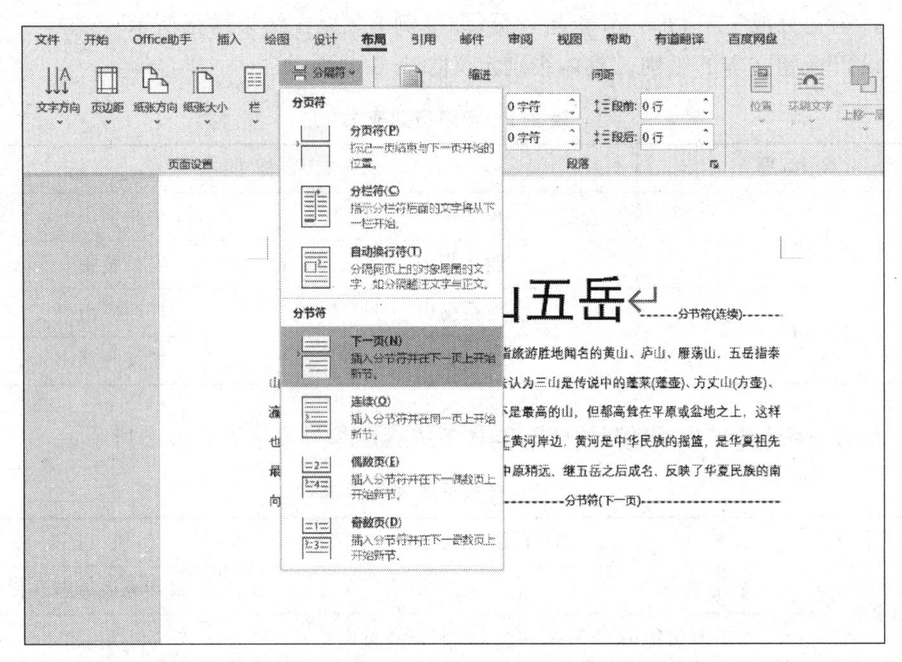

图 8.13　分节符设置

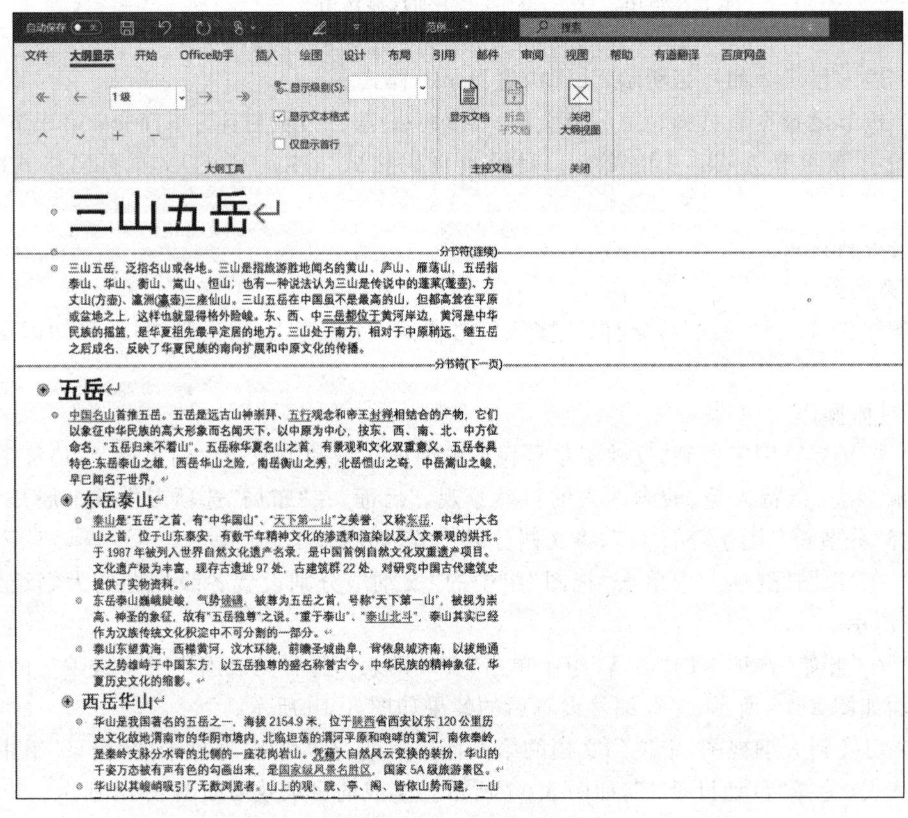

图 8.14　标题大纲级别设置

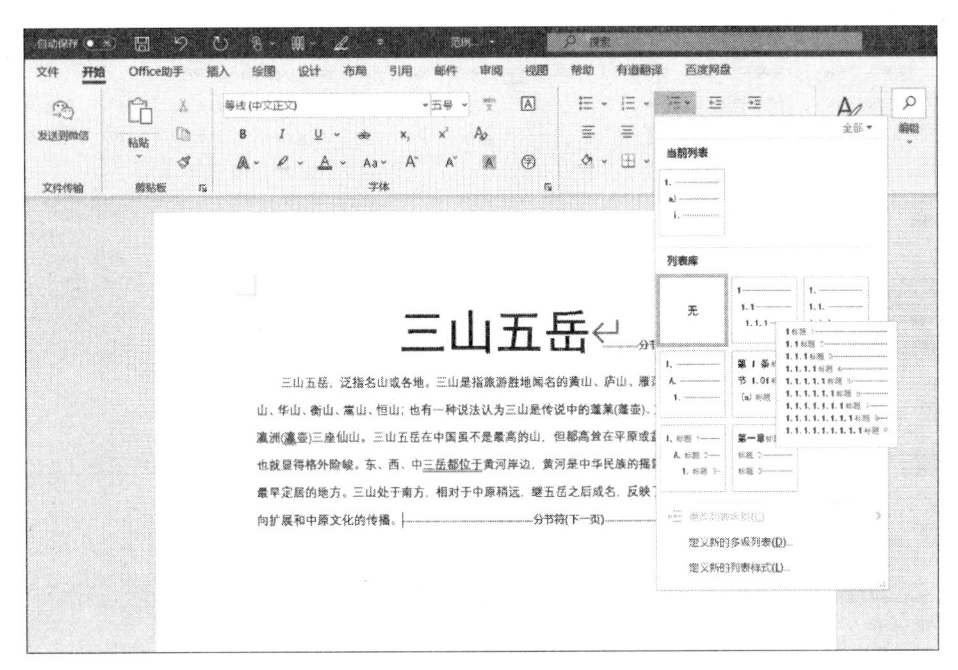

图 8.15　多级编号设置

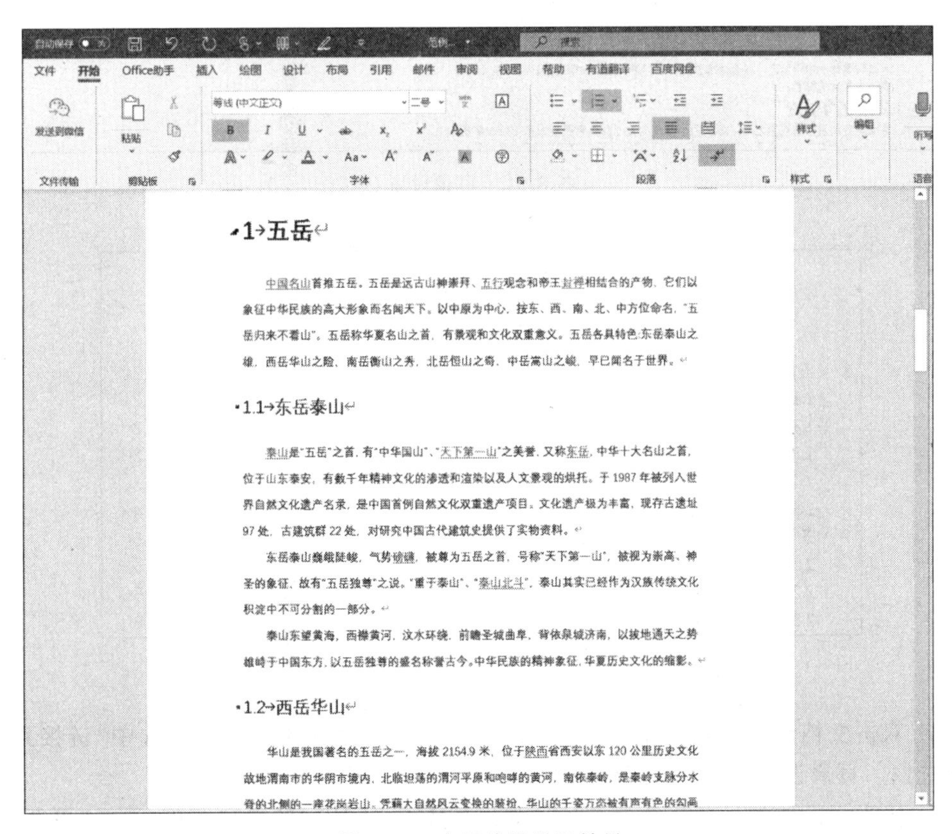

图 8.16　多级编号设置效果

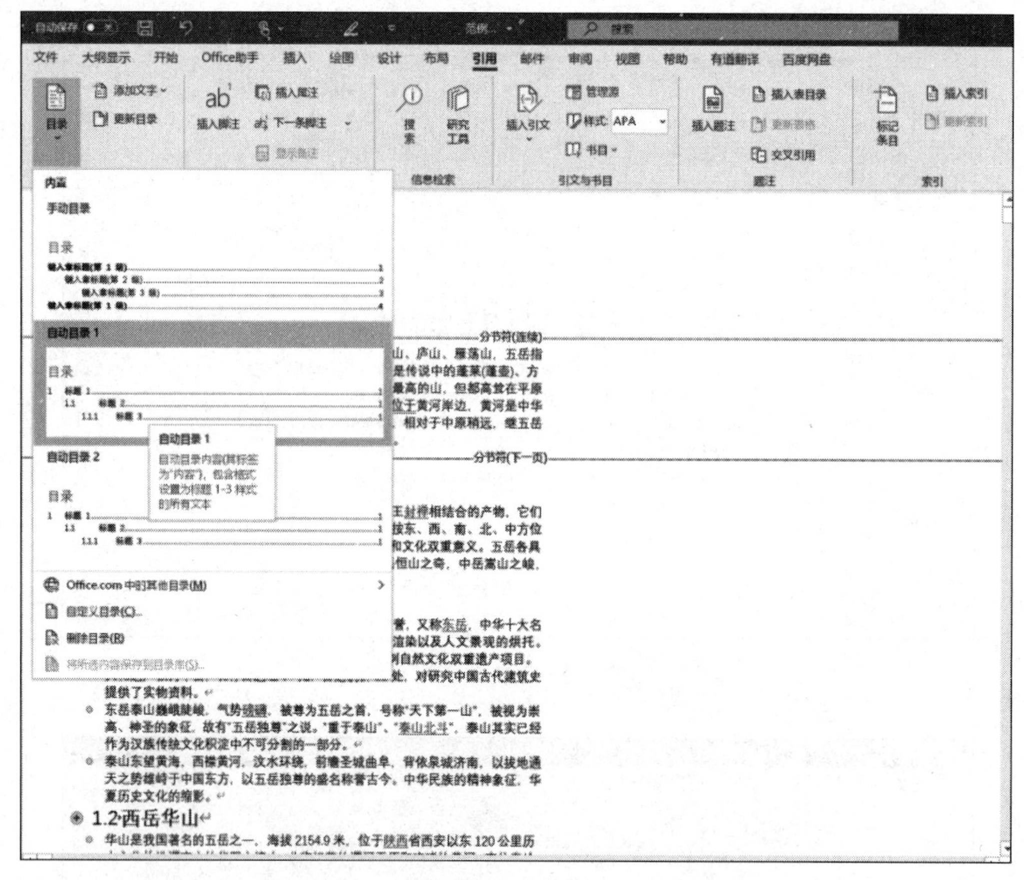

图 8.17　目录设置

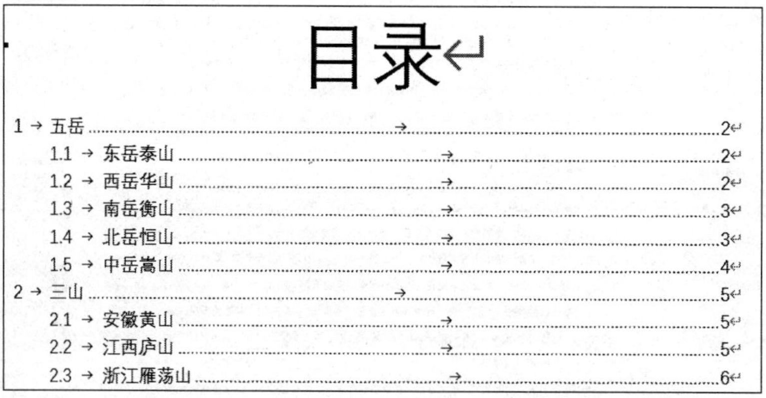

目录

1 → 五岳 → 2
1.1 → 东岳泰山 → 2
1.2 → 西岳华山 → 2
1.3 → 南岳衡山 → 3
1.4 → 北岳恒山 → 3
1.5 → 中岳嵩山 → 4
2 → 三山 → 5
2.1 → 安徽黄山 → 5
2.2 → 江西庐山 → 5
2.3 → 浙江雁荡山 → 6

图 8.18　目录效果

(5) 双击文档任意一页的最顶端空白处,进入页眉设置界面。取消选中“链接到前一节”复选框。页眉设置如图 8.19 所示,页眉设置效果如图 8.20 所示。

(6) 将光标定位到目录任意处,右击,弹出如图 8.21 所示的快捷菜单,选择“更新域”命令,弹出如图 8.22 所示的对话框,选中“更新整个目录”单选按钮。更新后的目录如图 8.23 所示。

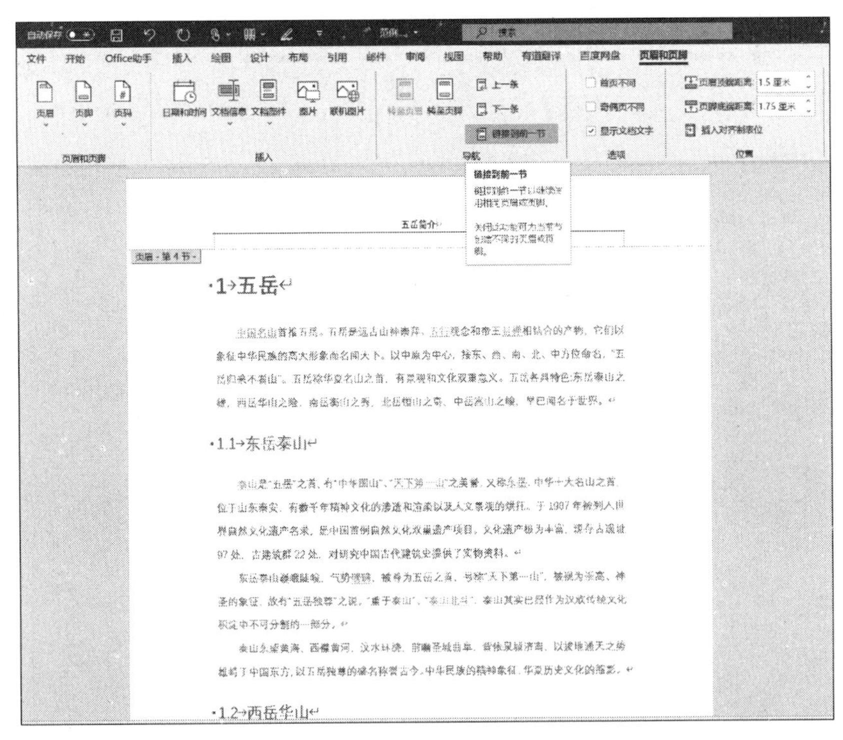

图 8.19　分节页眉设置

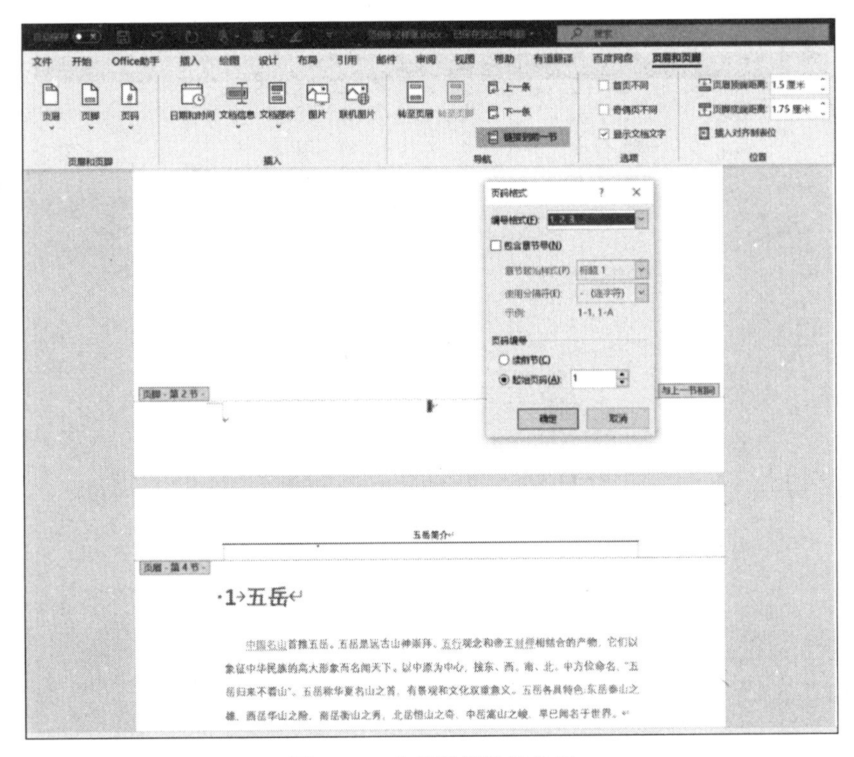

图 8.20　分节页眉设置效果

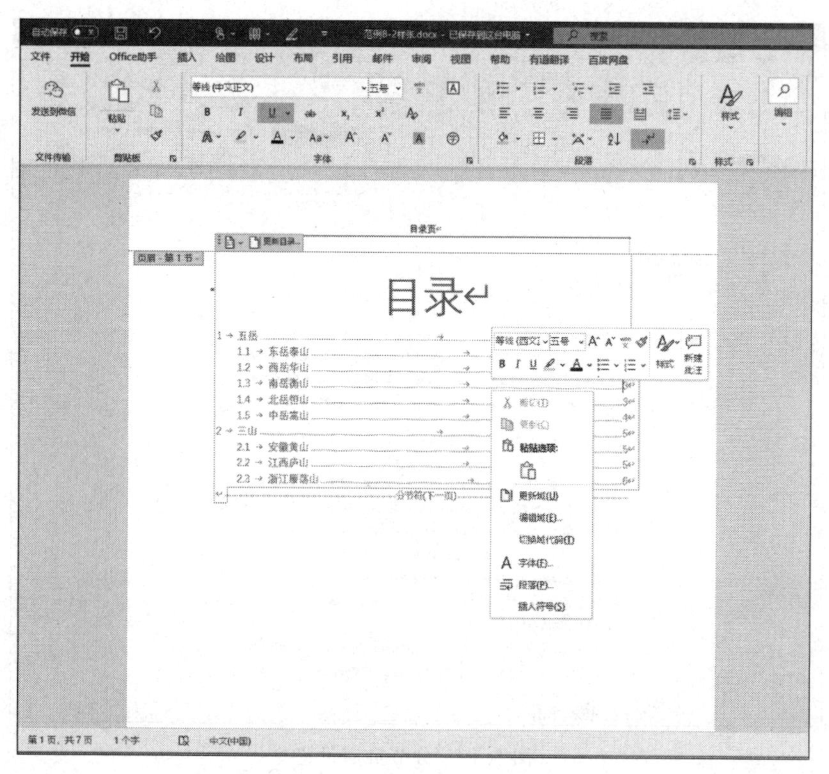

图 8.21　目录更新弹出菜单

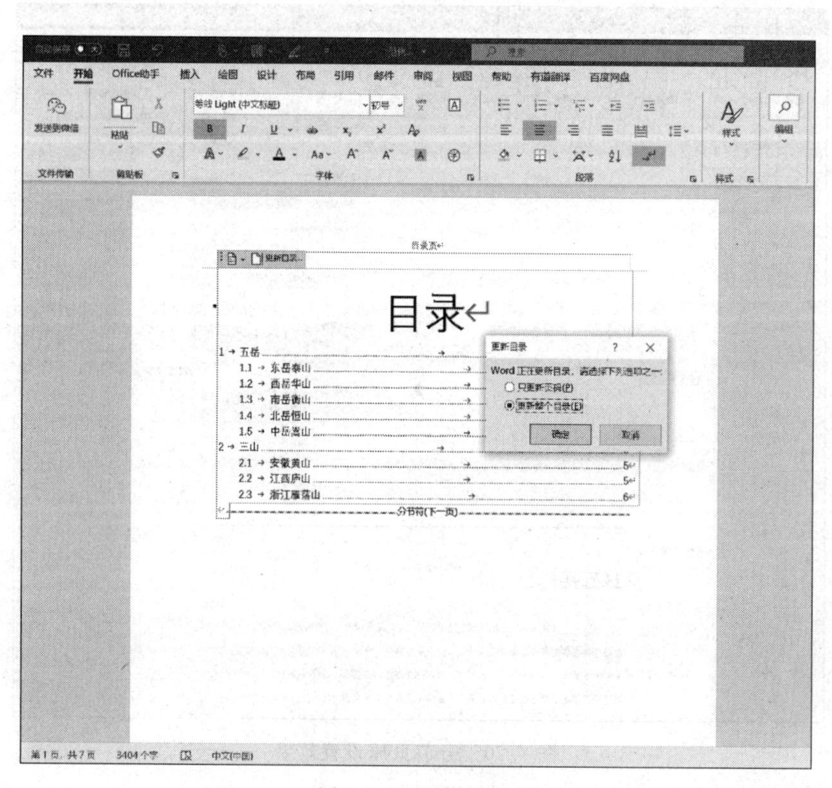

图 8.22　更新目录

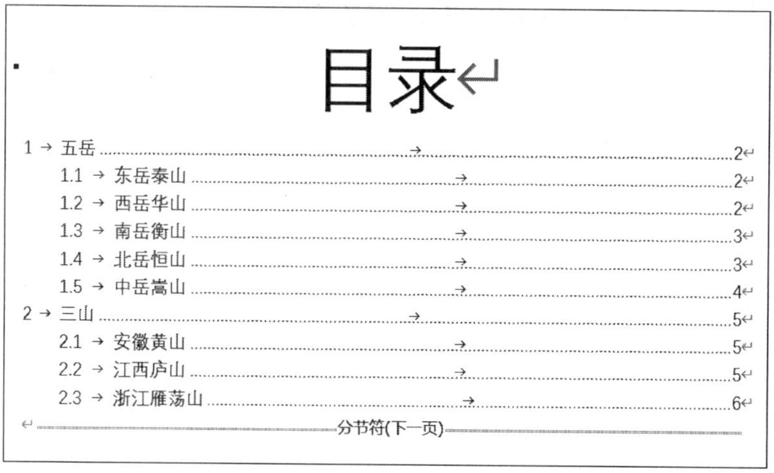

目录

1 → 五岳 → 2
1.1 → 东岳泰山 → 2
1.2 → 西岳华山 → 2
1.3 → 南岳衡山 → 3
1.4 → 北岳恒山 → 3
1.5 → 中岳嵩山 → 4
2 → 三山 → 5
2.1 → 安徽黄山 → 5
2.2 → 江西庐山 → 5
2.3 → 浙江雁荡山 → 6

分节符(下一页)

图 8.23　更新后的目录

3. 邮件合并

1）要求

打开素材文档“范例 8-3 素材. docx”，按下列要求操作，结果以“范例 8-3 结果. docx”保存在自己的文件夹中。

（1）将实验素材文件夹中的文件“sy8-3 素材. docx”作为主文档，将文件“订单流水. xlsx”作为数据源进行邮件合并，在主文档中填充相应的贵宾信息。

（2）在主文档表格相应的单元格中插入域，在“心语花伴：”文字后面添加本人的姓名，保存“订单模板. docx”文档。

（3）生成每位客户的订单，每页只包含一个顾客的订单，所有的订单页面另存为“订单详情. docx”文件，存放到“实验 8 实验内容素材”文件夹中。

2）案例分析

本案例涉及邮件合并的应用，重点是模板文档的设计、数据源的选择、合并域的选择。

3）具体操作

（1）打开文件 sy8-3 素材. docx，在“邮件”选项卡中单击“选择收件人”，展开列表，选择“使用现有列表”选择数据源，如图 8.24～图 8.26 所示。

（2）插入数据源的字段。在“邮件”选项卡中单击“插入合并域”，展开列表，在主文档中插入相应的数据字段，如图 8.27 所示，插入字段后的效果如图 8.28 所示。

（3）生成合并文档。在“邮件”选项卡中单击“完成并合并”，展开列表，单击“编辑单个文档”，生成合并的文档“信函 1”，如图 8.29 和图 8.30 所示，效果如图 8.31 所示。

（4）将“信函 1”文档另存为“范例 8-3 结果. docx”。

三、实验内容

（1）打开素材文档“sy8-1 素材. docx”，按下列要求操作，结果以“sy8-1 结果. docx”保存在自己的文件夹。

① 在文档第一页插入封面，封面自主设计。

② 文档分节要求：封面、摘要、正文、参考文献这几部分内容分节并从奇数页开始。

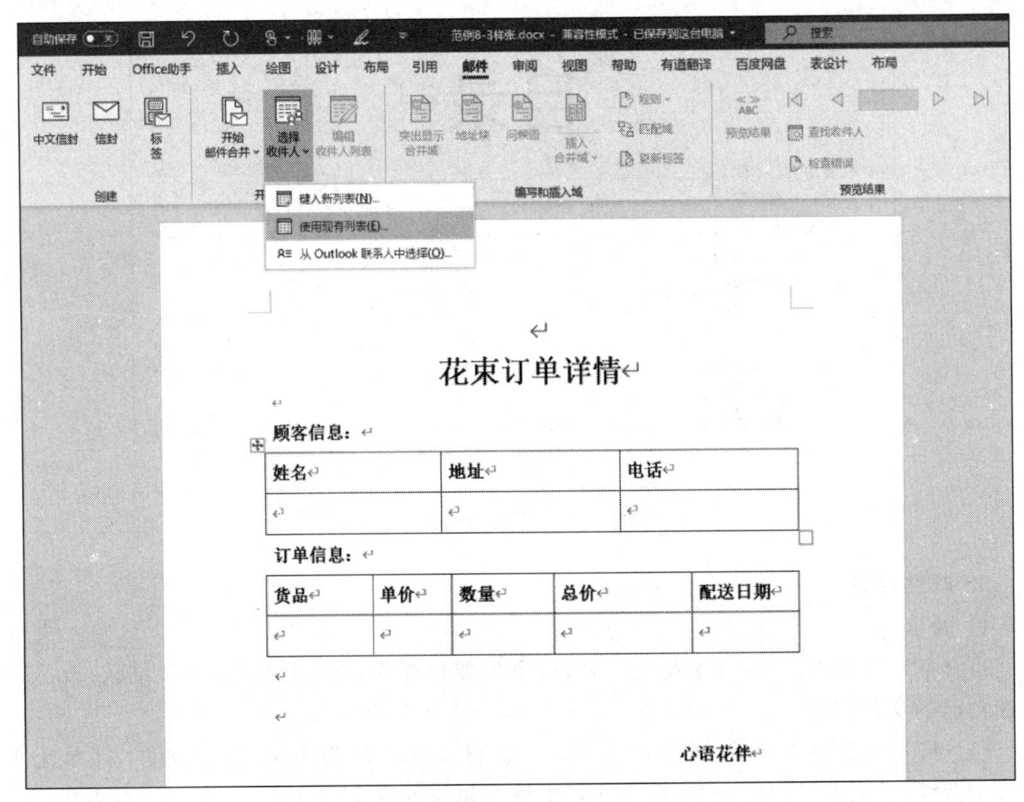

图 8.24　选择数据源 1

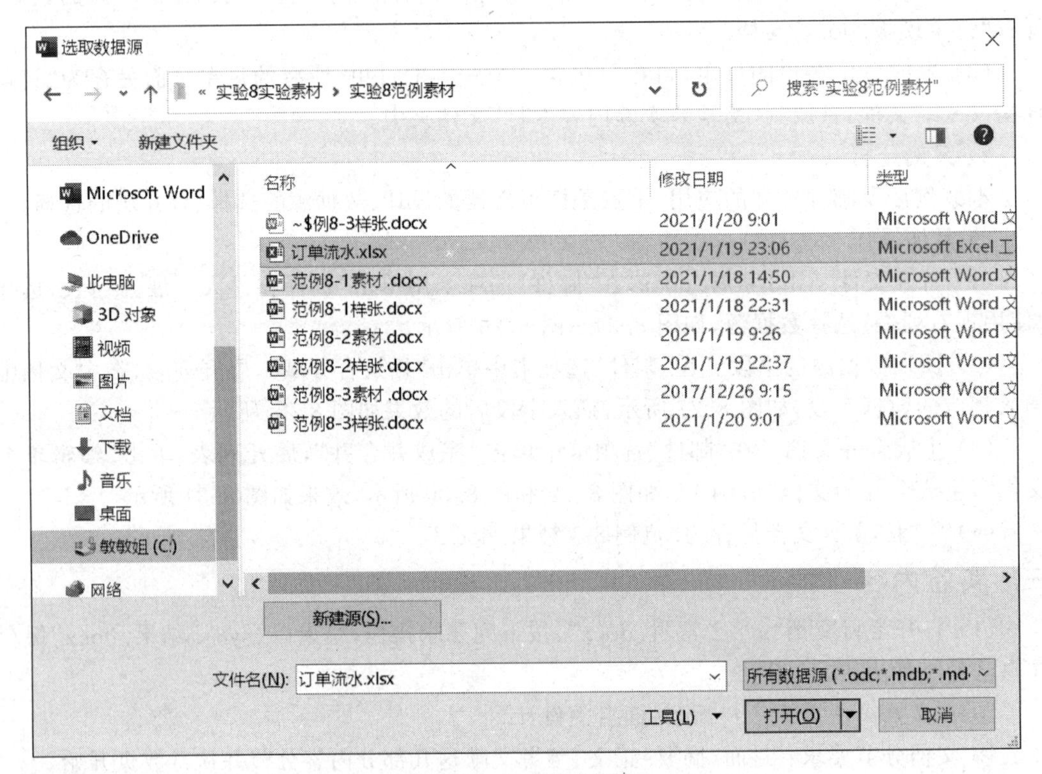

图 8.25　选择数据源 2

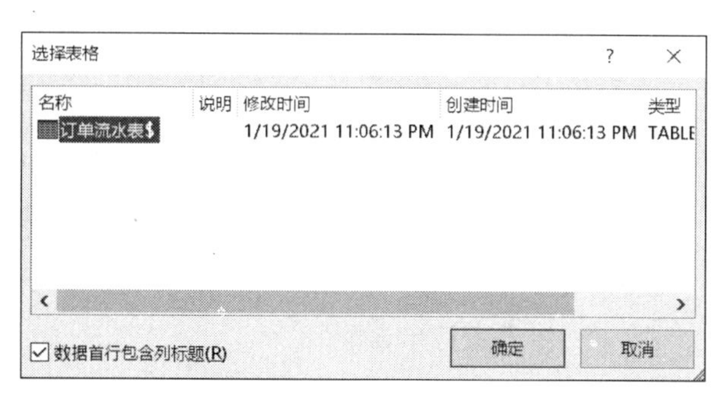

图 8.26　选择数据源 3

图 8.27　插入数据源字段

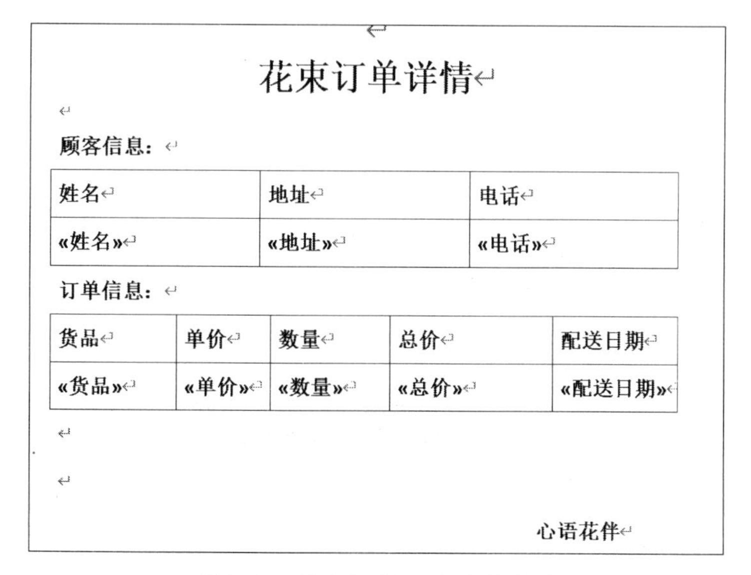

花束订单详情

顾客信息：

姓名	地址	电话
«姓名»	«地址»	«电话»

订单信息：

货品	单价	数量	总价	配送日期
«货品»	«单价»	«数量»	«总价»	«配送日期»

心语花件

图 8.28　插入数据源字段后的效果

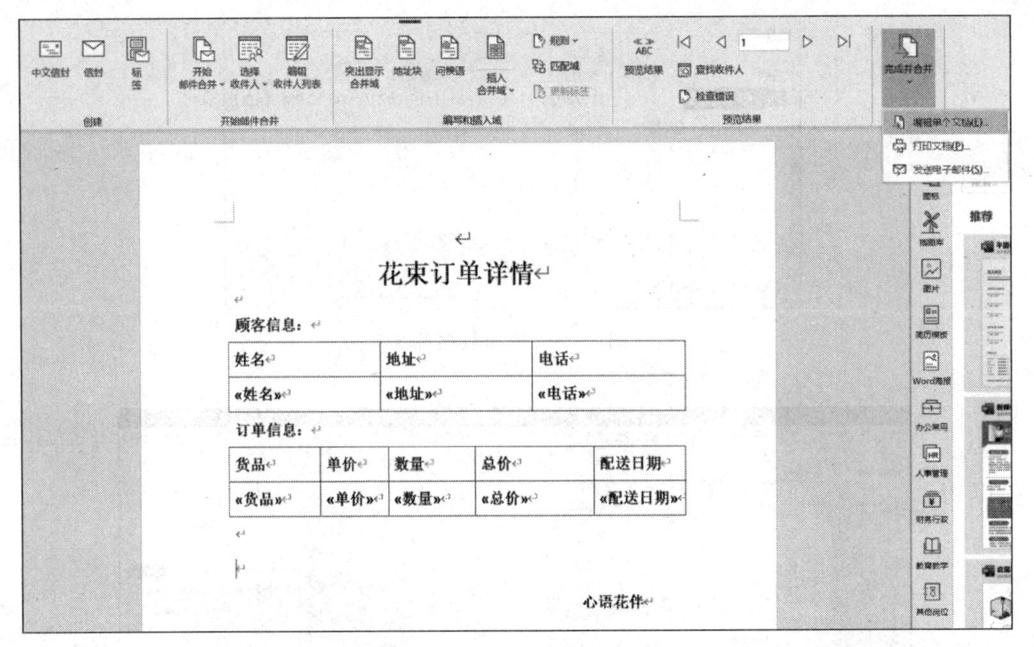

图 8.29　生成合并文档 1

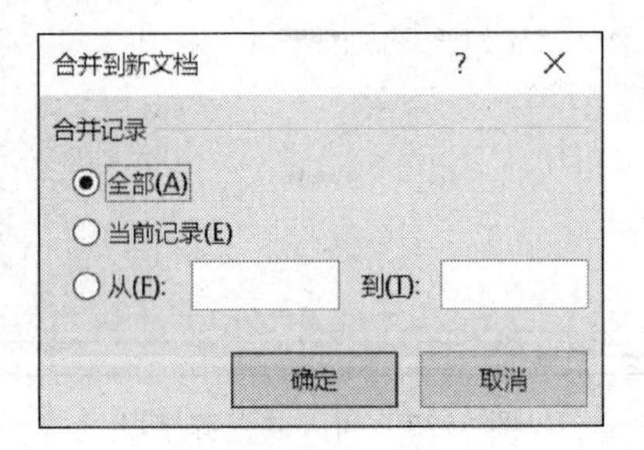

图 8.30　生成合并文档 2

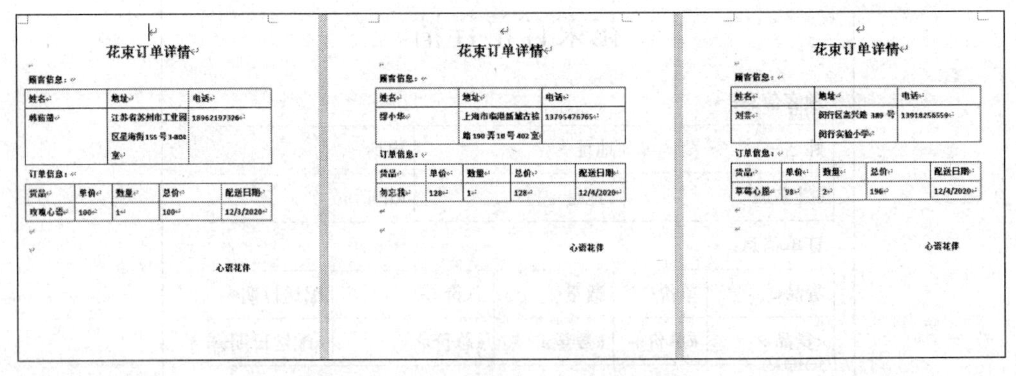

图 8.31　生成合并文档效果

③ 封面的页边距：上 2.5cm，下 2.5cm，左 2.5cm，右 2.5cm；其他页面的页边距：上 2.5cm，下 2.5cm，左 2cm，右 2cm，装订线 1cm(位置为左)。

④ 章名、摘要、目录、参考文献使用内置样式“标题 1”，居中；二级标题使用内置样式

“标题 2”，左对齐；三级标题使用内置样式“标题 3”，左对齐。

⑤ 在封面之后添加三级标题目录，独占一页。

⑥ 在页面底部居中添加页码，要求：封面页，不添加页码；正文前的节，页码采用“Ⅰ，Ⅱ，Ⅲ，…”格式，页码连续（不包含封面）；正文页码采用“1，2，3，…”格式，页码连续。

（2）打开素材文档“sy8-2 素材.docx”，按下列要求操作，结果以“sy8-2 结果.docx”保存在自己的文件夹中。

① 在实验内容素材文件夹中有一个“sy8-2 素材.docx”主文档，将文件“学生名单.xlsx”作为数据源进行邮件合并，在主文档中填充相应学生信息。

② 在“同学”文字前面添加学生姓名，在“考场”文字前面添加考场编号，在“签发人”文字后面添加本人的姓名，保存“准考证模板.docx”文档。

③ 生成学生名单中每位学生的准考证文档，文档每页只能包含一位学生的信息，所有的准考证页面另存为“Office 二级准考证.docx”文件。

实验九　Excel 高级应用技术

一、实验目的

（1）熟悉单元格、行、列、工作表的基本操作。

（2）掌握设置批注、边框和底纹的方法。

（3）掌握自动套用格式与条件格式的方法。

（4）体会单元格-区域的选取、命名和引用。

（5）体会工作组的选取和基本作用。

（6）掌握函数和公式的应用。

（7）掌握高级筛选、条件格式、分类汇总的应用。

（8）掌握图表的设计和使用。

（9）掌握数据透视表和数据透视图的制作方法。

（10）综合使用函数、公式、图表和数据透视表进行数据分析和可视化展示。

二、实验指导

1. 制作“学生抽样信息表”

1）要求

打开素材文档“范例 9-1 素材.xlsx”，按下列要求操作，结果以“范例 9-1 结果.xlsx”保存在自己的文件夹。最终结果（样张）如图 9.1 所示。

（1）添加标题“学生抽样信息表”，格式为：居中合并对齐，黑体，行高 36 磅，加边框线；其他所有单元格水平居中对齐。

（2）利用 Vlookup 函数计算“学院”字段数据。

（3）计算：总分＝文化课成绩＋社会实践成绩＋德育成绩，结果取整。

（4）等级计算规则：总分大于或等于 100——特等奖；总分大于或等于 90——一等奖；总分大于或等于 80——二等奖；其余：无。

（5）奖金计算规则：特等奖——1500；一等奖——1000；二等奖——800；其余——0。

	A	B	C	D	E	F	G	H	I	J	K	L	M
1	学生抽样信息表												
2	序号	学院编	学院	学号	姓名	性	籍	文化课成	社会实践成	德育成	总分	等级	奖学金
14	15	18327002	经管学院	1832700236	慕容豫	女	上海	90.0	9.5	4	103.5	特等奖	1500
19	13	18327002	经管学院	1832700234	叶明康	女	上海	66.0	15.5	10	91.5	一等奖	1000
22	29	18327003	材料学院	1832700341	夏磊	女	上海	90.0	22.5	5	117.3	特等奖	1500
27	20	18327003	材料学院	1832700301	汪凌萱	女	云南	66.0	19.0	5	89.8	二等奖	800
29	24	18327003	材料学院	1832700336	余凡	女	上海	43.0	8.5	7	58.5	无	0
40	39	18327004	化工学院	1832700439	汪明珠	女	上海	56.0	21.5	3	80.5	二等奖	800
57	49	18327005	人文学院	1832700507	欧阳桐	女	云南	68.0	18.0	5	90.9	一等奖	1000
60	48	18327005	人文学院	1832700506	黄琴琴	女	云南	49.0	16.0	6	71.0	无	0
66	74	18327006	外语学院	1832700635	慕容思凡	女	上海	92.0	19.5	7	118.5	特等奖	1500
68	77	18327006	外语学院	1832700640	王筱	女	上海	94.0	12.0	5	110.8	特等奖	1500
81	75	18327006	外语学院	1832700637	阳俐	女	上海	59.0	15.5	5	79.1	无	0

图 9.1　范例 9-1 样张

(6) 按学院编号升序、总分降序进行排序。

(7) 采用筛选功能,筛选出“云南”和“上海”所有女生的记录。

2) 案例分析

本案例涉及表格、单元格格式设置,公式和函数的应用,排序和筛选的应用等 Excel 2019 的基本功能。

3) 具体操作

(1) 单击第一行中的任意单元格,单击“开始”选项卡“单元格”组中的“插入工作表行”,插入标题行。选中 A1:M1 区域,单击“开始”选项卡“对齐方式”组中的“合并后居中”,输入标题“学生抽样信息表”。设置界面如图 9.2 和图 9.3 所示。

图 9.2　插入行

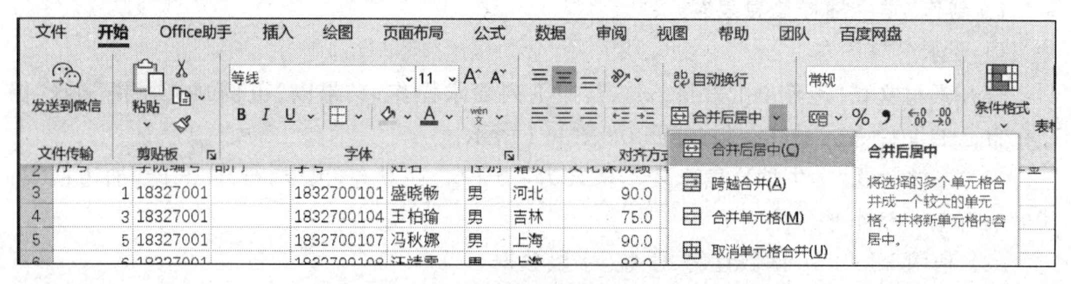

图 9.3　单元格合并

(2) 选中 A1:M94 区域,单击“开始”选项卡“对齐方式”组中的“居中”,设置所有单元格居中对齐。设置界面如图 9.4 所示。

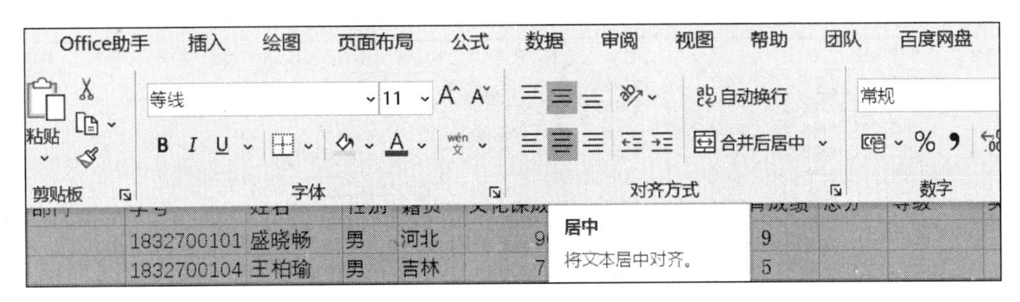

图 9.4 单元格居中对齐

(3) 选中 A1:M94 区域,单击“开始”选项卡“字体”组中的“边框”,设置边框线。设置界面如图 9.5 所示。

(4) 单击第一行中的任意单元格,单击“开始”选项卡“单元格”组中的“格式”,展开列表,单击“行高”,设置界面如图 9.6 和图 9.7 所示。

图 9.5 表格边框线

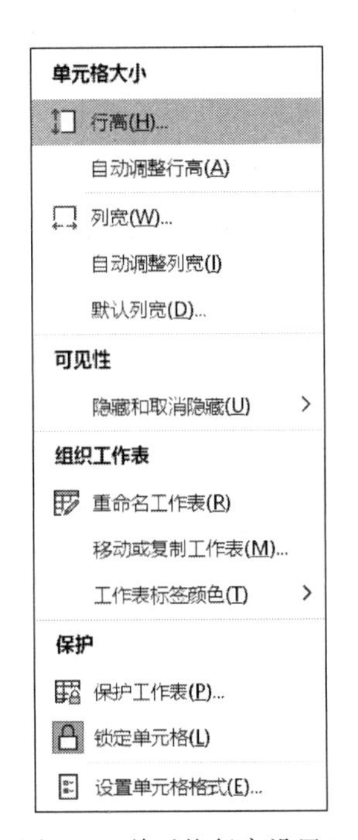

图 9.6 单元格行高设置 1

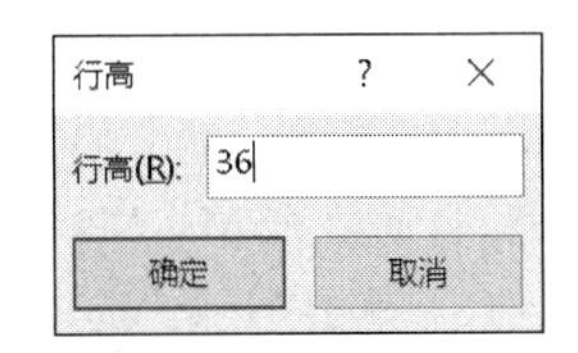

图 9.7 单元格行高设置 2

(5) 在 C3 单元格输入公式: =VLOOKUP(B3,学院信息!$A$2:$B$8,2,TRUE),按 Enter 键获取学院的值。拖动 C3 单元格右下角的自动填充柄,自动填充 C4:C94 单元格的值,结果如图 9.8 所示。

2	序号	学院编号	部门	学号	姓名	性别	籍贯	文化课成绩	社会实践成绩	德育成绩	总分	等级	奖学金
3	1	18327001	计算机学院	1832700101	盛晓畅	男	河北	90.0	17.0	9			
4	3	18327001	计算机学院	1832700104	王柏瑜	男	吉林	75.0	17.5	5			
5	5	18327001	计算机学院	1832700107	冯秋娜	男	上海	90.0	22.5	5			
6	6	18327001	计算机学院	1832700108	汪靖雯	男	上海	83.0	18.0	8			
7	9	18327002	经管学院	1832700203	王瑜	男	河南	90.0	16.5	3			
8	10	18327002	经管学院	1832700204	颜美静	男	江西	75.0	17.0	5			
9	11	18327002	经管学院	1832700232	欧瑜	男	上海	83.0	17.0	8			
10	12	18327002	经管学院	1832700233	伍明毅	男	上海	90.0	23.0	5			
11	14	18327002	经管学院	1832700235	惠硕旻	男	上海	75.0	12.0	5			
12	17	18327002	经管学院	1832700238	轩磊	男	四川	75.0	14.0	3			
13	19	18327002	经管学院	1832700242	翁燕	男	新疆	90.0	15.5	8			
14	21	18327003	材料学院	1832700302	何佳欣	男	云南	77.0	23.5	6			
15	22	18327003	材料学院	1832700334	贺沛君	男	陕西	88.0	16.5	6			
16	23	18327003	材料学院	1832700335	熊华	男	上海	50.0	3.5	5			
17	25	18327003	材料学院	1832700337	赵东普	男	上海	76.0	11.0	4			

图 9.8 “部门”字段计算结果

(6) 选中 H3:K94 区域,单击“开始”选项卡“编辑”组中的“求和”,计算总分字段的值,设置界面如图 9.9 所示。

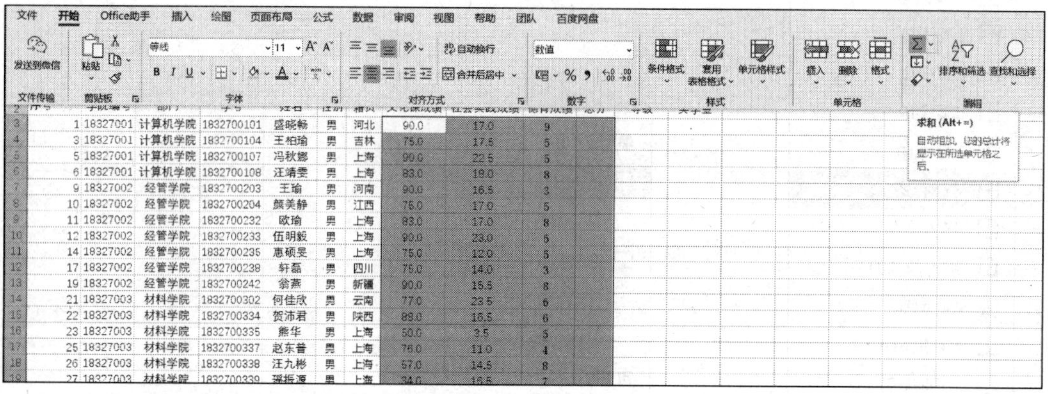

图 9.9 计算总分

(7) 在 L3 单元格输入公式:=IF(K3>=100,"特等奖",IF(K3>=90,"一等奖",IF(K3>=80,"二等奖","无"))),按 Enter 键计算等级取值。拖动 L3 单元格右下角的自动填充柄,自动填充 L4:L94 单元格的值。

(8) 在 M3 单元格输入公式:=IF(L3="特等奖",1500,IF(L3="一等奖",1000,IF(L3="二等奖",800,0))),按 Enter 键计算奖学金取值。拖动 M3 单元格右下角的自动填充柄,自动填充 M4:M94 单元格的值。结果如图 9.10 所示。

(9) 单击“开始”选项卡“编辑”组中的“排序和筛选”,按学院编号升序、总分降序进行排序,设置界面如图 9.11 和图 9.12 所示。

(10) 单击“开始”选项卡“编辑”组中的“排序和筛选”,筛选出“云南”和“上海”所有女生的记录。设置界面如图 9.13~图 9.15 所示。

(11) 保存文件,操作结果见“范例 9-1 样张. xlsx”。

学生抽样信息表

序号	学院编号	部门	学号	姓名	性别	籍贯	文化课成绩	社会实践成绩	德育成绩	总分	等级	奖学金
1	18327001	计算机学院	1832700101	盛晓畅	男	河北	90.0	17.0	9	116.0	特等奖	1500
3	18327001	计算机学院	1832700104	王柏瑜	男	吉林	75.0	17.5	5	97.5	一等奖	1000
5	18327001	计算机学院	1832700107	冯秋娜	男	上海	90.0	22.5	5	117.4	特等奖	1500
6	18327001	计算机学院	1832700108	汪靖雯	男	上海	83.0	18.0	8	109.0	特等奖	1500
9	18327002	经管学院	1832700203	王瑜	男	河南	90.0	16.5	3	109.5	特等奖	1500
10	18327002	经管学院	1832700204	颜美静	男	江西	75.0	17.0	5	96.8	一等奖	1000
11	18327002	经管学院	1832700232	欧瑜	男	上海	83.0	17.0	8	108.0	特等奖	1500
12	18327002	经管学院	1832700233	伍明毅	男	上海	90.0	23.0	5	117.8	特等奖	1500
14	18327002	经管学院	1832700235	惠硕旻	男	上海	75.0	12.0	5	91.7	一等奖	1000
17	18327002	经管学院	1832700238	轩磊	男	四川	75.0	14.0	3	92.0	一等奖	1000
19	18327002	经管学院	1832700242	翁燕	男	新疆	90.0	15.5	8	113.5	特等奖	1500
21	18327003	材料学院	1832700302	何佳欣	男	云南	77.0	23.5	6	106.5	特等奖	1500
22	18327003	材料学院	1832700334	贺沛君	男	陕西	88.0	16.5	6	110.5	特等奖	1500
23	18327003	材料学院	1832700335	熊华	男	上海	50.0	3.5	5	58.4	无	0
25	18327003	材料学院	1832700337	赵东普	男	上海	76.0	11.0	4	91.0	一等奖	1000
26	18327003	材料学院	1832700338	汪九彬	男	上海	57.0	14.5	8	79.5	无	0
27	18327003	材料学院	1832700339	瑶振源	男	上海	34.0	16.5	7	57.5	无	0
28	18327003	材料学院	1832700340	林凌	男	上海	98.0	14.5	5	117.1	特等奖	1500
31	18327004	化工学院	1832700402	阳怡沛	男	四川	75.0	16.0	9	100.0	特等奖	1500
33	18327004	化工学院	1832700404	慕容晓敏	男	新疆	60.0	23.0	5	87.8	二等奖	800

图 9.10　计算“等级”“奖学金”的结果

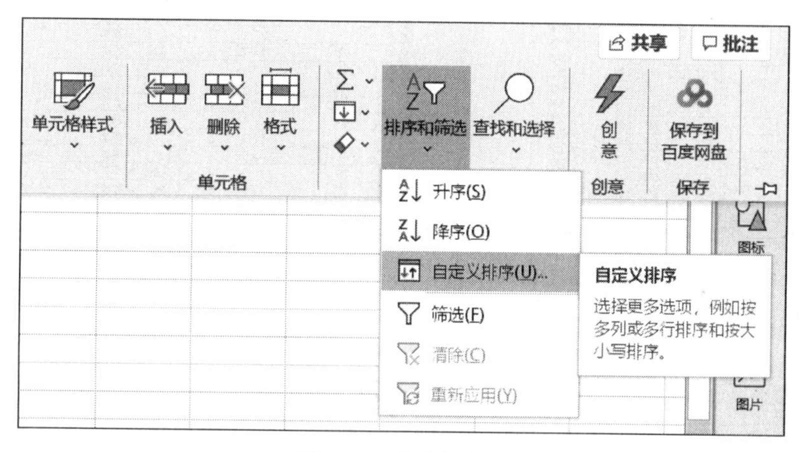

图 9.11　排序设置 1

图 9.12　排序设置 2

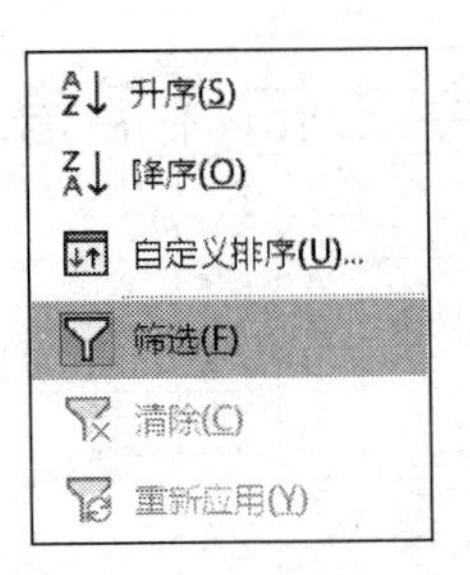

图 9.13 筛选设置 1

学生抽样信息表

	序号	学院编号	学院	学号	姓名	性别	籍贯	文化课成绩	社会实践成绩	德育成绩	总分	等级	奖学金
3	5	18327001	计算机学					90.0	22.5	5	117.4	特等奖	1500
4	1	18327001	计算机学					90.0	17.0	9	116.0	特等奖	1500
5	2	18327001	计算机学					83.0	22.5	7	112.5	特等奖	1500
6	6	18327001	计算机学					83.0	18.0	8	109.0	特等奖	1500
7	3	18327001	计算机学					75.0	17.5	5	97.5	一等奖	1000
8	4	18327001	计算机学					66.0	16.5	6	88.5	二等奖	800
9	12	18327002	经管学院					90.0	23.0	5	117.8	特等奖	1500
10	19	18327002	经管学院					90.0	15.5	8	113.5	特等奖	1500
11	9	18327002	经管学院					90.0	16.5	3	109.5	特等奖	1500
12	11	18327002	经管学院					83.0	17.0	8	108.0	特等奖	1500
13	8	18327002	经管学院					90.0	12.5	5	107.2	特等奖	1500
14	15	18327002	经管学院					90.0	9.5	4	103.5	特等奖	1500
15	16	18327002	经管学院					83.0	11.5	5	99.2	一等奖	1000
16	10	18327002	经管学院					75.0	17.0	5	96.8	一等奖	1000
17	17	18327002	经管学院					75.0	14.0	3	92.0	一等奖	1000
18	14	18327002	经管学院					75.0	12.0	5	91.7	一等奖	1000
19	13	18327002	经管学院					66.0	15.5	10	91.5	一等奖	1000
20	7	18327002	经管学院					75.0	12.0	4	91.0	一等奖	1000
21	18	18327002	经管学院					66.0	17.5	5	88.3	二等奖	800
22	29	18327003	材料学院					90.0	22.5	5	117.3	特等奖	1500
23	28	18327003	材料学院					98.0	14.5	5	117.1	特等奖	1500
24	22	18327003	材料学院					88.0	16.5	6	110.5	特等奖	1500
25	21	18327003	材料学院					77.0	23.5	6	106.5	特等奖	1500
26	25	18327003	材料学院					76.0	11.0	4	91.0	一等奖	1000
27	20	18327003	材料学院					66.0	19.0	5	89.8	二等奖	800
28	26	18327003	材料学院					57.0	14.5	8	79.5	无	0
29	24	18327003	材料学院	1832700336	余凡	女	上海	43.0	8.5	7	58.5	无	0
30	23	18327003	材料学院	1832700335	熊华	男	上海	50.0	3.5	5	58.4	无	0

升序(S)
降序(O)
按颜色排序(T)
工作表视图(V)
从"籍贯"中清除筛选(C)
按颜色筛选(I)
文本筛选(F)
搜索
(全选) 安徽 甘肃 广西 贵州 河北 河南 吉林 江西 陕西 上海 四川 新疆 云南
确定 取消

图 9.14 筛选设置 2

学生抽样信息表

	序号	学院编号	学院	学号	姓名	性别	籍贯	文化课成绩	社会实践成绩	德育成绩	总分	等级	奖学金
14	15	18327002					上海	90.0	9.5	4	103.5	特等奖	1500
19	13	18327002					上海	66.0	15.5	10	91.5	一等奖	1000
22	29	18327003					上海	90.0	22.5	5	117.3	特等奖	1500
27	20	18327003					云南	66.0	19.0	5	89.8	二等奖	800
29	24	18327003					上海	43.0	8.5	7	58.5	无	0
40	39	18327004					上海	56.0	21.5	3	80.5	二等奖	800
57	49	18327005					云南	68.0	18.0	5	90.9	一等奖	1000
60	48	18327005					云南	49.0	16.0	6	71.0	无	0
66	74	18327006					上海	92.0	19.5	7	118.5	特等奖	1500
68	77	18327006					上海	94.0	12.0	5	110.8	特等奖	1500
81	75	18327006					上海	59.0	15.5	5	79.1	无	0

升序(S)
降序(O)
按颜色排序(T)
工作表视图(V)
从"性别"中清除筛选(C)
按颜色筛选(I)
文本筛选(F)
搜索
(全选) 男 女
确定 取消

图 9.15 筛选设置 3

2. 数据透视表

1）要求

打开素材文档“范例 9-2 素材. xlsx”，按下列要求操作，结果以“范例 9-2 结果. xlsx”保存在自己的文件夹。最终结果（样张）如图 9.16 所示。

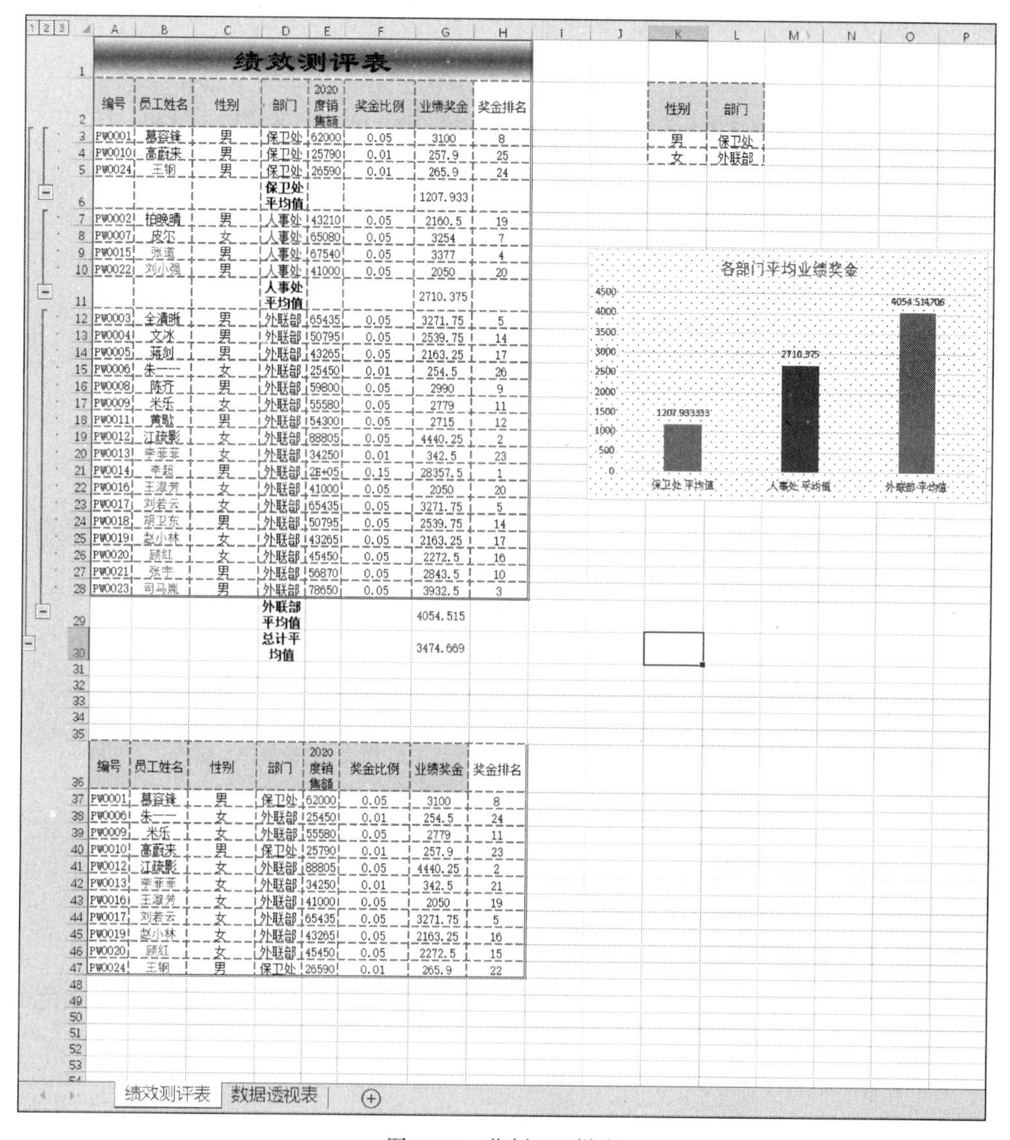

绩效测评表

编号	员工姓名	性别	部门	2020度销售额	奖金比例	业绩奖金	奖金排名
PW0001	慕容锋	男	保卫处	62000	0.05	3100	8
PW0010	高蔚来	男	保卫处	25790	0.01	257.9	25
PW0024	王钢	男	保卫处	26590	0.01	265.9	24
			保卫处 平均值			1207.933	
PW0002	柏晚晴	男	人事处	43210	0.05	2160.5	19
PW0007	皮尔	女	人事处	65080	0.05	3254	7
PW0015	张遥	男	人事处	67540	0.05	3377	4
PW0022	刘小强	男	人事处	41000	0.05	2050	20
			人事处 平均值			2710.375	
PW0003	全清晰	男	外联部	65435	0.05	3271.75	5
PW0004	文冰	男	外联部	50795	0.05	2539.75	14
PW0005	蒋剑	男	外联部	43265	0.05	2163.25	17
PW0006	朱一一	女	外联部	25450	0.01	254.5	26
PW0008	陈齐	男	外联部	59800	0.05	2990	9
PW0009	米乐	女	外联部	55580	0.05	2779	11
PW0011	黄歇	男	外联部	54300	0.05	2715	12
PW0012	江疏影	女	外联部	88805	0.05	4440.25	2
PW0013	李菲菲	女	外联部	34250	0.01	342.5	23
PW0014	李超	男	外联部	2E+05	0.15	28357.5	1
PW0016	王淑芳	女	外联部	41000	0.05	2050	20
PW0017	刘若云	女	外联部	65435	0.05	3271.75	5
PW0018	胡卫东	男	外联部	50795	0.05	2539.75	14
PW0019	赵小林	女	外联部	43265	0.05	2163.25	17
PW0020	顾红	女	外联部	45450	0.05	2272.5	16
PW0021	张宇	男	外联部	56870	0.05	2843.5	10
PW0023	司马胤	男	外联部	78650	0.05	3932.5	3
			外联部 平均值			4054.515	
			总计平均值			3474.669	

性别	部门
男	保卫处
女	外联部

编号	员工姓名	性别	部门	2020度销售额	奖金比例	业绩奖金	奖金排名
PW0001	慕容锋	男	保卫处	62000	0.05	3100	8
PW0006	朱一一	女	外联部	25450	0.01	254.5	24
PW0009	米乐	女	外联部	55580	0.05	2779	11
PW0010	高蔚来	男	保卫处	25790	0.01	257.9	23
PW0012	江疏影	女	外联部	88805	0.05	4440.25	2
PW0013	李菲菲	女	外联部	34250	0.01	342.5	21
PW0016	王淑芳	女	外联部	41000	0.05	2050	19
PW0017	刘若云	女	外联部	65435	0.05	3271.75	5
PW0019	赵小林	女	外联部	43265	0.05	2163.25	16
PW0020	顾红	女	外联部	45450	0.05	2272.5	15
PW0024	王钢	男	保卫处	26590	0.01	265.9	22

图 9.16　范例 9-2 样张

（1）列出奖金排名（总数最高的为第 1 名，总数第二高的为第 2 名，以此类推）。

（2）筛选出保卫处男员工和外联部女员工的记录，筛选的记录保存在新表“条件筛选”中。

（3）分类汇总，按部门统计各部门奖金的平均值。

（4）生成各部门奖金平均值的图表。

（5）创建数据透视表，按部门、性别统计各部门奖金的最高值和最小值。

2）案例分析

本案例涉及函数、高级筛选、分类汇总、图表和数据透视表等 Excel 2019 的高级功能。

3）具体操作

(1) 在 H3 单元格输入公式=RANK(G3,$G$3:$G$26,)，计算奖金排名取值。拖动 H3 单元格右下角的自动填充柄自动填充 H4:H26 单元格的值，结果如图 9.17 所示。

	A	B	C	D	E	F	G	H
1	绩效测评表							
2	编号	员工姓名	性别	部门	2020度销售额	奖金比例	业绩奖金	奖金排名
3	PW0001	慕容锋	男	保卫处	62000	0.05	3100	8
4	PW0002	柏晚晴	男	人事处	43210	0.05	2160.5	18
5	PW0003	全清晰	男	外联部	65435	0.05	3271.75	5
6	PW0004	文冰	男	外联部	50795	0.05	2539.75	13
7	PW0005	蒋剑	男	外联部	43265	0.05	2163.25	16
8	PW0006	朱一一	女	外联部	25450	0.01	254.5	24
9	PW0007	皮尔	女	人事处	65080	0.05	3254	7
10	PW0008	陈齐	男	外联部	59800	0.05	2990	9
11	PW0009	米乐	女	外联部	55580	0.05	2779	11
12	PW0010	高蔚来	男	保卫处	25790	0.01	257.9	23
13	PW0011	黄歇	男	外联部	54300	0.05	2715	12
14	PW0012	江疏影	女	外联部	88805	0.05	4440.25	2
15	PW0013	李菲菲	女	外联部	34250	0.01	342.5	21
16	PW0014	李超	男	外联部	2E+05	0.15	28357.5	1
17	PW0015	张道	男	人事处	67540	0.05	3377	4
18	PW0016	王淑芳	女	外联部	41000	0.05	2050	19
19	PW0017	刘若云	女	外联部	65435	0.05	3271.75	5
20	PW0018	胡卫东	男	外联部	50795	0.05	2539.75	13
21	PW0019	赵小林	女	外联部	43265	0.05	2163.25	16
22	PW0020	顾红	女	外联部	45450	0.05	2272.5	15
23	PW0021	张宇	男	外联部	56870	0.05	2843.5	10
24	PW0022	刘小强	男	人事处	41000	0.05	2050	19
25	PW0023	司马胤	男	外联部	78650	0.05	3932.5	3
26	PW0024	王钢	男	保卫处	26590	0.01	265.9	22

图 9.17 奖金排名结果

(2) 采用复制粘贴的方法建立高级筛选的条件区域，注意条件域和源数据区域之间至少相差一列，如图 9.18 所示。

	A	B	C	D	E	F	G	H	I	J	K	L	M
1	绩效测评表												
2	编号	员工姓名	性别	部门	2020度销售额	奖金比例	业绩奖金	奖金排名			性别	部门	
3	PW0001	慕容锋	男	保卫处	62000	0.05	3100	8			男	保卫处	
4	PW0002	柏晚晴	男	人事处	43210	0.05	2160.5	18			女	外联部	
5	PW0003	全清晰	男	外联部	65435	0.05	3271.75	5					
6	PW0004	文冰	男	外联部	50795	0.05	2539.75	13					
7	PW0005	蒋剑	男	外联部	43265	0.05	2163.25	16					
8	PW0006	朱一一	女	外联部	25450	0.01	254.5	24					
9	PW0007	皮尔	女	人事处	65080	0.05	3254	7					

图 9.18 高级筛选的条件区域

(3) 单击“数据”选项卡“排序和筛选”组中的“高级”按钮，弹出“高级筛选”对话框，筛选出保卫处男员工和外联部女员工的记录。设置界面如图 9.19 和图 9.20 所示，筛选的记录如图 9.21 所示。

编号	员工姓名	性别	部门	2020度销售额	奖金比例	业绩奖金	奖金排名
PW0001	蔡容锋	男	保卫处	62000	0.05	3100	8
PW0002	柏晚晴	男	人事处	43210	0.05	2160.5	18
PW0003	全清晰	男	外联部	65435	0.05	3271.75	5
PW0004	文冰	男	外联部	50795	0.05	2539.75	13
PW0005	蒋剑	男	外联部	43265	0.05	2163.25	16
PW0006	朱一一	女	外联部	25450	0.01	254.5	24
PW0007	皮尔	女	人事处	65080	0.05	3254	7
PW0008	陈齐	男	外联部	59800	0.05	2990	9
PW0009	米乐	女	外联部	55580	0.05	2779	11
PW0010	高蔚米	男	保卫处	25790	0.01	257.9	23
PW0011	黄歌	男	外联部	54300	0.05	2715	12
PW0012	江疏影	女	外联部	88805	0.05	4440.25	2
PW0013	李菲菲	女	外联部	34250	0.01	342.5	21
PW0014	李超	男	外联部	2E+05	0.15	28357.5	1
PW0015	张道	男	人事处	67540	0.05	3377	4
PW0016	王淑芳	女	外联部	41000	0.05	2050	19
PW0017	刘若云	女	外联部	65435	0.05	3271.75	5
PW0018	胡卫东	男	外联部	50795	0.05	2539.75	13
PW0019	赵小林	女	外联部	43265	0.05	2163.25	16
PW0020	顾红	女	外联部	45450	0.05	2272.5	15
PW0021	张宇	男	外联部	56870	0.05	2843.5	10
PW0022	刘小强	男	人事处	41000	0.05	2050	19
PW0023	司马胤	男	外联部	78650	0.05	3932.5	3
PW0024	王钢	男	保卫处	26590	0.01	265.9	22

性别	部门
男	保卫处
女	外联部

图 9.19　高级筛选设置 1

(4) 单击“开始”选项卡“编辑”组中的“排序和筛选”按钮，按“部门”升序进行排序，排序结果如图 9.22 所示。

(5) 单击“数据”选项卡“分级显示”组中的“分类汇总”按钮，按部门统计各部门奖金的平均值。分类汇总设置如图 9.23 和图 9.24 所示，分类汇总结果如图 9.25 所示。

(6) 选中标题字段“部门”，按住 Ctrl 键，一行一行地选中图表所需要的数据区域，如图 9.26 所示。

(7) 数据区域选好之后，单击“插入”选项卡“图表”组中的“二维柱形图”按钮，选择簇状柱形图，设置如图 9.27 所示。

(8) 单击某一个数据系列柱图，选中所有系列柱形图，单击“图表设计”选项卡“图表布局”组中的“添加图表元素”按钮，选择“数据标签”→“数据标签外”，设置如图 9.28 所示。

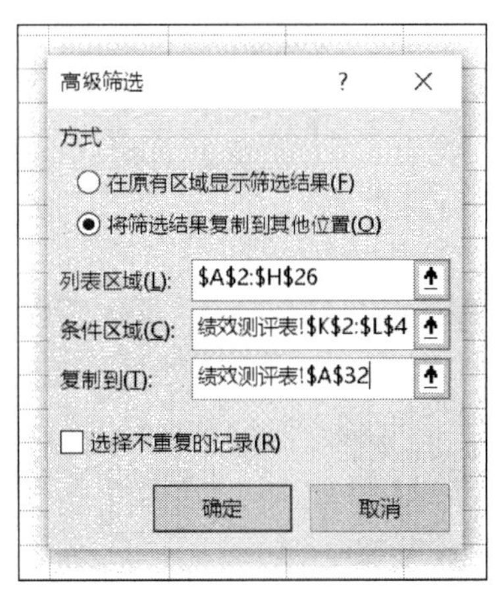

图 9.20　高级筛选设置 2

32	编号	员工姓名	性别	部门	2020度销售额	奖金比例	业绩奖金	奖金排名
33	PW0001	慕容锋	男	保卫处	62000	0.05	3100	8
34	PW0006	朱一一	女	外联部	25450	0.01	254.5	24
35	PW0009	米乐	女	外联部	55580	0.05	2779	11
36	PW0010	高蔚来	男	保卫处	25790	0.01	257.9	23
37	PW0012	江琉影	女	外联部	88805	0.05	4440.25	2
38	PW0013	李菲菲	女	外联部	34250	0.01	342.5	21
39	PW0016	王淑芳	女	外联部	41000	0.05	2050	19
40	PW0017	刘若云	女	外联部	65435	0.05	3271.75	5
41	PW0019	赵小林	女	外联部	43265	0.05	2163.25	16
42	PW0020	顾红	女	外联部	45450	0.05	2272.5	15
43	PW0024	王钢	男	保卫处	26590	0.01	265.9	22

图 9.21 高级筛选结果

	A	B	C	D	E	F	G	H
1	绩效测评表							
2	编号	员工姓名	性别	部门	2020度销售额	奖金比例	业绩奖金	奖金排名
3	PW0001	慕容锋	男	保卫处	62000	0.05	3100	8
4	PW0010	高蔚来	男	保卫处	25790	0.01	257.9	23
5	PW0024	王钢	男	保卫处	26590	0.01	265.9	22
6	PW0002	柏晚晴	男	人事处	43210	0.05	2160.5	18
7	PW0007	皮尔	女	人事处	65080	0.05	3254	7
8	PW0015	张道	男	人事处	67540	0.05	3377	4
9	PW0022	刘小强	男	人事处	41000	0.05	2050	19
10	PW0003	全清晰	男	外联部	65435	0.05	3271.75	5
11	PW0004	文冰	男	外联部	50795	0.05	2539.75	13
12	PW0005	蒋剑	男	外联部	43265	0.05	2163.25	16
13	PW0006	朱一一	女	外联部	25450	0.01	254.5	24
14	PW0008	陈齐	男	外联部	59800	0.05	2990	9
15	PW0009	米乐	女	外联部	55580	0.05	2779	11
16	PW0011	黄歇	男	外联部	54300	0.05	2715	12
17	PW0012	江琉影	女	外联部	88805	0.05	4440.25	2
18	PW0013	李菲菲	女	外联部	34250	0.01	342.5	21
19	PW0014	李超	男	外联部	2E+05	0.15	28357.5	1
20	PW0016	王淑芳	女	外联部	41000	0.05	2050	19
21	PW0017	刘若云	女	外联部	65435	0.05	3271.75	5
22	PW0018	胡卫东	男	外联部	50795	0.05	2539.75	13
23	PW0019	赵小林	女	外联部	43265	0.05	2163.25	16
24	PW0020	顾红	女	外联部	45450	0.05	2272.5	15
25	PW0021	张宇	男	外联部	56870	0.05	2843.5	10
26	PW0023	司马胤	男	外联部	78650	0.05	3932.5	3

图 9.22 按“部门”排序结果

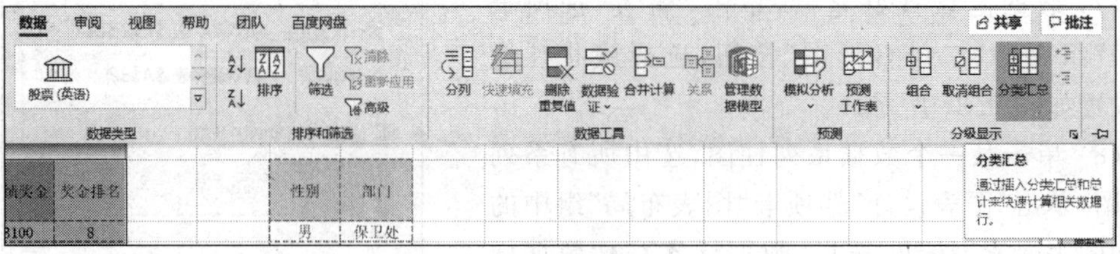

图 9.23 分类汇总设置 1

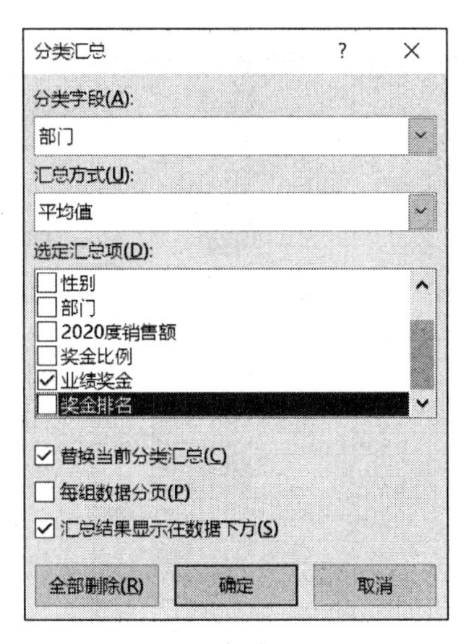

图 9.24　分类汇总设置 2

L25

	A	B	C	D	E	F	G	H
1	绩效测评表							
2	编号	员工姓名	性别	部门	2020度销售额	奖金比例	业绩奖金	奖金排名
3	PW0001	慕容锋	男	保卫处	62000	0.05	3100	8
4	PW0010	高蔚来	男	保卫处	25790	0.01	257.9	25
5	PW0024	王钢	男	保卫处	26590	0.01	265.9	24
6				**保卫处 平均值**			1207.933	
7	PW0002	柏晓晴	男	人事处	43210	0.05	2160.5	19
8	PW0007	皮尔	女	人事处	65080	0.05	3254	7
9	PW0015	张道	男	人事处	67540	0.05	3377	4
10	PW0022	刘小强	男	人事处	41000	0.05	2050	20
11				**人事处 平均值**			2710.375	
12	PW0003	全清晰	男	外联部	65435	0.05	3271.75	5
13	PW0004	文冰	男	外联部	50795	0.05	2539.75	14
14	PW0005	蒋剑	男	外联部	43265	0.05	2163.25	17
15	PW0006	朱一一	女	外联部	25450	0.01	254.5	26
16	PW0008	陈齐	男	外联部	59800	0.05	2990	9
17	PW0009	米乐	女	外联部	55580	0.05	2779	11
18	PW0011	黄歇	男	外联部	54300	0.05	2715	12
19	PW0012	江疏影	女	外联部	88805	0.05	4440.25	2
20	PW0013	李菲菲	女	外联部	34250	0.01	342.5	23
21	PW0014	李超	男	外联部	2E+05	0.15	28357.5	1
22	PW0016	王淑芳	女	外联部	41000	0.05	2050	20
23	PW0017	刘若云	女	外联部	65435	0.05	3271.75	5
24	PW0018	胡卫东	男	外联部	50795	0.05	2539.75	14
25	PW0019	赵小林	女	外联部	43265	0.05	2163.25	17
26	PW0020	顾红	女	外联部	45450	0.05	2272.5	16
27	PW0021	张宇	男	外联部	56870	0.05	2843.5	10
28	PW0023	司马胤	男	外联部	78650	0.05	3932.5	3
29				**外联部 平均值**			4054.515	
30				**总计平均值**			3474.669	

图 9.25　分类汇总结果

	绩效测评表							
1								
2	编号	员工姓名	性别	部门	2020度销售额	奖金比例	业绩奖金	奖金排名
3	PW0001	慕容锋	男	保卫处	62000	0.05	3100	8
4	PW0010	高蔚来	男	保卫处	25790	0.01	257.9	25
5	PW0024	王钢	男	保卫处	26590	0.01	265.9	24
6				保卫处平均值			1207.933	
7	PW0002	柏晓晴	男	人事处	43210	0.05	2160.5	19
8	PW0007	皮尔	女	人事处	65080	0.05	3254	7
9	PW0015	张道	男	人事处	67540	0.05	3377	4
10	PW0022	刘小强	男	人事处	41000	0.05	2050	20
11				人事处平均值			2710.375	
12	PW0003	全清晰	男	外联部	65435	0.05	3271.75	5
13	PW0004	文冰	男	外联部	50795	0.05	2539.75	14
14	PW0005	蒋剑	男	外联部	43265	0.05	2163.25	17
15	PW0006	朱……	女	外联部	25450	0.01	254.5	26
16	PW0008	陈齐	男	外联部	59800	0.05	2990	9
17	PW0009	米乐	女	外联部	55580	0.05	2779	11
18	PW0011	黄敏	男	外联部	54300	0.05	2715	12
19	PW0012	江疏影	女	外联部	88805	0.05	4440.25	2
20	PW0013	李菲菲	女	外联部	34250	0.01	342.5	23
21	PW0014	李超	男	外联部	2E+05	0.15	28357.5	1
22	PW0016	王淑芳	女	外联部	41000	0.05	2050	20
23	PW0017	刘若云	女	外联部	65435	0.05	3271.75	5
24	PW0018	胡卫东	男	外联部	50795	0.05	2539.75	14
25	PW0019	赵小林	女	外联部	43265	0.05	2163.25	17
26	PW0020	顾红	女	外联部	45450	0.05	2272.5	16
27	PW0021	张宇	男	外联部	56870	0.05	2843.5	10
28	PW0023	司马岚	男	外联部	78650	0.05	3932.5	3
29				外联部平均值			4054.515	
30				总计平均值			3474.669	
31								

图 9.26 图表所需数据区域

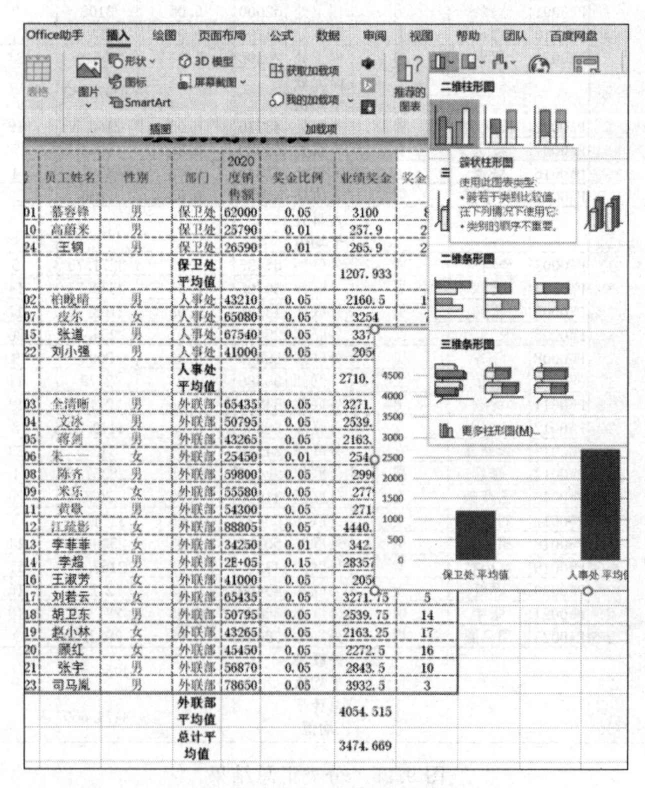

图 9.27 插入簇状柱形图图表

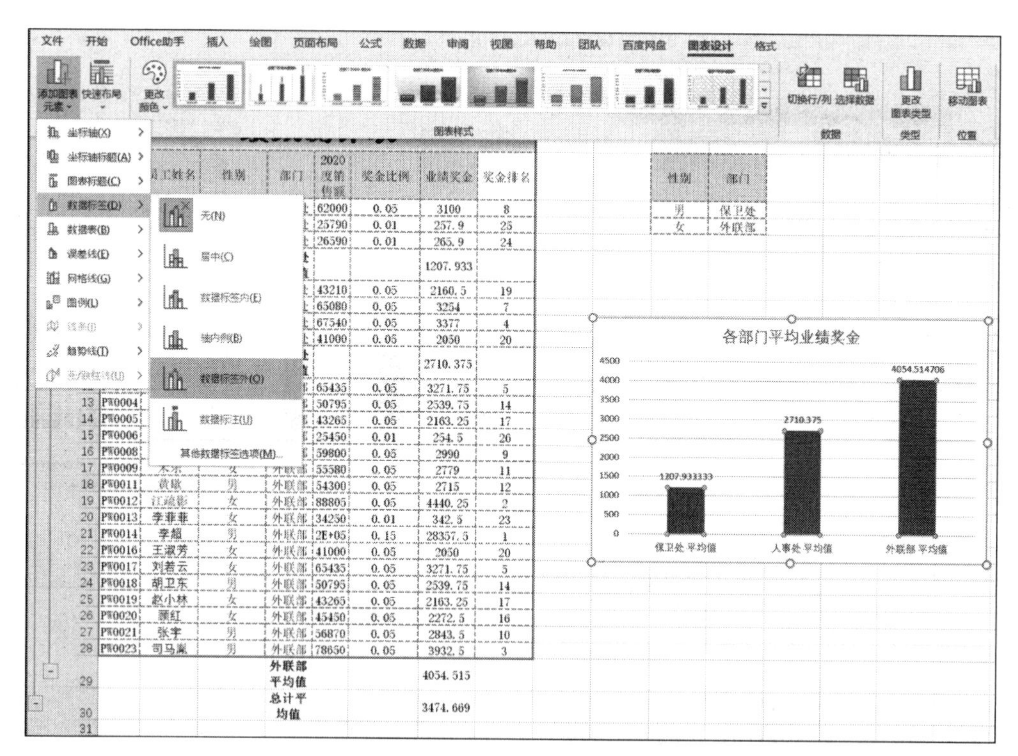

图 9.28　添加数据标签

(9) 单击某一个数据系列柱形图两次选中该系列，右击，选择“设置数据点格式”命令，弹出设置窗格，设置如图 9.29 和图 9.30 所示。

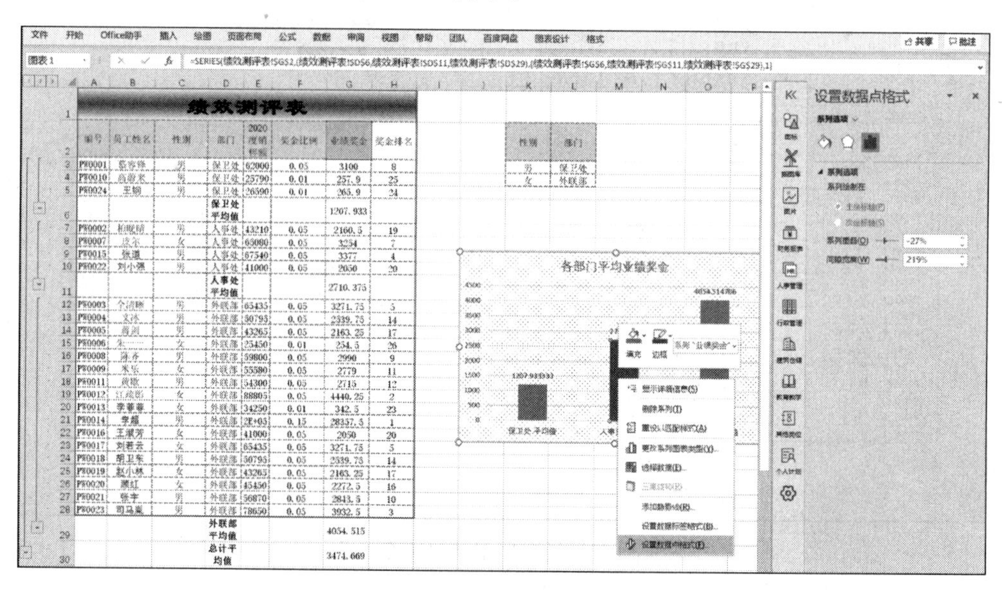

图 9.29　设置数据系列的填充颜色 1

也可以单击某一个数据系列柱形图两次选中该系列，单击“格式”选项卡“形状样式”组中的“形状填充”按钮，设置填充颜色，如图 9.31 所示。

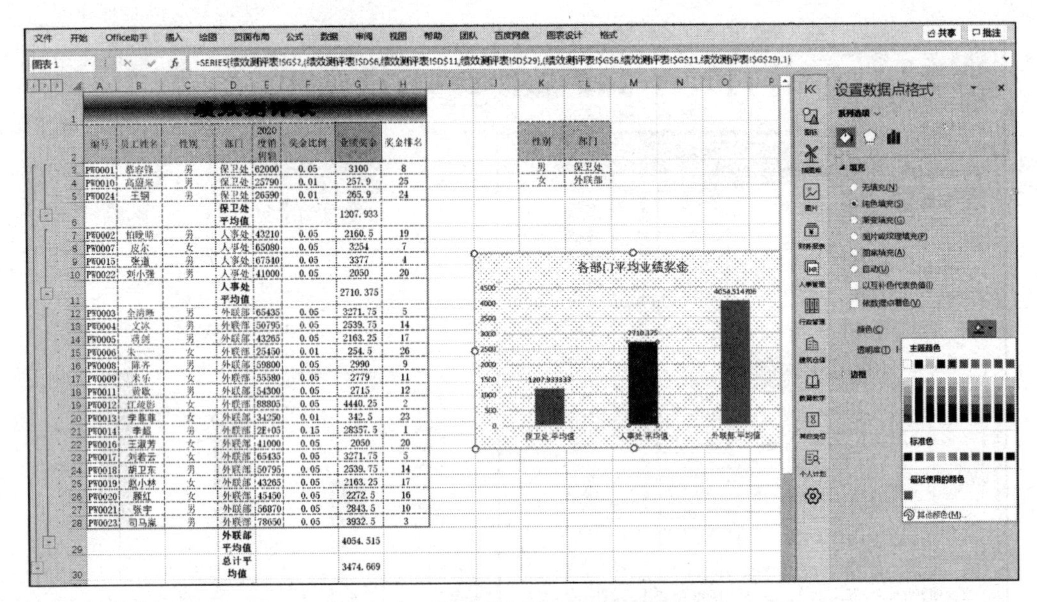

图 9.30 设置数据系列的填充颜色 2

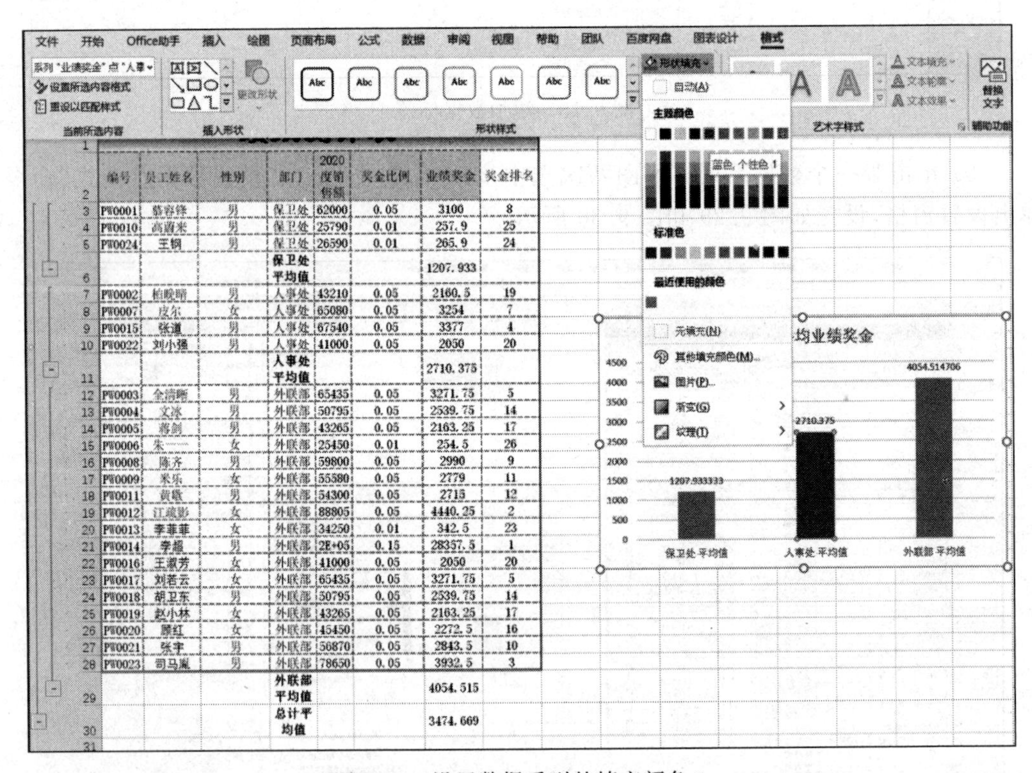

图 9.31 设置数据系列的填充颜色 3

(10) 选中图表,右击,选择“设置图表区域格式”命令,弹出设置窗格,设置如图 9.32 所示。

(11) 新建一个工作表“数据透视表”,从绩效测评表中复制数据,如图 9.33 所示。

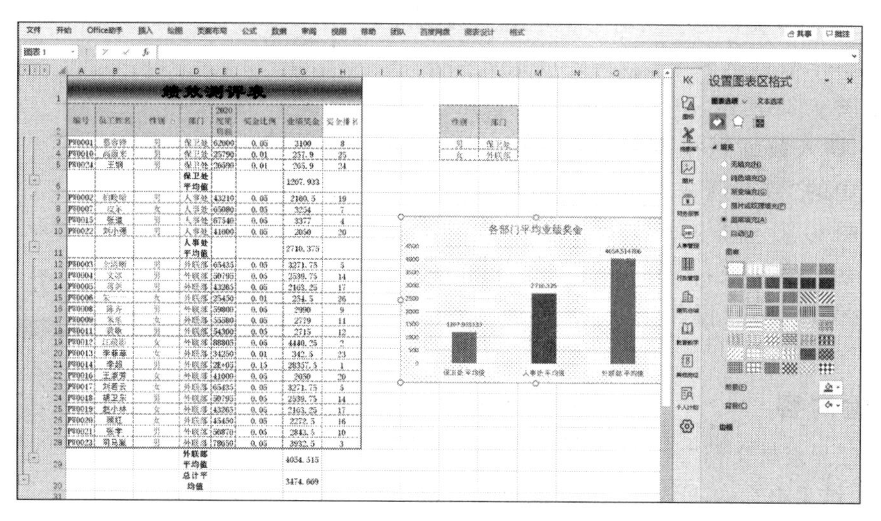

图 9.32　设置图表区域填充颜色

	A	B	C	D	E	F	G	H
1	绩效测评表							
2	编号	员工姓名	性别	部门	2020度销售额	奖金比例	业绩奖金	奖金排名
3	PW0001	慕容锋	男	保卫处	62000	0.05	3100	8
4	PW0010	高蔚来	男	保卫处	25790	0.01	257.9	25
5	PW0024	王钢	男	保卫处	26590	0.01	265.9	24
6				保卫处平均值			1207.933	
7	PW0002	柏晚晴	男	人事处	43210	0.05	2160.5	19
8	PW0007	皮尔	女	人事处	65080	0.05	3254	7
9	PW0015	张道	男	人事处	67540	0.05	3377	4
10	PW0022	刘小强	男	人事处	41000	0.05	2050	20
11				人事处平均值			2710.375	
12	PW0003	全清晰	男	外联部	65435	0.05	3271.75	5
13	PW0004	文冰	男	外联部	50795	0.05	2539.75	14
14	PW0005	蒋剑	男	外联部	43265	0.05	2163.25	17
15	PW0006	朱一一	女	外联部	25450	0.01	254.5	26
16	PW0008	陈齐	男	外联部	59800	0.05	2990	9
17	PW0009	米乐	女	外联部	55580	0.05	2779	11
18	PW0011	黄敬	男	外联部	54300	0.05	2715	12
19	PW0012	江疏影	女	外联部	88805	0.05	4440.25	2
20	PW0013	李菲菲	女	外联部	34250	0.01	342.5	23
21	PW0014	李超	男	外联部	189050	0.15	28357.5	1
22	PW0016	王淑芳	女	外联部	41000	0.05	2050	20
23	PW0017	刘若云	女	外联部	65435	0.05	3271.75	5
24	PW0018	胡卫东	男	外联部	50795	0.05	2539.75	14
25	PW0019	赵小林	女	外联部	43265	0.05	2163.25	17
26	PW0020	顾红	女	外联部	45450	0.05	2272.5	16
27	PW0021	张宇	男	外联部	56870	0.05	2843.5	10
28	PW0023	司马胤	男	外联部	78650	0.05	3932.5	3
29				外联部平均值			4054.515	
30				总计平均值			3474.669	
31								
32								
33								
34								

绩效测评表　数据透视表

图 9.33　新建表“数据透视表”

(12) 取消分类汇总。带有分类汇总的数据区域是不能制作数据透视表的,具体取消分类汇总的方式如图 9.34 所示,单击“全部删除”按钮。

(13) 插入数据透视表。单击“插入”选项卡“表格”组中的“数据透视表”按钮,数据透视表设置方式如图 9.35～图 9.38 所示。数据透视表的结果如图 9.39 所示。

(14) 保存文件(操作结果见“范例 9-2 样张.xlsx”)。

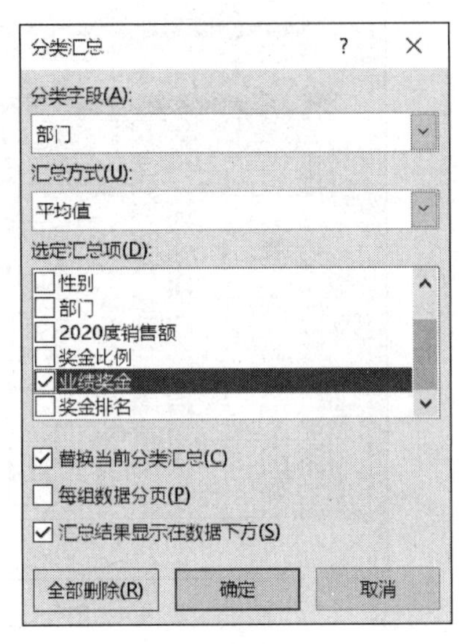

图 9.34 删除分类汇总

三、实验内容

(1) 打开素材文档“sy9-1 素材.xlsx”,按下列要求操作,结果以“sy9-1 结果.xlsx”保存在自己的文件夹中。

① 标题格式:黑体、26 磅、加粗;合并及居中;行高 30。

② 其他所有单元格的文本均用居中对齐方式。其余按样张进行格式化。

文件 开始 Office助手 插入 绘图 页面布局 公式 数据 审阅 视图

数据透视表 推荐的数据透视表 表格 | 图片 形状 图标 SmartArt 3D 模型 屏幕截图 | 获取加载项 我的加载项 | 推荐的图表

表格 插图 加载项

数据透视表

使用数据透视表轻松地排列和汇总复杂数据。

仅供参考:您可以双击某个值以查看哪些详细值构成了汇总的总计值。

了解详细信息

		名	性别	部门	2020度销售额	奖金比例	业绩奖金	奖金排名
			男	保卫处	62000	0.05	3100	8
			男	保卫处	25790	0.01	257.9	23
			男	保卫处	26590	0.01	265.9	22
			男	人事处	43210	0.05	2160.5	18
			女	人事处	65080	0.05	3254	7
			男	人事处	67540	0.05	3377	4
			男	人事处	41000	0.05	2050	19
10	PW0003	全清晰	男	外联部	65435	0.05	3271.75	5
11	PW0004	文冰	男	外联部	50795	0.05	2539.75	13
12	PW0005	蒋剑	男	外联部	43265	0.05	2163.25	16
13	PW0006	朱一	女	外联部	25450	0.01	254.5	24
14	PW0008	陈齐	男	外联部	59800	0.05	2990	9
15	PW0009	米乐	女	外联部	55580	0.05	2779	11
16	PW0011	黄歇	男	外联部	54300	0.05	2715	12
17	PW0012	江疏影	女	外联部	88805	0.05	4440.25	2
18	PW0013	李菲菲	女	外联部	34250	0.01	342.5	21
19	PW0014	李超	男	外联部	189050	0.15	28357.5	1
20	PW0016	王淑芳	女	外联部	41000	0.05	2050	19
21	PW0017	刘若云	女	外联部	65435	0.05	3271.75	5
22	PW0018	胡卫东	男	外联部	50795	0.05	2539.75	13
23	PW0019	赵小林	女	外联部	43265	0.05	2163.25	16
24	PW0020	顾红	女	外联部	45450	0.05	2272.5	15
25	PW0021	张宇	男	外联部	56870	0.05	2843.5	10
26	PW0023	司马胤	男	外联部	78650	0.05	3932.5	3
27								

图 9.35 插入数据透视表

图 9.36 设置数据透视表各区域的字段

图 9.37 修改值字段的公式 1

图 9.38 修改值字段的公式 2

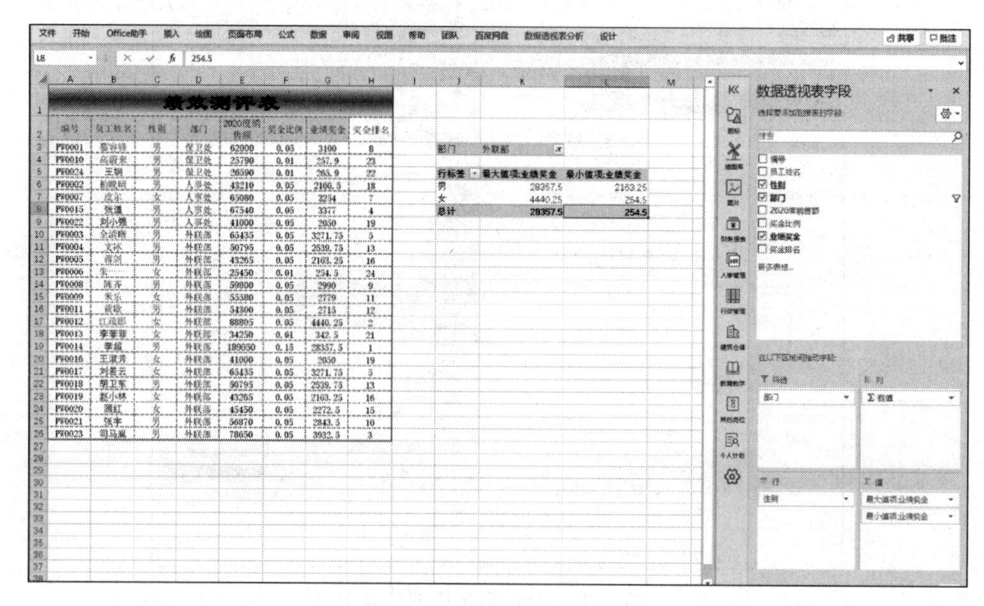

图 9.39 数据透视表结果

③ 将工作表 Sheet1 的名字改为你的学号和姓名。

④ 计算：平时分=(单元测验+考勤+实验)×2；总评=(平时成绩+期末成绩)/2。小数位数为 2。

⑤ 进行分类汇总计算，统计各班总评的平均分。

⑥ 建立各班总评平均分的柱形图，并添加数值和标题文字。

(2) 打开素材文档"sy9-2 素材.xlsx"，按下列要求操作，结果以"sy9-2 结果.xlsx"保存在自己的文件夹中。

① 将标题"华亿片区充电桩流水账目"的格式设置为：黑体、28 磅、加粗；跨列居中；行高 38。

② 其他所有单元格的文本均用居中对齐方式。其余按样张进行格式化。

③ 将工作表 Sheet1 的名字改为你的学号和姓名。

④ 计算：充电维护费用(元)=充电时长×0.3，充电收费(元)=充电时长×充电基础费用(元)，毛利润(元)=充电收费-充电维护费用。充电基础费用在 Sheet2 中，小数位数按样张。

⑤ 按样张进行排序，排序规则：按充电桩型号降序、充电时长升序。

⑥ 按样张建立数据透视图。

(3) 打开素材文档"sy9-3 素材.xlsx"，按下列要求操作，结果以"sy9-3 结果.xlsx"保存在自己的文件夹中。

① 将标题"华英软件有限公司转正考核信息"的格式设置为：华文彩云、32 磅、加粗；合并居中；自动调整行高。

② 其他所有单元格的文本均用居中对齐方式。其余按样张进行格式化。

③ 将工作表 Sheet1 的名字改为你的学号和姓名。

④ 计算：总评=基础业务绩效×1+拓展业务绩效×2+业务能力综合绩效×2.5，小数位数为 2。

⑤ 计算是否转正。转正规则：总评大于 120，转正；总评大于 100 分并且小于或等于 120，预备；总评小于或等于 100，不转正。

⑥ 按样张建立图表。

实验十 PowerPoint 操作

一、实验目的

(1) 了解创建、保存和退出演示文稿的方法。

(2) 掌握幻灯片的基本操作。

(3) 掌握文本框的添加和编辑方法。

(4) 掌握幻灯片主题的应用和设计方法。

(5) 掌握幻灯片背景及填充颜色的方法。

(6) 掌握幻灯片版式的应用。

(7) 了解幻灯片的动作按钮的设置方法。

(8) 掌握对象动画的添加和设置方法。

(9) 掌握超链接的插入和编辑方法。

二、实验指导

新建演示文稿 pptsy10_zd.pptx,按下列要求进行操作,最终效果如图 10.1 所示。

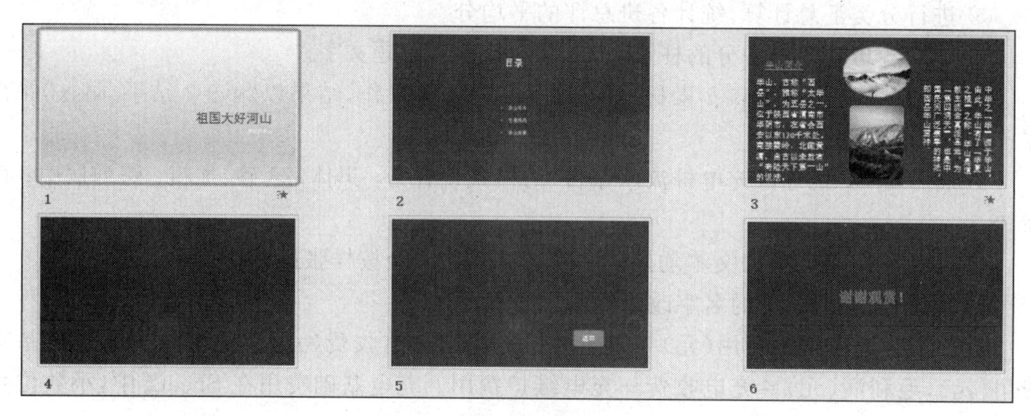

图 10.1 pptsy10_zd.pptx 最终效果图

1. 操作要求

(1) 以"祖国大好河山"为主题介绍印象深刻的某一景点。

(2) 利用 PowerPoint 2019 制作一个含有 6 张幻灯片的演示文稿。

(3) 第 1 张幻灯片:标题文字为"祖国大好河山",字体为黑体、60 磅、蓝色;副标题文字为"美丽的华山",字体为宋体、32 磅、黑色,右对齐。

(4) 第 2 张幻灯片作为目录页。格式:加圆形项目符号与字同高;标题字号 48 磅、黑体;正文字号 32 磅、黑色、黑体;行距 1.25 行。

(5) 在第 3 张幻灯片中插入一个横排文本框和一个竖排文本框,并输入与主题相应的文字。

(6) 最后一张幻灯片,在 45°倾斜自左下向右上的文本框中输入"谢谢观赏"。

(7) 为第 1 张幻灯片设置背景颜色,效果为渐变、预设、雨后初晴。

(8) 在第 3 张幻灯片后复制两张与其相同的幻灯片。要求第 4、第 5 张幻灯片使用不同的幻灯片版式。

(9) 将最后一张幻灯片中原来的文字改为艺术字"谢谢观赏!"。

(10) 为幻灯片(除第 1 张外)应用、修改主题颜色。

(11) 对所有幻灯片中的对象进行动画设置。

(12) 在第 4 张幻灯片上添加自选图形,并设置路径动画。

(13) 为第 2 张幻灯片的目录设置放映方式,单击一次出现一次,播放后变换颜色,并超链接到合适的幻灯片。

(14) 将制作好的演示文演以"祖国大好河山"为文件名保存到自己的文件夹中。

2. 操作步骤

1) PowerPoint 2019 基本操作

(1) 创建演示文演。在"开始"菜单中选择"所有程序"→ PowerPoint 命令,启动 PowerPoint 2019,如图 10.2 所示。

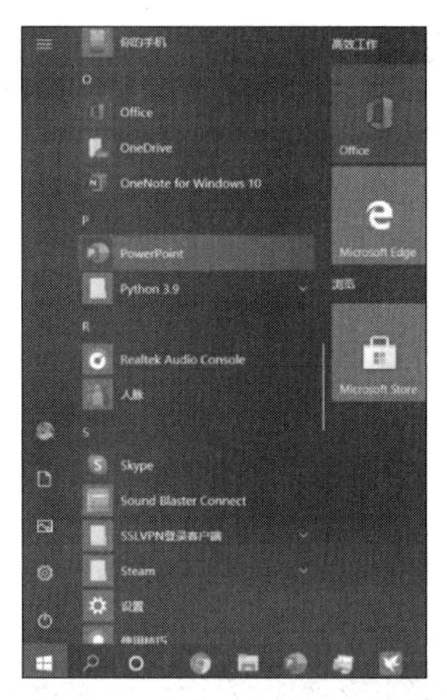

图 10.2 启动 PowerPoint 2019

选中“幻灯片|大纲”窗格中的第 1 张幻灯片，然后按 3 次 Enter 键新建幻灯片，如图 10.3 所示，此时演示文稿包含 4 张幻灯片。

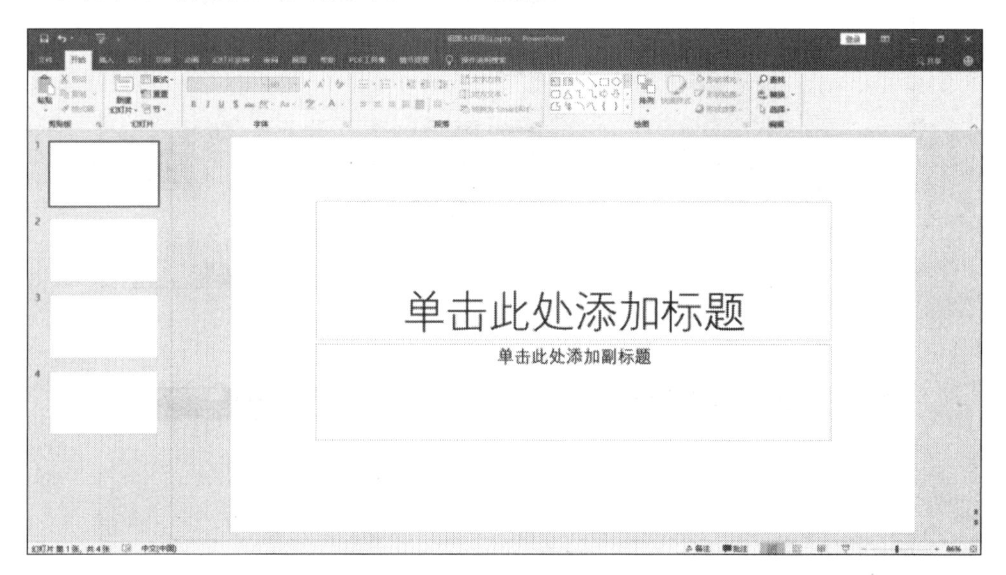

图 10.3 添加幻灯片

(2) 添加文本。选中第 1 张幻灯片，在“单击此处添加标题”文本框中输入“祖国大好河山”文字，如图 10.4 所示。在“单击此处添加副标题”文本框中输入“美丽的华山”副标题文字。

(3) 切换到“开始”选项卡，单击“字体”组中右下角的对话框启动器按钮，弹出“字体”对话框。设置主标题字体为黑体，字号为 60 磅，颜色为蓝色；副标题字体为宋体，字号为 32 磅，颜色为黑色，右对齐，如图 10.5 所示。效果预览如图 10.6 所示。

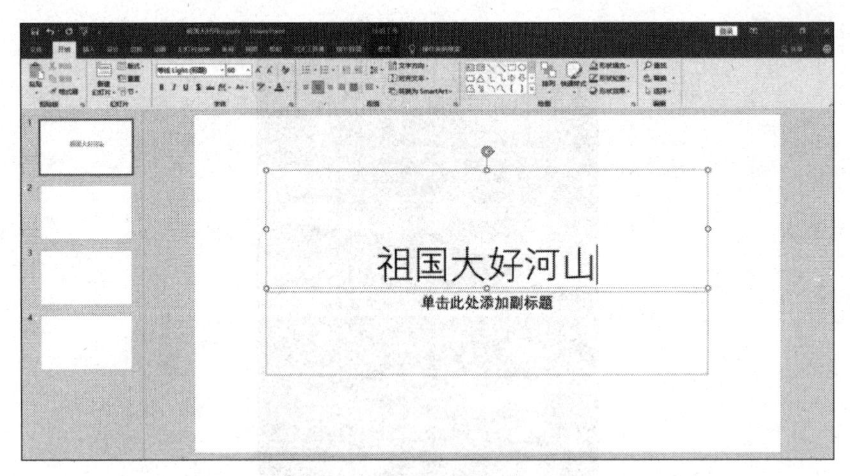

图 10.4　添加标题文本

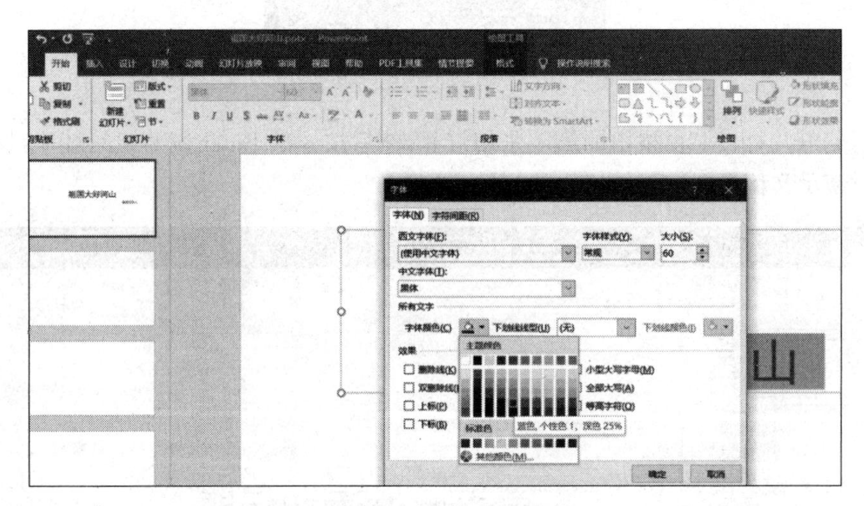

图 10.5　“字体”对话框

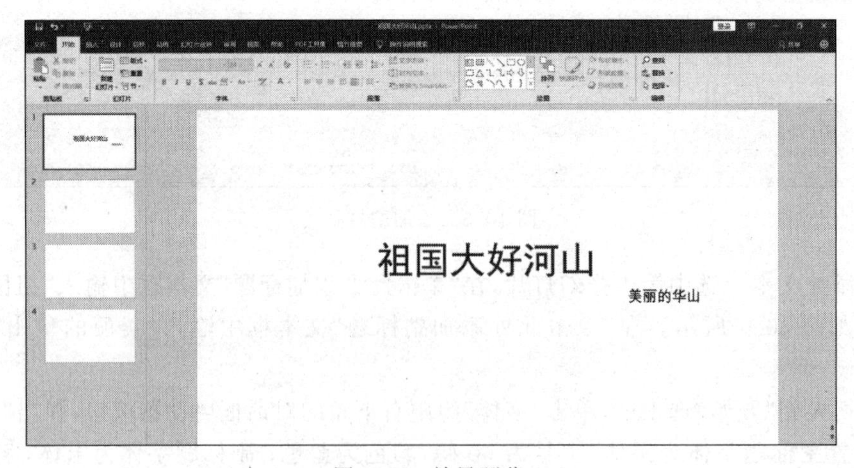

图 10.6　效果预览

(4) 选中第 2 张幻灯片，在标题文本框中输入“目录”，居中对齐。

(5) 单击“单击此处添加标题”文本框，切换到“开始”选项卡，单击“段落”组中的“项目符号”下拉列表按钮，在下拉列表中选择“项目符号和编号”选项，弹出“项目符号和编号”对话框，选择如图 10.7 所示的“带填充效果的圆形项目符号”，单击“确定”按钮。

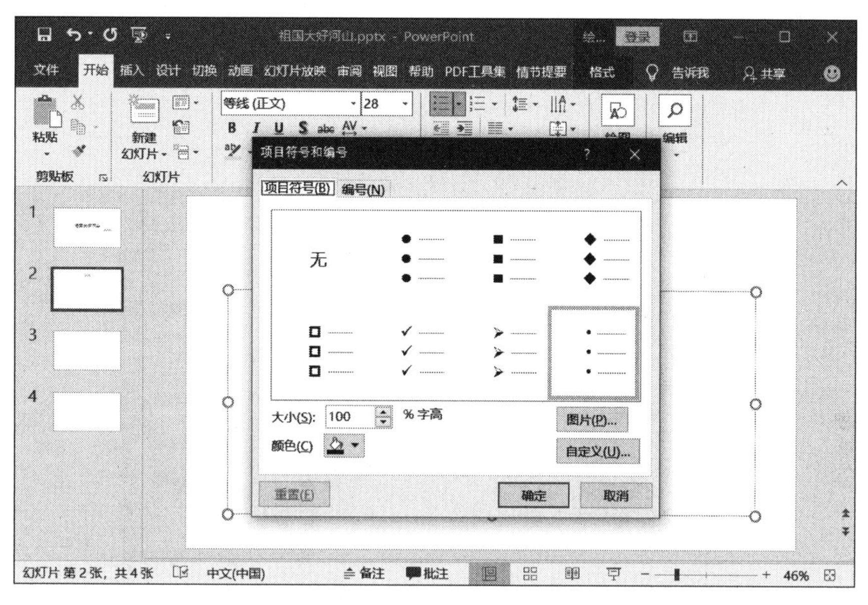

图 10.7　设置项目符号和编号

(6) 单击“段落”组中的“行距”按钮，在下拉列表中选择“行距选项”选项，弹出“段落”对话框，在“缩进和间距”选项卡中进行行距的设置，如图 10.8 所示。其效果如图 10.9 所示。

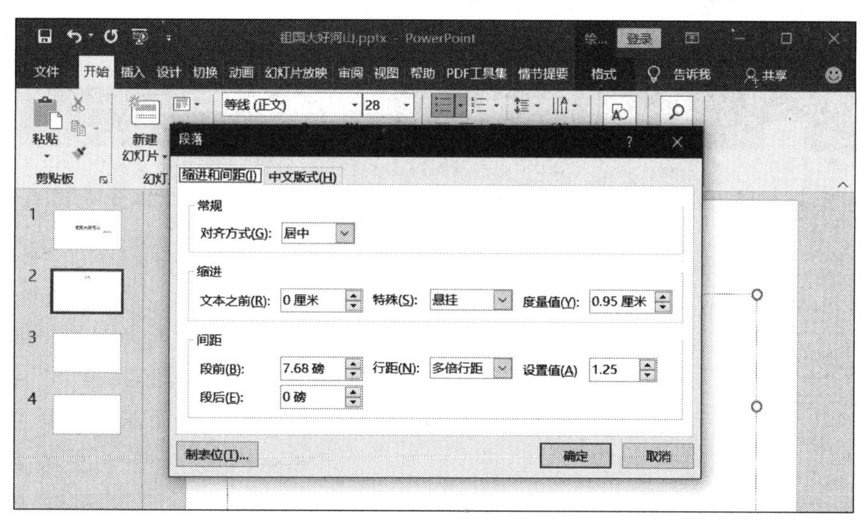

图 10.8　设置行距

(7) 选中第 3 张幻灯片，切换到“插入”选项卡，单击“文本”组中的“文本框”按钮，在下拉列表中分别选择“横排文本框”和“竖排文本框”选项，进行横排和垂直文本框的添加，在文本框中复制粘贴所需文字，如图 10.10 所示，所需的文字在素材“华山简介.docx”中。

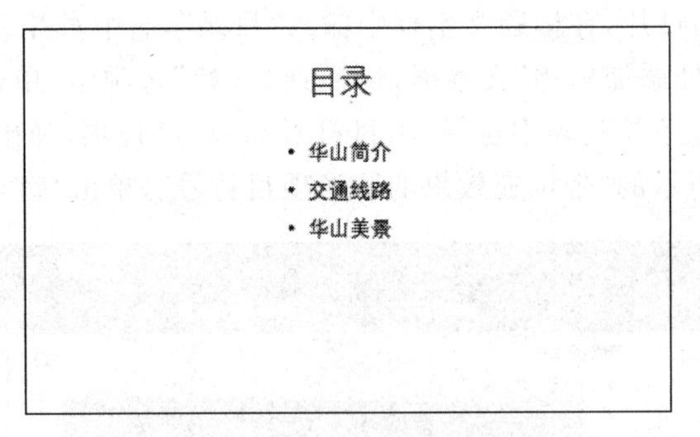

图 10.9 目录页效果预览

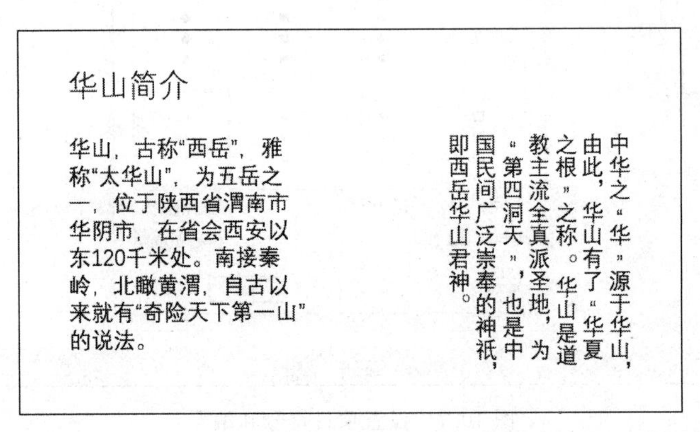

图 10.10 输入文字后的文本框

(8) 选中最后一张幻灯片，采用相同的方法添加横排文本框。然后输入"谢谢观赏"，设置字体为黑体、60 磅、红色。之后右击该文本框，在弹出的快捷菜单中选择"大小和位置"命令，右侧弹出"设置形状格式"窗格，如图 10.11 所示，在"大小"组中设置旋转角度为 −20°即可。

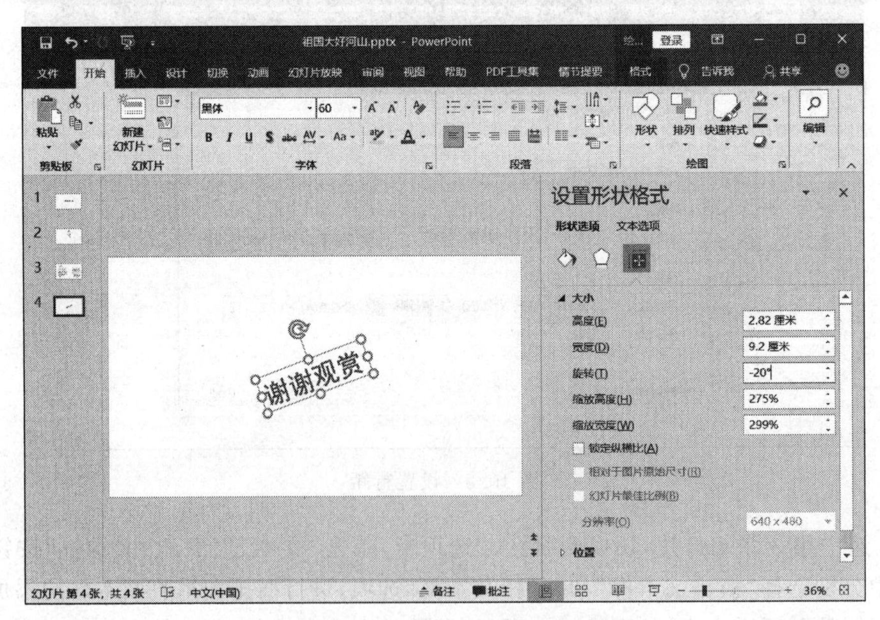

图 10.11 "设置形状格式"窗格

2）PowerPoint 2019 版面元素的添加

（1）背景格式的设置。右击第 1 张幻灯片，在弹出的快捷菜单中选择“设置背景格式”命令，界面右侧弹出“设置背景格式”窗格。单击“渐变填充”单选按钮，在“预设渐变”下拉列表中选择“浅色渐变-个性色 5”选项，如图 10.12 所示。

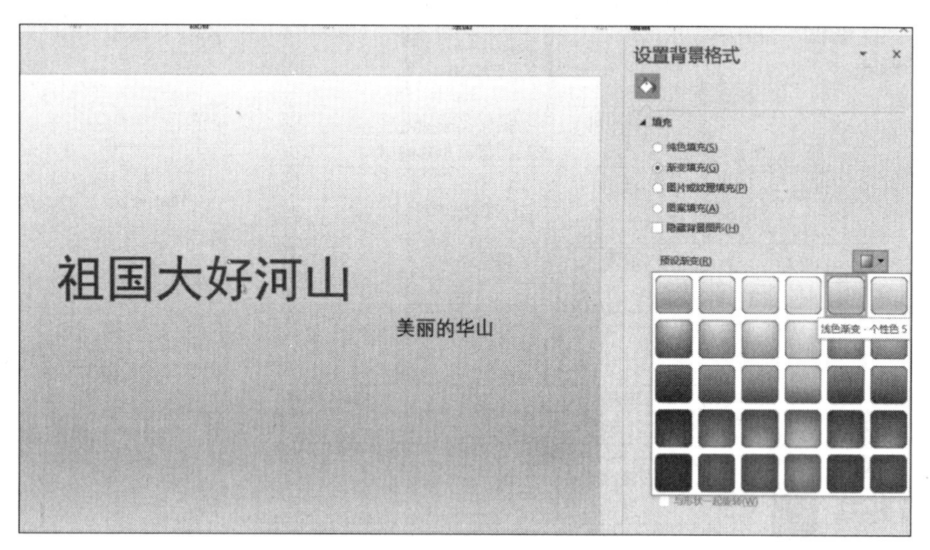

图 10.12　“设置背景格式”窗格

（2）选中第 3 张幻灯片，切换到“插入”选项卡，单击“插图”组中的“图片”按钮，弹出“插入图片”对话框，分别插入“华山风光 1.jpeg”和“华山风光 2.jpeg”文件。插入后，选中“华山风光 1 图片”时，选项卡自动切换到“图片工具”，此时选择“图片样式”中的“柔化边缘椭圆效果”，选中“华山风光 2 图片”，选择“映像圆角矩形”效果，如图 10.13 所示。

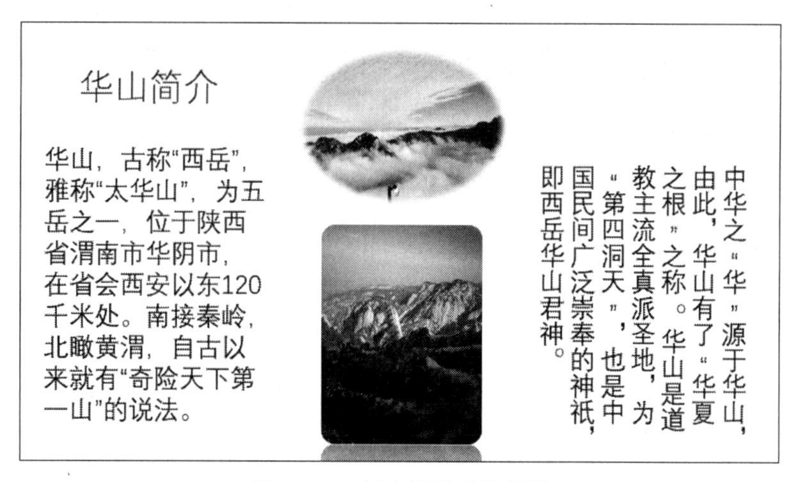

图 10.13　插入图片后的效果

（3）版式的设置。选择第 3 张幻灯片，按两次 Enter 键添加两张新的幻灯片。分别选中第 4、第 5 张幻灯片，切换到“开始”选项卡，单击“幻灯片”组中的“版式”按钮，在下拉列表中选择“标题和内容”选项，如图 10.14 所示。

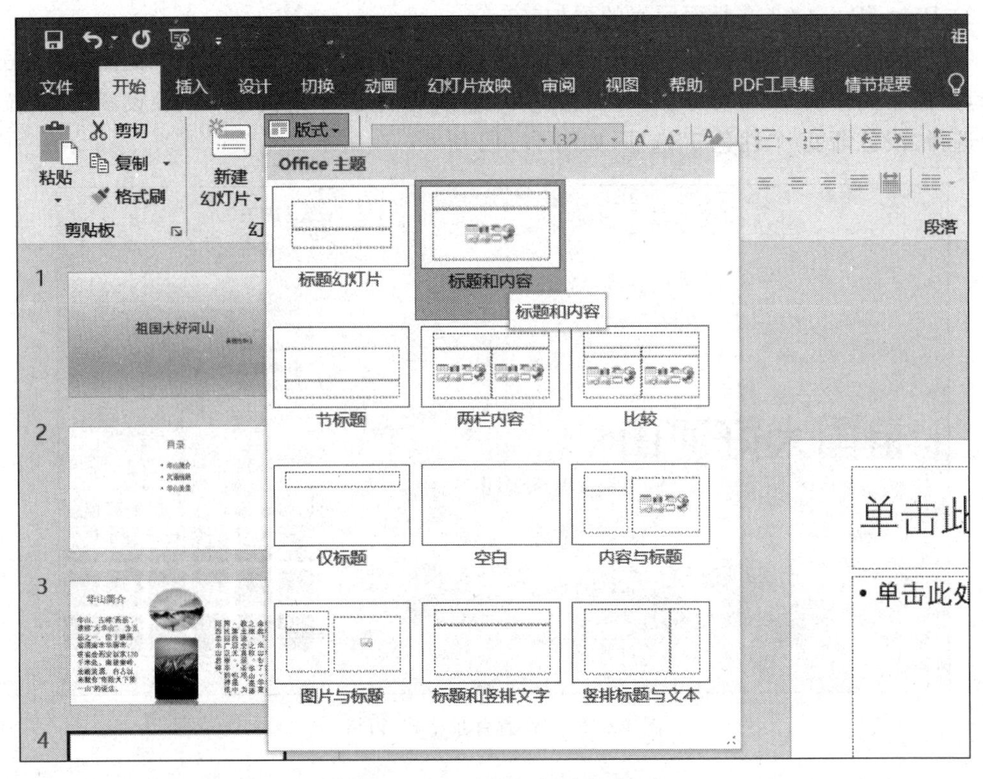

图 10.14　选择幻灯片版式

(4) 选中最后一张幻灯片，删除“谢谢观赏”文本框。切换到“插入”选项卡，单击“文本”组中的“艺术字”按钮，在下拉列表中选择“填充-橙色，主题色 2：边框：橙色，主题色 2”选项，如图 10.15 所示，输入文字“谢谢观赏！”，完成后的效果如图 10.16 所示。

图 10.15　选择艺术字格式

图 10.16　艺术字效果预览

3）PowerPoint 2019 幻灯片风格应用主题

选中第 2 张幻灯片，切换到“设计”选项卡，在“主题”组中的“所有主题”下拉列表中选择“天体”选项，如图 10.17 所示，效果如图 10.18 所示。

图 10.17　选择“天体”选项

图 10.18　设置成“天体”主题效果

4）PowerPoint 2019 幻灯片动画方案设计

（1）文本对象动画设置。选中第 1 张幻灯片，将插入点定位至主标题。切换到“动画”选项卡，单击“高级动画”组中的“添加动画”按钮，如图 10.19 所示，在下拉列表中选择“更多进入效果”选项，弹出“添加进入效果”对话框。选择“百叶窗”选项，如图 10.20 所示。效果设置完成后，在“动画任务”窗格中会出现“数字序号＋绿色五星”的一组动画序列，其中的鼠标标志说明该动画为单击事件，如图 10.21 所示。

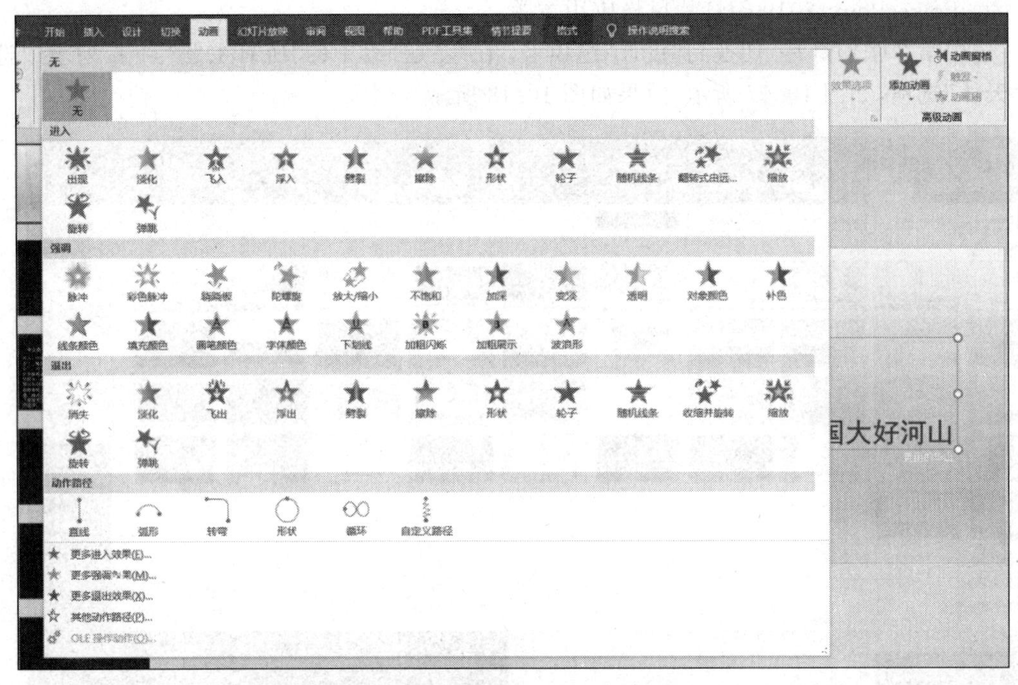

图 10.19　进入“更多进入效果”动画

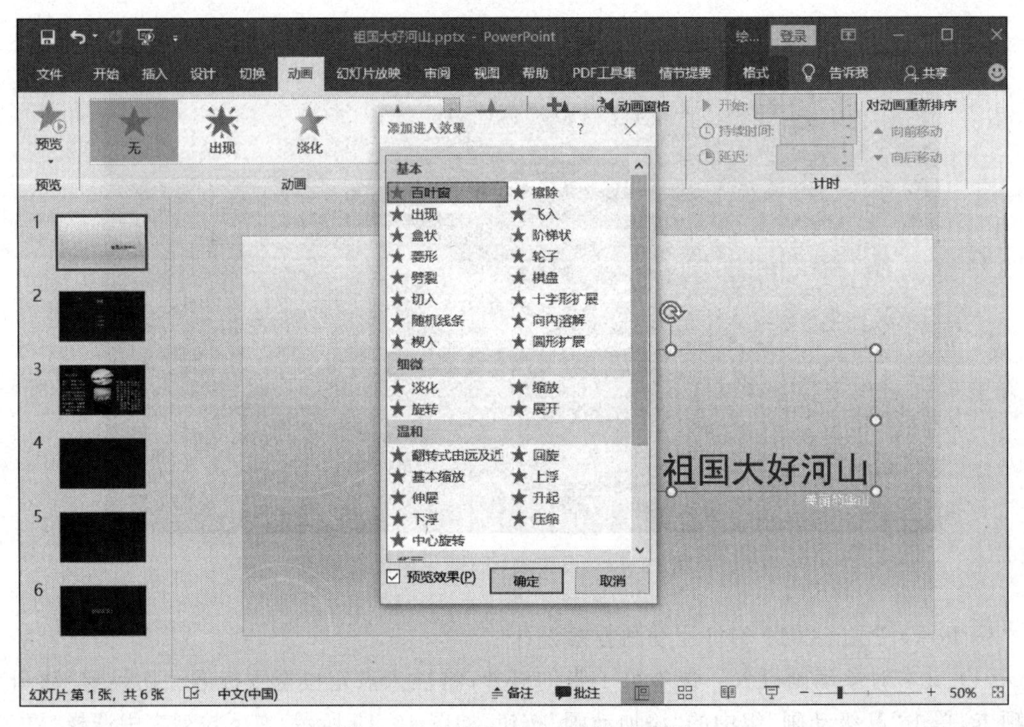

图 10.20　“添加进入效果”对话框

(2) 图片、图形对象动画设置。选中第3张幻灯片中的图片“华山风光1”，如图10.22所示。切换到“动画”选项卡，单击“高级动画”组中的“添加动画”按钮，在下拉列表中选择

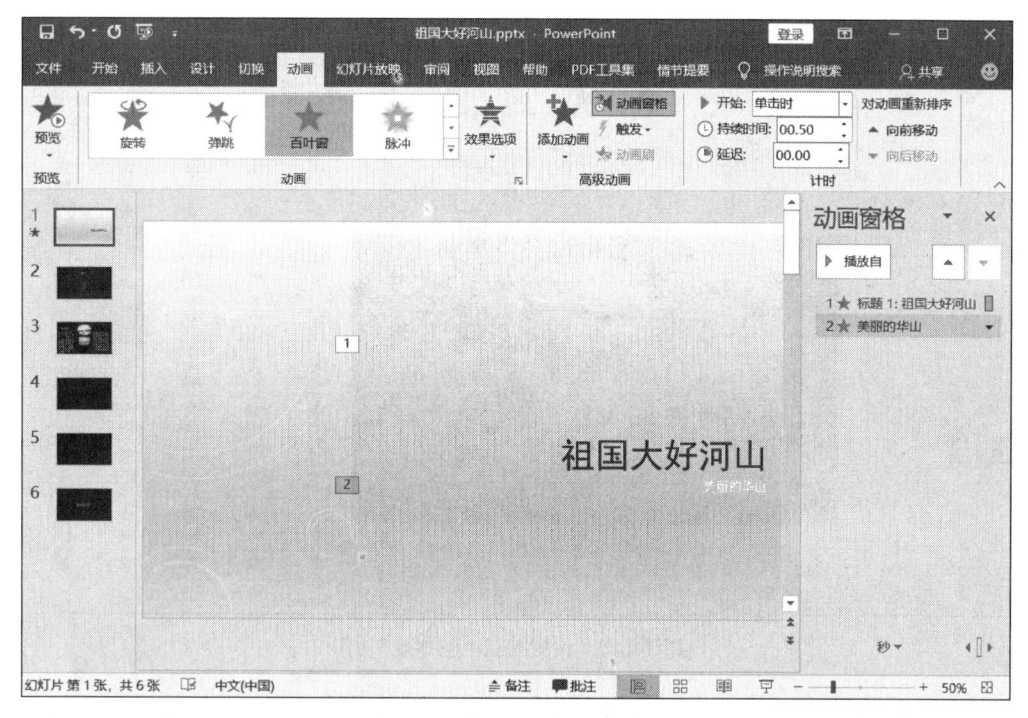

图 10.21　添加动画的任务窗格

图 10.22　选中图片

“强调-陀螺旋”选项，如图 10.23 所示，然后打开“动画窗格”。

（3）单击“动画”组中的“效果选项”按钮，在下拉列表中选择“方向”→“顺时针”选项，如图 10.24 所示。

（4）采用相同的方法为另一个图片对象、其他 3 个文本对象设置进入动画效果。

（5）在“动画窗格”中的“开始”下拉列表中为动画 1 选择“单击开始”选项，为动画 3 选择“从上一项之后开始”选项，如图 10.25 所示。

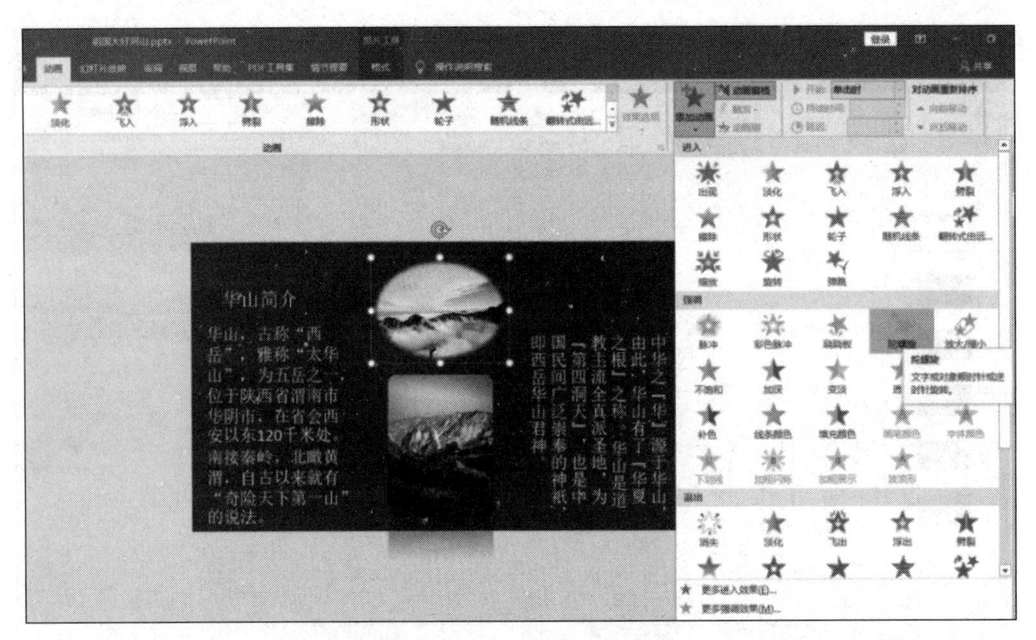

图 10.23 设置“强调-陀螺旋”动作

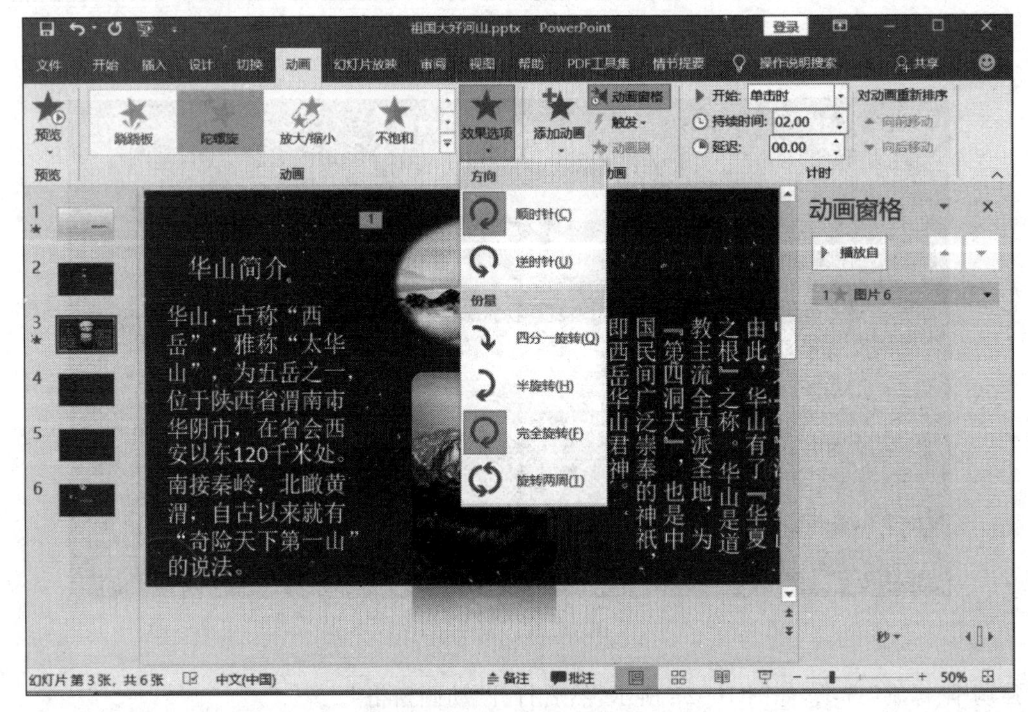

图 10.24 添加效果选项

5）PowerPoint 2019 超链接设置

（1）文本的超链接。选中第 2 张幻灯片，为“华山简介”文本添加“盒状”进入动画效果。单击“动画窗格”中的动画 1，在弹出的菜单中选择“效果选项”命令，弹出“盒状”对话框。在“动画播放后”下拉列表中选择“灰色”选项，如图 10.26 所示。采用相同的方法为下面两个

图 10.25 进入动画效果选项

图 10.26 动画效果选项

标题添加动画。

（2）选中需要添加超链接的文本“华山简介”。切换到“插入”选项卡，单击“链接”组中的“超链接”按钮，弹出“插入超链接”对话框。单击“本文档中的位置”图标，选择链接到第 5

张幻灯片，如图 10.27 所示，单击“确定”按钮。

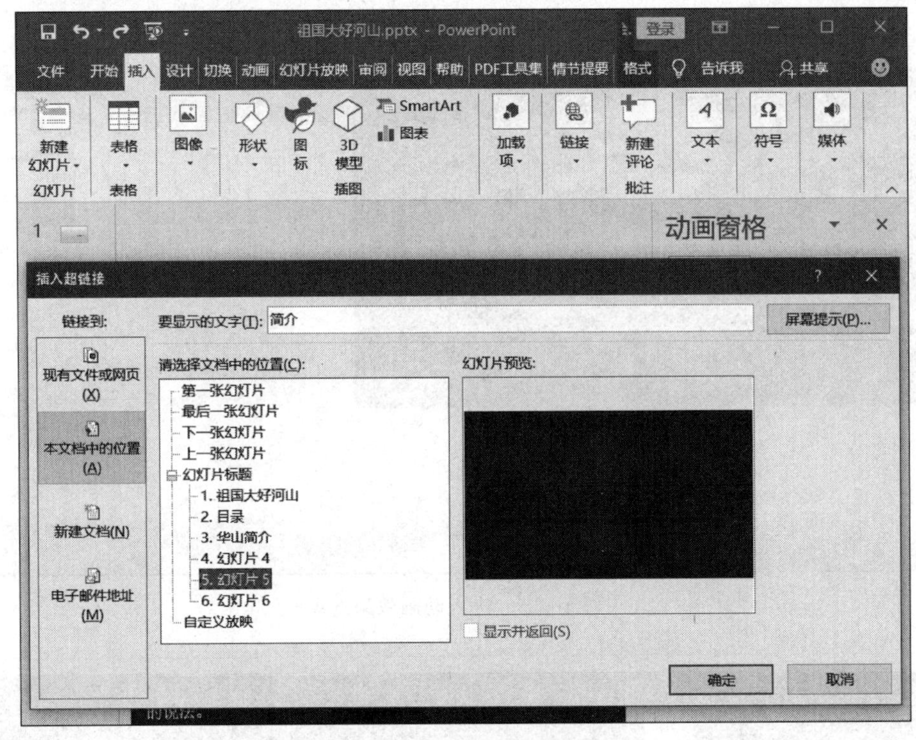

图 10.27　超链接的添加

(3) 图形按钮的超链接。选中第 5 张幻灯片，切换到“插入”选项卡，单击“插图”组中的“形状”按钮，创建好之后，双击它在文本框中输入“返回”二字，如图 10.28 所示。

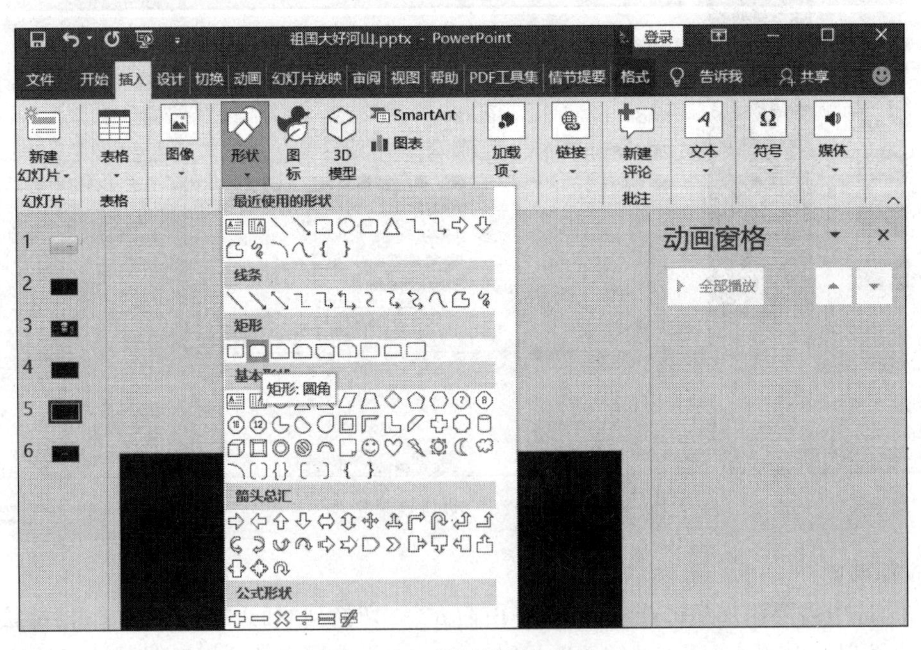

图 10.28　“形状”下拉列表

（4）单击“形状”→“圆角矩形”按钮，在需要的位置拖曳插入按钮，再在“链接”组中单击“动作”按钮，弹出“操作设置”对话框，设置该按钮的超链接，如图 10.29 所示。

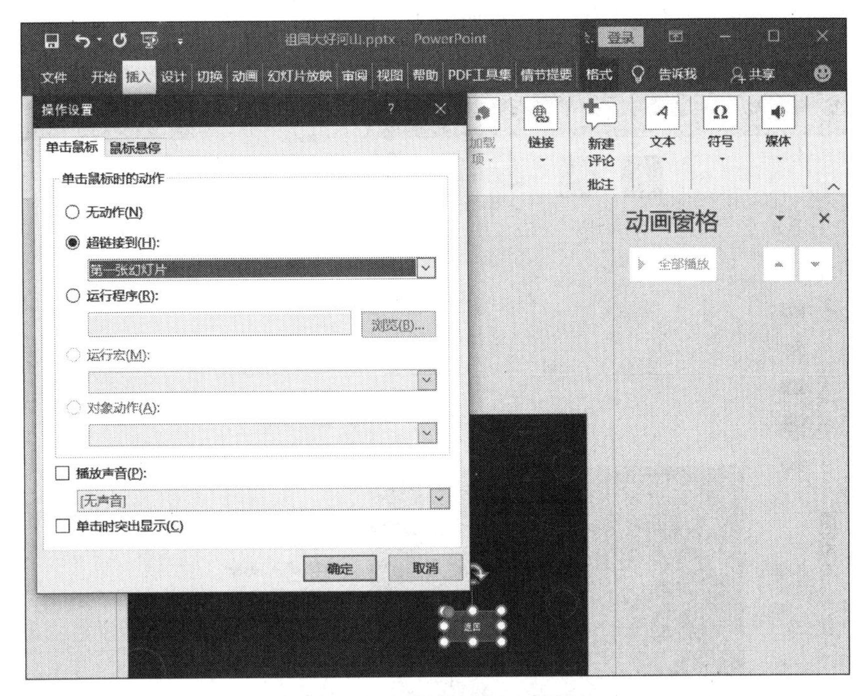

图 10.29　“操作设置”对话框

（5）此时自动切换至“格式”选项卡，单击“形状样式”组中的“形状填充”按钮，在其下拉列表中选择蓝色，如图 10.30 所示。

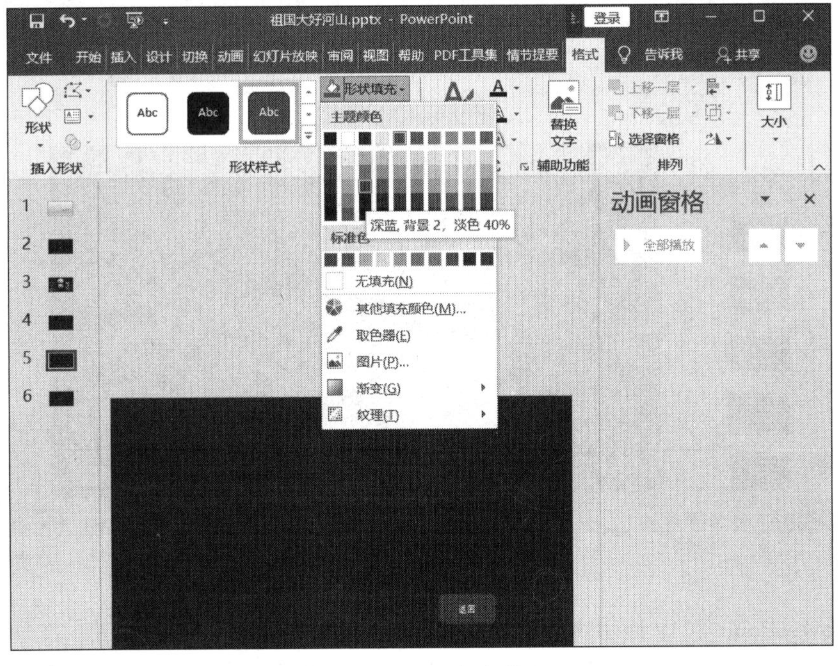

图 10.30　按钮颜色设置

(6) 选中该按钮，当光标变为双向箭头状时可以调整按钮的大小。右击该按钮，在弹出的快捷菜单中选择“编辑文字”命令，如图 10.31 所示，即可在该按钮上添加文字，并对其字体、字号等进行设置，设置成黑体、24 磅，如图 10.32 所示。

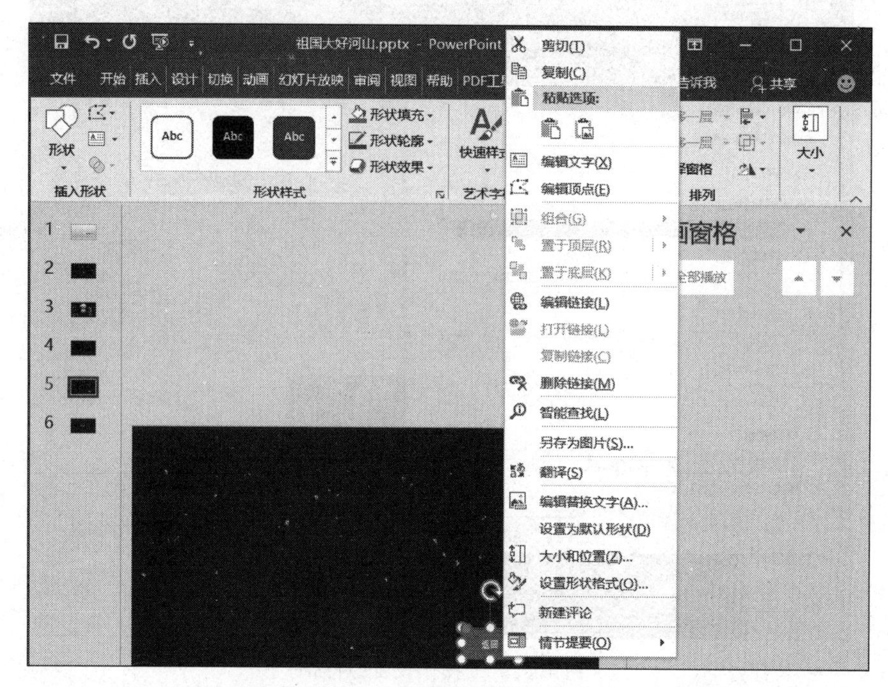

图 10.31　按钮文字编辑设置

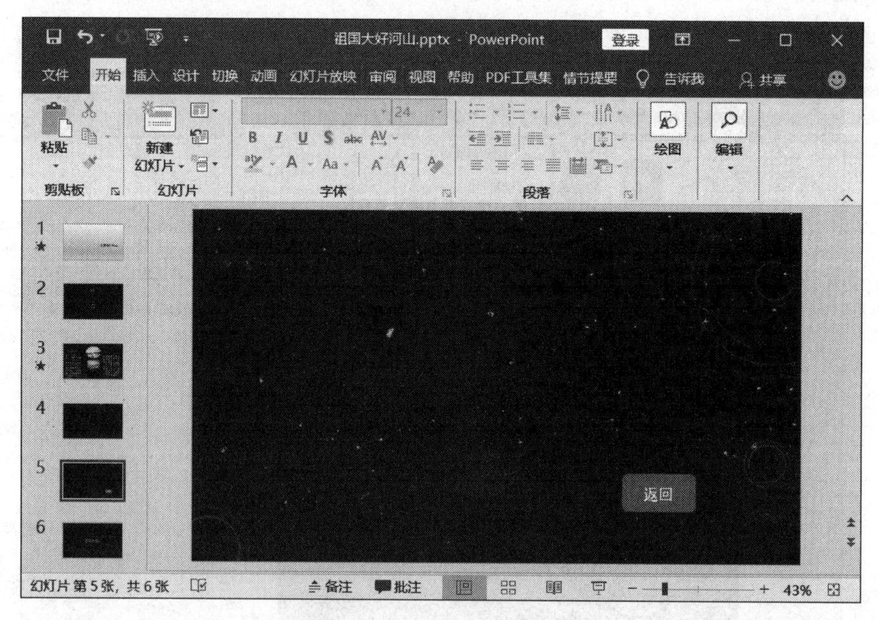

图 10.32　按钮文本添加

6）PowerPoint 2019 演示文稿的保存。

将制作好的演示文稿以“祖国大好河山”为文件名保存在自己的文件夹中。

三、实验内容

(1) 新建 PowerPoint 2019 文档,根据素材文档“pptsy10-1(素材).docx”的内容创建 6 张幻灯片,按下列要求操作,结果以“pptsy10-1(效果图).pptx”为文件名保存在自己的文件夹中。最终效果如图 10.33 所示。

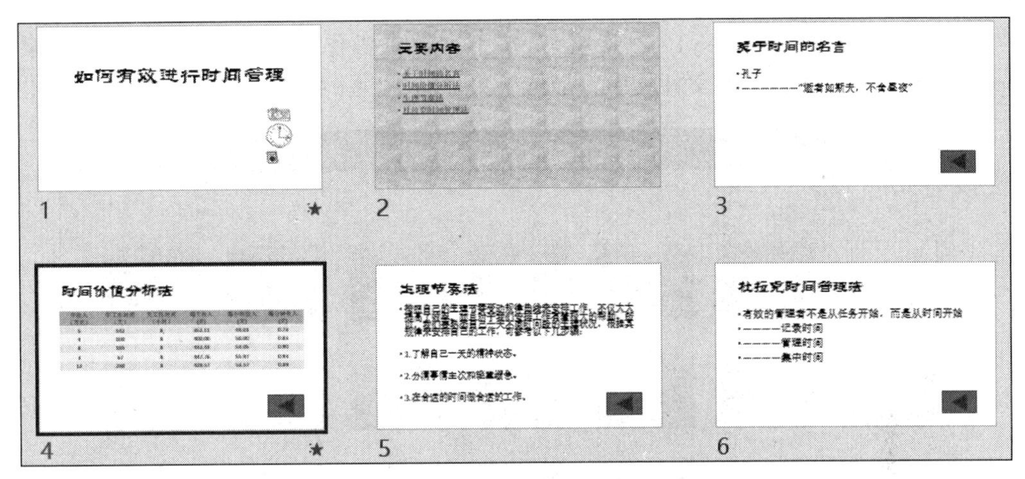

图 10.33 pptsy10-1 最终效果图

① 为所有幻灯片设置“丝状”主题。

② 在第 1 张幻灯片后插入新幻灯片,版式为“标题和内容”,并输入以下内容。

标题:主要内容

内容:关于时间的名言

时间价值分析法

生理节奏法

杜拉克时间管理法

③ 在第 1 张幻灯片“如何进行有效的时间管理”内插入“时钟图片.png”,并调整其高度为 7 厘米,把幻灯片左上角作为起始点,水平位置为 27.02 厘米处,垂直位置为 9.17 厘米处。

④ 在第 4 张幻灯片“时间价值分析法”内插入表格,表格内容在素材文档中已给出。表格样式为“中度样式 2-强调 4”,表格内的内容居中对齐,调整表格各行、列的大小,以便能够显示在幻灯片内。

⑤ 给第 2 张幻灯片的内容插入超链接。

“关于时间的名言”超链接到第 3 张幻灯片“关于时间的名言”。

“时间价值分析法”超链接到第 4 张幻灯片“时间价值分析法”。

“生理节奏法”超链接到第 5 张幻灯片“生理节奏法”。

“杜拉克时间管理法”超链接到第 6 张幻灯片“杜拉克时间管理法”。

同时,给第 3 张到第 6 张幻灯片添加“后退”动作按钮,并链接到第 2 张幻灯片。

⑥ 对第 2 张幻灯片应用背景格式:用“信纸”纹理填充,同时隐藏“背景图形”。

⑦ 将第 1 张幻灯片的切换效果设为“形状”,效果选项为“放大”,声音为“风铃”,持续时间为 2.5s,切换方式为“单击鼠标”,并将第 1 张幻灯片的切换效果应用到全部幻灯片。

⑧ 在第 1 张幻灯片内设置对象的动画效果。对文本“如何进行有效的时间管理”进行

动画设置：进入为“浮入”,效果为“下浮”；动画样式为“强调,加深”；开始为“单击时”；持续时间为 0.5s,其余选项为默认值。

⑨ 使用动画刷复制第 1 张幻灯片中文本“如何进行有效的时间管理”的动画效果到第 4 张幻灯片中的文本“时间价值分析法”。

⑩ 播放演示文稿并保存演示文稿文件。

(2) 打开素材文档“pptsy10-2(素材)”,按下列要求操作,结果以“pptsy10-2(效果图).pptx”文件名保存在自己的文件夹中。最终效果如图 10.34 所示。

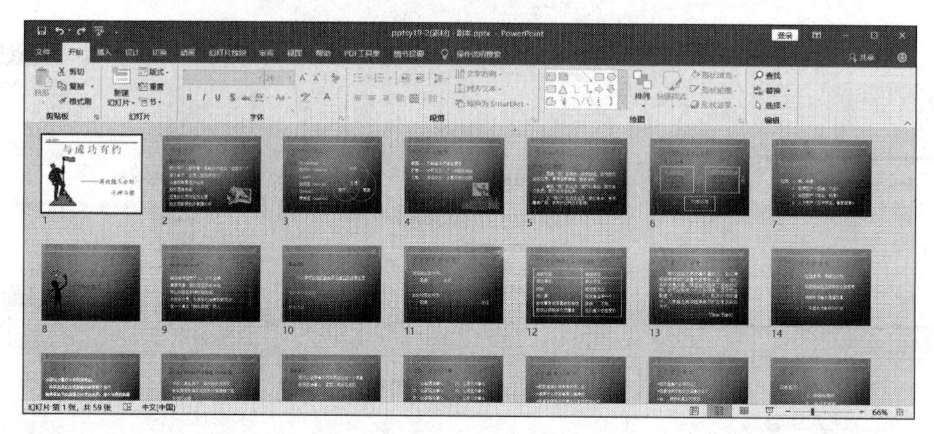

图 10.34　pptsy10-2 最终效果图

① 幻灯片设置。将第 1 张幻灯片移到最后,将调整后的第 1 张幻灯片改成“仅标题”版式,并设标题文字为 72 磅、红色、加粗、宋体,副标题文字为绿色、楷体。

② 背景设置。将第 1 张幻灯片的背景设置为内置的“蓝变填充,隐隐绿原”。

③ 删除幻灯片。删除调整后的第 2 张幻灯片。

④ 主题设置。将所有幻灯片(除第 1 张幻灯片外)设置成内置的“电路”主题。

⑤ 插入图片。分别在第 8、第 30、第 41 张幻灯片中插入图片“成功人士.png”“成功人士 2.png”“成功人士 3.png”并放置到图 10.34 所示的位置。

⑥ 设置图片对象格式。在第 8 张幻灯片中放置“成功人士 1.png”。调整图片高为 11.81 厘米；宽为 5.08 厘米；水平位置为 1.48 厘米,垂直位置为 6.35 厘米,以幻灯片左上角为原点。在第 30 张幻灯片中放置“成功人士 2.png”,调整图片高为 12.02 厘米,宽为 7.2 厘米；水平位置为 1.06 厘米,垂直位置为 4.66 厘米,以幻灯片左上角为原点。在第 41 张幻灯片中放置“成功人士 3.png”,调整图片高为 11.1 厘米,宽为 5.16 厘米；水平位置为 16.93 厘米,垂直位置为 5.72 厘米,以幻灯片左上角为原点。

⑦ 动画设置：将第 2 张幻灯片的标题设置为在前一事件“发生后 1 秒”“从中间”中速“2 秒”的动画效果。

⑧ 播放并保存：播放演示文稿并保存动画文件。

第四篇

数据库应用技术

实验十一　Access 数据库设计

一、实验目的

(1) 理解 Access 数据库设计的概念和基本功能。
(2) 巩固 Access 数据库创建的基本知识和技能。
(3) 巩固 Access 数据表创建的基本知识和技能。
(4) 巩固 Access 数据表操作的基本知识和技能。
(5) 巩固 Access 关系操作的基本知识和技能。

二、实验指导

1. 创建数据库

启动 Access 2019 后，进入新建数据库界面，在该界面中可新建空白数据库、选择数据库模板创建新数据库或打开已有数据库。

2. 创建数据表

在 Access 主界面，使用“创建”选项卡“表格”组中的工具(见图 11.1)在数据库中创建新数据表。常用的是使用表和表设计工具创建数据表。

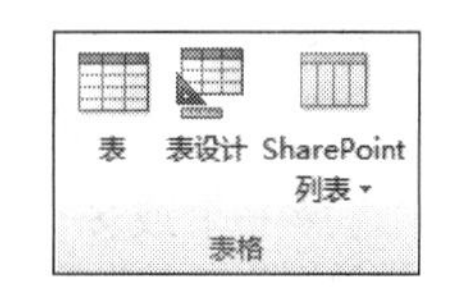

图 11.1　“表格”组中的工具

3. 操作数据表

1) 修改数据表结构

打开要修改的表，切换到设计视图，可完成字段的添加和删除、变更字段前后顺序、字段属性的设置、格式设置以及字段验证等功能。

2) 编辑数据表内容

在“开始”选项卡中包含有多组与数据表编辑相关的命令，可以用来实现数据表数据的复制和粘贴、排序和筛选、记录的删除、字段汇总、数据查找和替换以及文本格式设置等功能。

3) 数据的导入与导出

在“外部数据”选项卡的“导入并链接”组中，单击“新数据源”按钮，在下拉菜单中选择导入数据源类型，如图 11.2 所示。例如，如果要从另外一个 Access 数据库导入数据，则选择“从数据库”→Access 命令。在“获取外部数据”对话框中，单击“浏览”按钮找到源数据文件，或在“文件名”框中输入源数据文件的完整路径。在“指定数据在当前数据库中的存储方式和存储位置”下单击所需选项。可以使用导入的数据创建新表，也可以创建链接表以保持与数据源的链接，单击“确定”按钮，根据选择系统将打开“链接对象”对话框或“导入对象”对话框。使用相应的对话框完成此过程，需要执行的确切过程取决于选择的导入或链接选项。在向导的最后一页上，单击“完成”按钮。

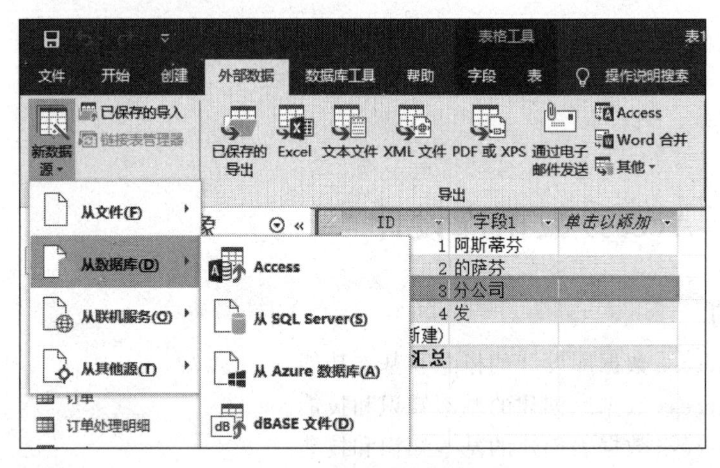

图 11.2 “外部数据”选项卡

4. 关系操作

1）创建关系

（1）在“数据库工具”选项卡的“关系”组中，单击“关系”按钮。

（2）如果该数据库未曾定义过任何关系，则会弹出“显示表”对话框。如果未出现该对话框，可在“设计”选项卡的“关系”组中单击“显示表”按钮。“显示表”对话框会显示数据库中的所有表和查询。要只查看表，可单击“表”按钮。若只查看查询，可单击“查询”按钮。若要同时查看表和查询，可单击“两者”按钮。

（3）选择一个或多个表或查询，然后单击“添加”按钮。将表和查询添加到“关系”选项卡之后，单击“关闭”按钮。

（4）将字段（通常为主键）从一个表拖动至另一个表中的公共字段（外键），要拖动多个字段，可按住 Ctrl 键单击每个字段，然后拖动这些字段，将打开“编辑关系”对话框。

（5）验证显示的字段名称是否是关系的公共字段。如果字段名称不正确，可单击该字段名称并从列表中选择合适的字段。要对此关系实施参照完整性，可选中“实施参照完整性”复选框。

（6）单击“创建”按钮。

2）编辑关系

在“数据库工具”选项卡的“关系”组中单击“关系”按钮，打开“关系”窗口。如果是第一次打开“关系”窗口，该数据库尚未定义过任何关系，则会出现“显示表”对话框。如果出现该对话框，可单击“关闭”按钮；否则在“设计”选项卡的“关系”组中单击“所有关系”，将显示具

有关系的所有表,同时显示关系线。注意,除非在“导航选项”对话框中选中“显示隐藏对象”复选框,否则不会显示隐藏的表(在表的属性对话框中选中“隐藏”复选框的表)及其关系。此时在出现的“关系工具|设计”选项卡“工具”组中单击“编辑关系”按钮,打开“编辑关系”对话框,如图11.3所示,进行更改,然后单击“确定”按钮。

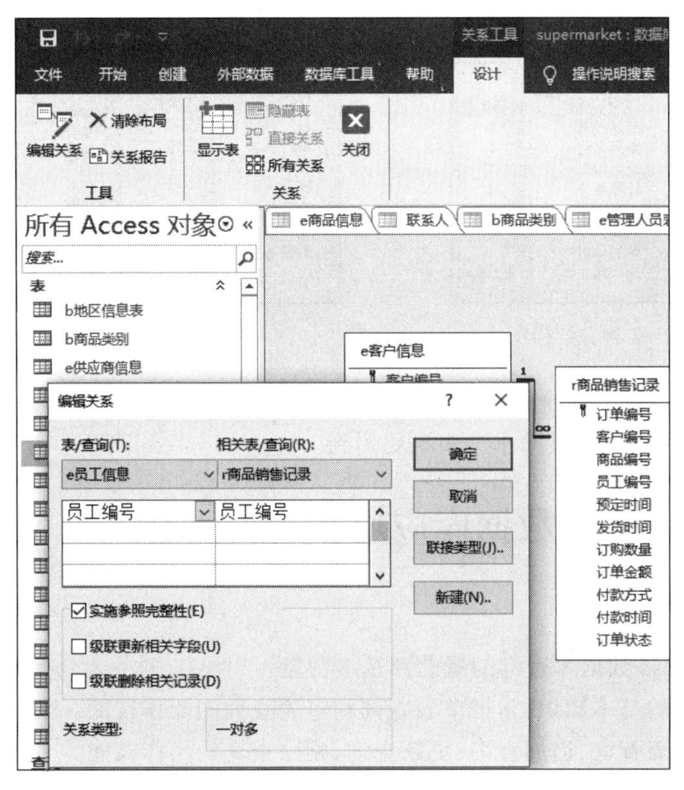

图 11.3　编辑关系

也可以在“关系”窗口中直接单击选中要更改的关系线。选中关系线时,它会显示得较粗。选中关系线后,双击该线,也可以打开“编辑关系”对话框。

通过“编辑关系”对话框可以更改表关系。可更改关系任意一侧的表或查询,或任意一侧的字段。还可以设置联接类型,或实施参照完整性,以及选择级联选项。

3）删除关系

删除表关系的操作步骤如下。

(1) 在“数据库工具”选项卡的“关系”组中,单击“关系”按钮。

(2) 在“设计”选项卡的“关系”组中,单击“所有关系”按钮,将显示具有关系的所有表,同时显示关系线。

(3) 单击要删除的关系线。选中关系线时,关系线会加粗显示。

(4) 按 Delete 键。

三、实验内容

(1) 创建 Access 数据库,具体要求如下。

① 使用 Access 创建一个名为“商品销售.accdb”的数据库文件,在数据库中创建4个数

据表，表名称和结构如图 11.4 和图 11.5 所示。

② 将素材文件夹下的文本文件“e 员工信息.txt”的数据导入“e 员工信息”表中。其他数据表信息可手工自行录入。

③ 建立这 4 个数据表间的关系。

④ 操作完成后保存。

e员工信息

字段名称	数据类型
员工编号	短文本
姓名	短文本
生日	日期/时间
性别	短文本
地址	短文本
联系电话	短文本
职务	短文本
身份证号	短文本
籍贯	短文本

e商品信息

字段名称	数据类型
商品编号	短文本
商品名称	短文本
规格型号	短文本
计量单位	短文本
生产日期	日期/时间
商品类别	短文本
商品单价	货币
保质截止日期	日期/时间

图 11.4 数据表名称和结构 1

e客户信息

字段名称	数据类型
客户编号	短文本
客户名称	短文本
联系人姓名	短文本
联系人职务	短文本
业务电话	短文本
电子邮件	短文本
消费等级	短文本

r商品销售记录

字段名称	数据类型
订单编号	短文本
客户编号	短文本
商品编号	短文本
员工编号	短文本
预定时间	日期/时间
发货时间	日期/时间
订购数量	数字
订单金额	货币
付款方式	短文本
付款时间	日期/时间
订单状态	短文本

图 11.5 数据表名称和结构 2

（2）自己设计并建立一个数据库，数据库名称为 db.accdb，要求数据库中至少有 3 个数据表。自己备份该数据库，实验十二中也要用到。

实验十二 Access 数据库应用

一、实验目的

（1）理解 Access 数据库查询的概念和基本功能。

（2）巩固查询的基本知识，掌握单表查询和多表查询的操作技能。

（3）掌握生成表查询、追加查询、更新查询、删除查询的操作技能。

（4）巩固 SQL 查询基本知识，了解 SQL 查询操作。

二、实验指导

1. 创建查询的基本步骤

在 Access 工作界面中，可通过“创建”选项卡“查询”组中的“查询向导”或“查询设计视图”来创建查询，如图 12.1 所示。创建查询的基本步骤如下。

图 12.1 “创建”选项卡“查询”组

（1）选择要用作数据源的表或查询。

（2）指定要从数据源中包括的字段。

（3）指定条件限制查询返回的记录（此为可选步骤）。创建选择查询后，运行选择查询可查看结果，如果保存查询，则可在需要时重复使用它。

2. 使用查询向导创建查询

该方法通常更快，如果使用来自彼此不相关的数据源的字段，则查询向导会询问是否要创建关系。向导将打开“关系”窗口，如果编辑了任何关系，则必须重启向导。因此，运行向导前，要考虑创建查询所需要的任何关系。操作步骤如下。

（1）在“创建”选项卡的“查询”组中单击“查询向导”按钮，弹出“新建查询”对话框（见图 12.2）。

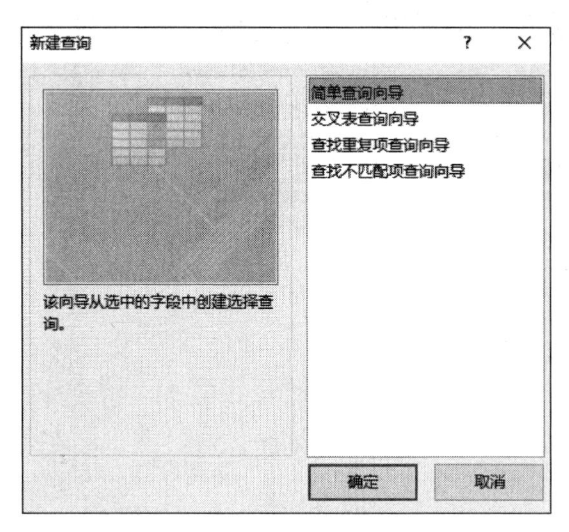

图 12.2　“新建查询”对话框

(2) 在“新建查询”对话框中选择“简单查询向导”选项，然后单击“确定”按钮。

(3) 接下来添加字段。对于每个字段，执行以下步骤：①在“表/查询”下，选择包含字段的表或查询；②在“可用字段”下，双击该字段以将其添加到“选定字段”列表，如果要将所有字段都添加到查询中，单击带双右箭头的按钮 (>>)；③添加所有所需字段后，单击“下一步”按钮，如图 12.3 所示。

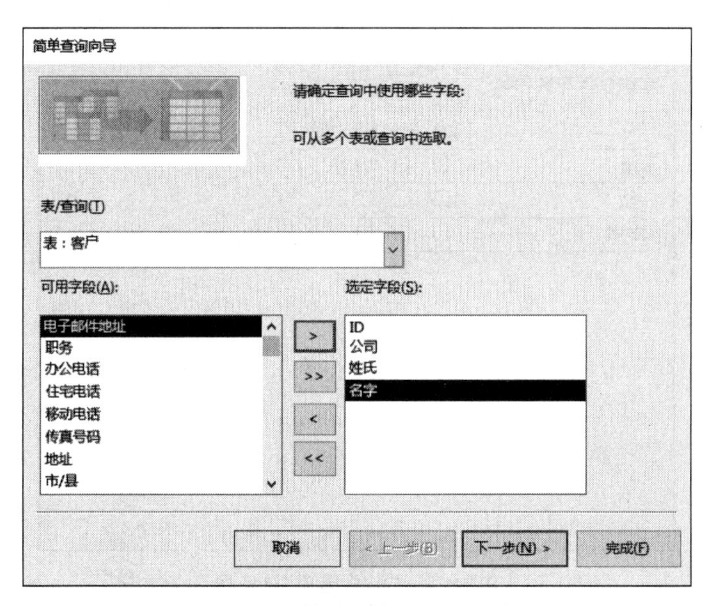

图 12.3　“简单查询向导”对话框

(4) 如果没有添加任何数字字段(包含数值数据的字段)，则直接跳到步骤(9)。如果添加了任何数字字段，向导将会询问采用明细查询还是汇总查询。如要查看每条记录的每个字段，则选择“明细”，然后单击“下一步”按钮，将直接跳到步骤(9)。如要查询汇总数数据，则选择“汇总”，然后单击“汇总选项”按钮，如图 12.4 所示。

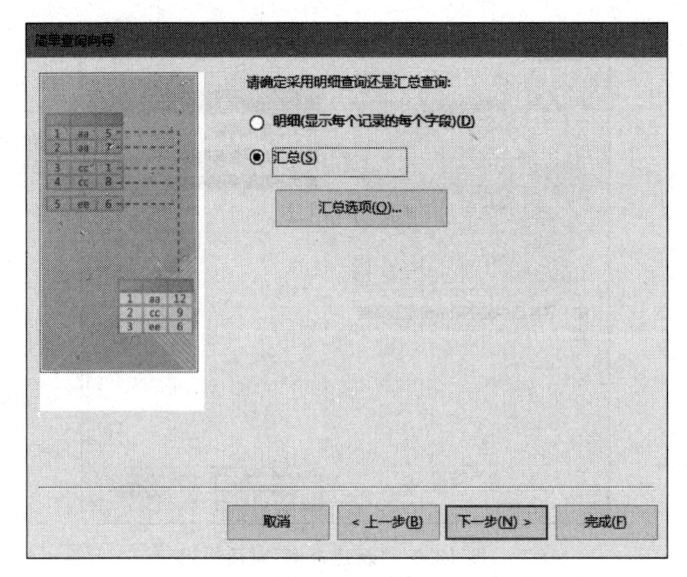

图 12.4 “简单查询向导”汇总对话框

(5) 在“汇总选项”对话框中(见图 12.5),指定要汇总的字段和汇总数据的方式,这里仅列出数字字段。对于每个数字字段,设置下列函数。汇总:查询返回字段中所有值的总和;平均:查询返回字段值的平均值;最小:查询返回字段的最小值;最大:查询返回字段的最大值。

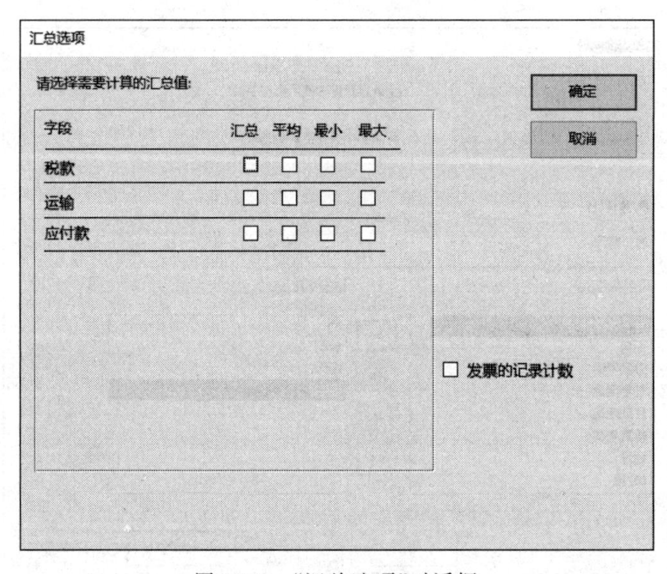

图 12.5 “汇总选项”对话框

(6) 如果希望查询结果包含数据源中记录的计数,则选择相应的复选框,如“发票的记录计数”。

(7) 单击“确定”按钮,关闭“汇总选项”对话框。

(8) 如果没有将日期/时间字段添加到查询,可直接跳到步骤(9)。如果向查询中添加了日期/时间字段,则查询向导将询问你希望如何对日期值进行分组(见图 12.6)。例如,假定你向查询添加了一个数字字段("价格")和一个日期/时间字段("交易时间"),然后在"汇总选项"对话框中指定要查看数字字段"价格"的平均值。因为包括了日期/时间字段,所以你可计算每个独立日期/时间值(每日、每月、每季度或每年)的汇总值。

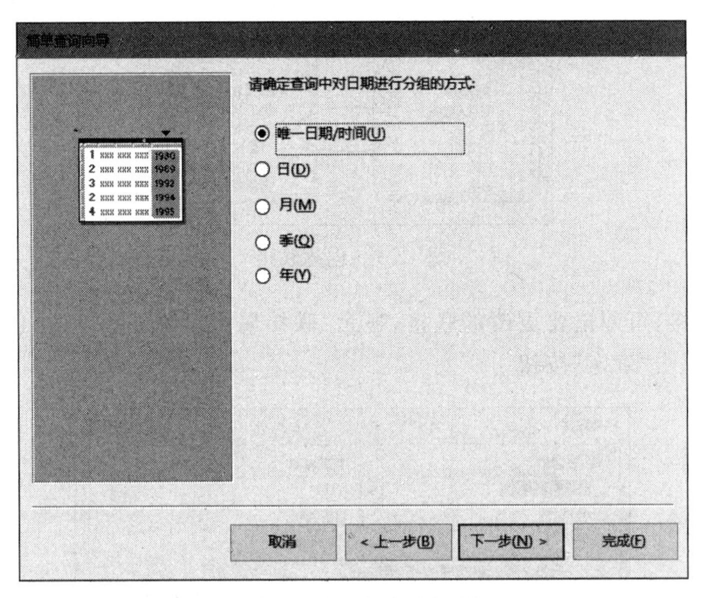

图 12.6 对日期值进行分组

选择要用于对日期/时间值进行分组的时间段,然后单击"下一步"按钮。注意在设计视图中可使用表达式来按所需的任意时间段进行分组,但向导只提供上述选项。

(9) 在向导的最后界面中,为查询提供标题,指定是要打开还是修改查询,然后单击"完成"按钮。如果选择打开查询,该查询将在数据表视图中显示所选数据。如果选择修改查询,该查询将在设计视图中打开。

3. 使用查询设计创建查询

该方法可以更好地控制查询设计的细节,具体操作如下。

1) 添加数据源

(1) 在"创建"选项卡的"查询"组中,单击"查询设计"按钮。

(2) 在"显示表"对话框中的"表""查询"或"表/查询"选项卡上,双击每个想要使用的数据源,或选择每个数据源,然后单击"添加"。需要时随时可在此处添加数据源。

(3) 关闭"显示表"对话框。

2) 联接相关数据源

如果添加到查询中的数据源已存在关系,则 Access 会为每个关系自动创建内部联接。如果两个表具有包含兼容数据类型的字段且其中某个字段为主键,则 Access 还会自动创建两个表之间的联接。如果实施了引用完整性,Access 还会在联接行上方显示"1"以指示哪个表在一对多关系的"一"端,显示无穷符号(∞)以指示哪个表在"多"端。

如果向查询添加查询,并且尚未创建这些查询之间的关系,则 Access 不会自动创建这些查询之间或不相关的查询和表间的关系。添加数据源时,如果 Access 不创建联接,则通常应该自行手动添加。未联接其他任何数据源的数据源可导致查询结果出现问题。

你可能还会想要将联接类型从内部联接更改为外部联接，以便查询可包含更多记录。

若要添加联接，可将一个数据源中的字段拖动到另一数据源中的对应字段中。Access 将在两个字段之间显示一条线，表明已创建了联接，如图 12.7 所示。

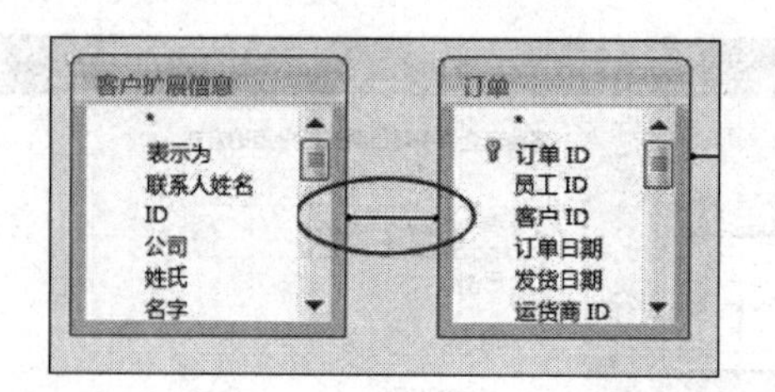

图 12.7　创建联接

若要更改联接，可双击要更改的联接，显示“联接属性”对话框（见图 12.8）。单击要使用的选项，然后单击“确定”按钮。

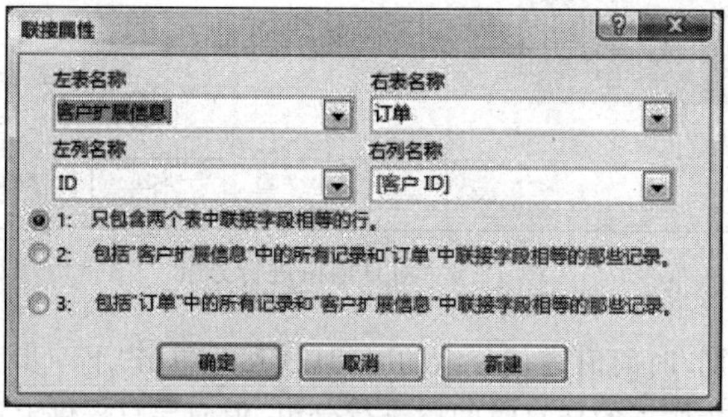

图 12.8　“联接属性”对话框

联接准备就绪后，便可添加输出字段（想要在查询结果中包含的具有数据的字段）。

3）添加输出字段

若要添加字段，可将字段从查询设计窗口的上窗格中的数据源中向下拖动到查询设计窗口底部窗格的设计网格的“字段”行中。通过这种方式添加字段时，Access 会自动填充设计网格的“表”行，以反映字段的数据源。

提示：如果要快速向下添加所有字段，直至到达查询设计网格的“字段”行，可双击上窗格中的表或查询名称以突出显示该源中的所有字段，然后同时将其向下拖动到设计网格中。

如果要执行计算或使用函数生成查询输出，可使用表达式作为输出字段。可以使用表达式执行各种操作。表达式可以使用任意查询数据源中的数据，以及 Format 或 InStr 等函数，还可包含常量和算术运算符。

在查询设计网格的空白列中，右击“字段”行，然后在弹出的快捷菜单中选择“缩放”命令。在“缩放”框中，输入或粘贴表达式。以要用于表达式输出的名称作为表达式的开头，后跟冒号。例如，要对表达式添加“上次更新时间”标签，可以“上次更新时间”开始表达式。

4）指定条件

此为可选步骤，可使用条件来限制查询返回的记录。

（1）指定输出字段的条件。

① 在查询设计网格中，在包含要限制的值的字段的“条件”行中，输入字段值必须满足

才能包括在结果中的表达式。例如，如果要限制查询使得只出现“城市”字段值为北京的记录，则需在该字段下的“条件”行中输入“北京”。

② 在“条件”下的 Or 行中指定任何备选条件。如果指定替代条件，字段值可以满足列出的任一条件，便可包含在查询结果中。

(2) 多个字段条件。可以使用具有多个字段的条件，给定的“条件”或“或”行中的所有条件都必须为 true 才能包含记录。

(3) 通过使用不希望输出的字段来指定条件。可以向查询设计添加字段，且在查询输出中不包括该字段的数据。如果想要使用字段的值限制查询结果，但不想看到字段值，则可实施这一操作。

① 向设计网格添加字段。

② 清除字段的“显示”行中的复选框。

③ 像为输出字段那样指定条件。

5) 汇总数据

此步骤为可选。若要汇总查询中的数据，需使用“汇总”行。默认情况下，设计视图中不显示“汇总”行。

① 在设计视图中打开查询，在“设计”选项卡的“显示/隐藏”组中，单击“汇总”按钮，Access 将在查询设计网格中显示“汇总”行。

② 对于要汇总的每个字段，从“汇总”行的列表中选择要使用的函数，可用的功能取决于字段的数据类型。

6) 查看结果

在“设计”选项卡中单击“运行”按钮，Access 将在数据表视图中显示查询结果。若要对查询进一步更改，可单击“开始”→“视图”→“设计视图”切换回设计视图，更改字段、表达式或条件，然后重新运行查询，直至其返回所需数据。

三、实验内容

(1) 对素材文件夹下的“公司客户管理系统. accdb”数据库文件进行操作，操作完成后保存。

① 建立一个名为“业务员查询”的查询，要求显示业务员信息表中的“业务员编号”“业务员名称”“性别”“年龄”“联系电话”字段。

② 建立一个名为“客户总经理”的查询，要求显示客户信息表中的职务是“总经理”的所有字段。

③ 建立一个名为“按公司名称查询进出账”的参数查询，根据用户输入的公司名称，显示进出账表的“公司名称”“供货时间”“供货金额”“货品名称”和“供货数量”字段。

④ 建立一个“业务员客户联系表”表查询，将业务员“王剑”对应的客户信息表中的所有字段存储到表“业务员客户联系表”中。

(2) 为实验十一中自己创建的数据库 db. accdb 建立查询，要求至少建立 3 个查询：表查询、多表查询、更新查询。操作完成后保存。

第五篇

大数据与人工智能

实验十三　KNIME 数据库操作

一、实验目的

能够通过 KNIME 连接到数据库并进行简单的读写操作。

二、实验指导

(1) KNIME 支持从数据库导入数据进行数据分析等操作，它本身也提供很多对数据库直接进行操作的组件，例如对表数据的增、删、改、查及建表、删表等。KNIME 的扩展组件提供连接到主流数据库的驱动器，这些数据库包括 MySQL、SQL Server、PostgreSQL。

(2) 开始试验前，假设已经有两个数据库：PostgreSQL 和 MySQL，PostgreSQL 在本机上，MySQL 在云服务器上。实验中，将一个 CSV 文件先写入 PostgreSQL 的 test 数据库中，然后从该数据库中读入数据，进行简单的 GROUPBY 操作，最后将结果写入 MySQL 的 knime_test 数据库中。

整个工作流和 CSV 文件内容显示如图 13.1 和图 13.2 所示。

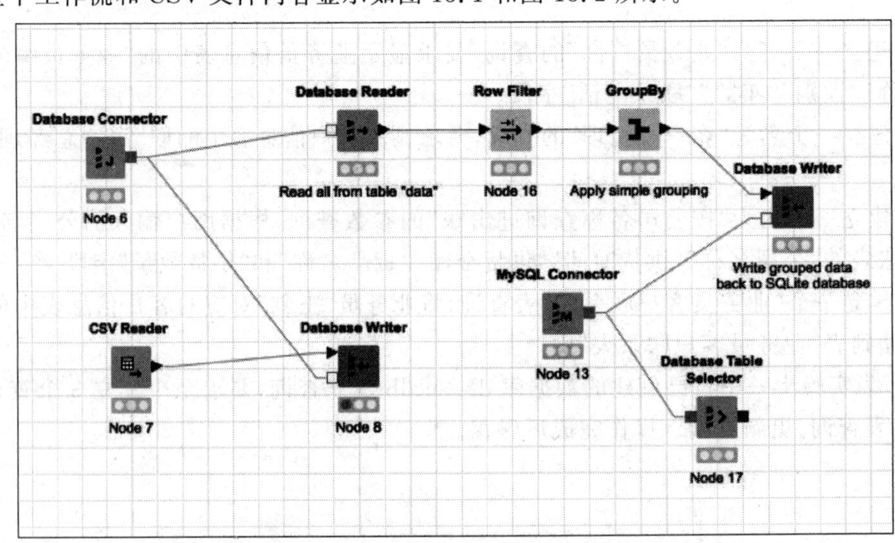

图 13.1　整个工作流图

	A	B	C	D	E	F	G	H	I	J	K
1	PassengerId	Pclass	Name	Sex	Age	SibSp	Parch	Ticket	Fare	Cabin	Embarked
2	892	3	Kelly, Mr. Ja	male	34.5	0	0	330911	7.8292		Q
3	893	3	Wilkes, Mrs.	female	47	1	0	363272	7		S
4	894	2	Myles, Mr. T	male	62	0	0	240276	9.6875		Q
5	895	3	Wirz, Mr. Al	male	27	0	0	315154	8.6625		S
6	896	3	Hirvonen, M	female	22	1	1	3101298	12.2875		S
7	897	3	Svensson, M	male	14	0	0	7538	9.225		S
8	898	3	Connolly, M	female	30	0	0	330972	7.6292		Q
9	899	2	Caldwell, Mr	male	26	1	1	248738	29		S
10	900	3	Abrahim, Mr	female	18	0	0	2657	7.2292		C
11	901	3	Davies, Mr.	male	21	2	0	A/4 48871	24.15		S
12	902	3	Ilieff, Mr. Yli	male		0	0	349220	7.8958		S
13	903	1	Jones, Mr. C	male	46	0	0	694	26		S
14	904	1	Snyder, Mrs.	female	23	1	0	21228	82.2667	B45	S
15	905	2	Howard, Mr.	male	63	1	0	24065	26		S
16	906	1	Chaffee, Mrs	female	47	1	0	W.E.P. 5734	61.175	E31	S
17	907	2	del Carlo, M	female	24	1	0	SC/PARIS 21	27.7208		C
18	908	2	Keane, Mr. D	male	35	0	0	233734	12.35		Q
19	909	3	Assaf, Mr. G	male	21	0	0	2692	7.225		C
20	910	3	Ilmakangas,	female	27	1	0	STON/O2. 3	7.925		S
21	911	3	Assaf Khalil,	female	45	0	0	2696	7.225		C
22	912	1	Rothschild, M	male	55	1	0	PC 17603	59.4		C
23	913	3	Olsen, Mast	male	9	0	1	C 17368	3.1708		S
24	914	1	Flegenheim,	female		0	0	PC 17598	31.6833		S
25	915	1	Williams, Mr	male	21	0	1	PC 17597	61.3792		C
26	916	1	Ryerson, Mr	female	48	1	3	PC 17608	262.375	B57 B59 B63	C

图 13.2　CSV 文件内容

三、实验内容

（1）安装连接到数据库的驱动器扩展组件，如图 13.3 所示。

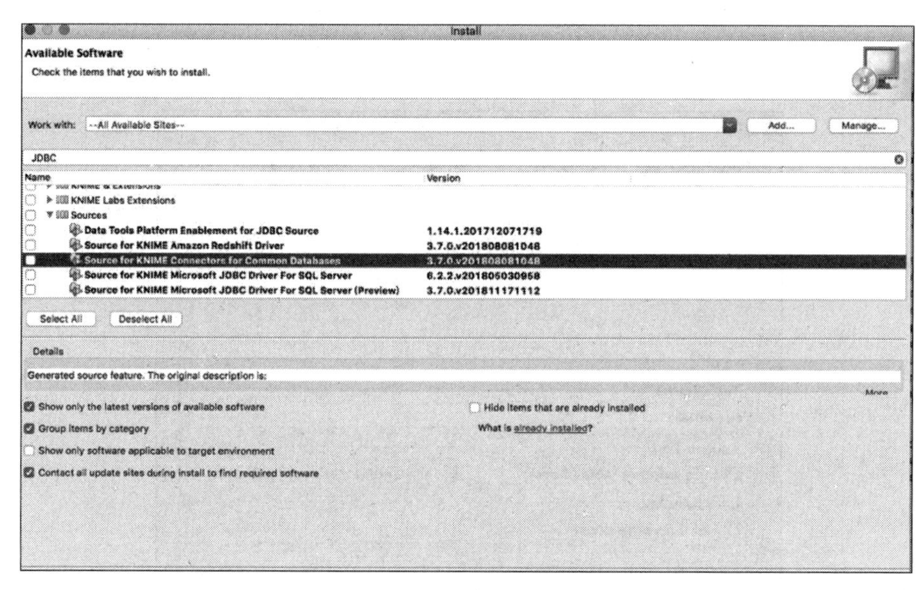

图 13.3　组件安装界面

（2）通过 Database Connector 节点连接到数据库。在设置界面（见图 13.4）中，选择对应数据库的驱动器，修改 URL 地址，填写用户名和密码进行验证，选中 Validate connection on close 复选框测试连接。

（3）通过 CSV Reader 节点读入 CSV 文件，然后通过 Database Write 节点将文件写入数据库。Database Write 节点的设置如下：将表命名为 customer，如果表存在则添加数据到该表，如果存在信息缺失则插入 null 值，如图 13.5 所示。

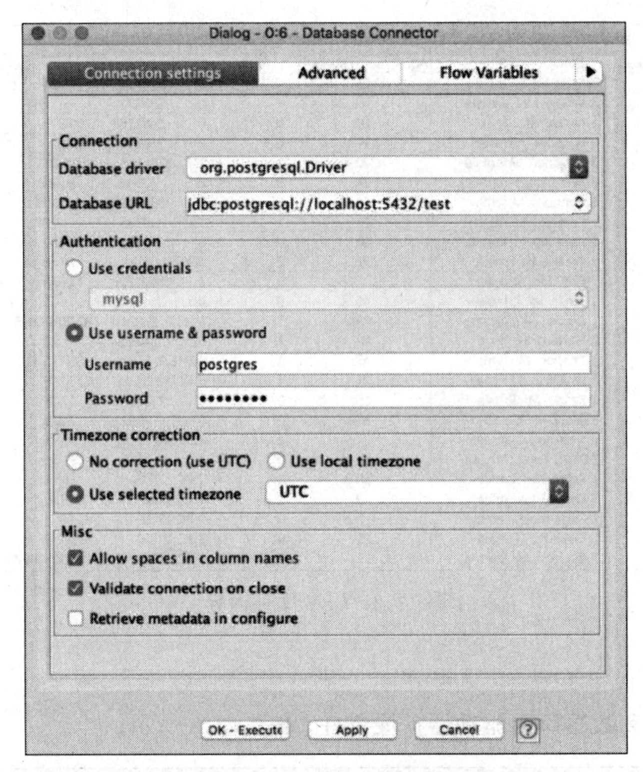

图 13.4　连接数据库参数设置界面

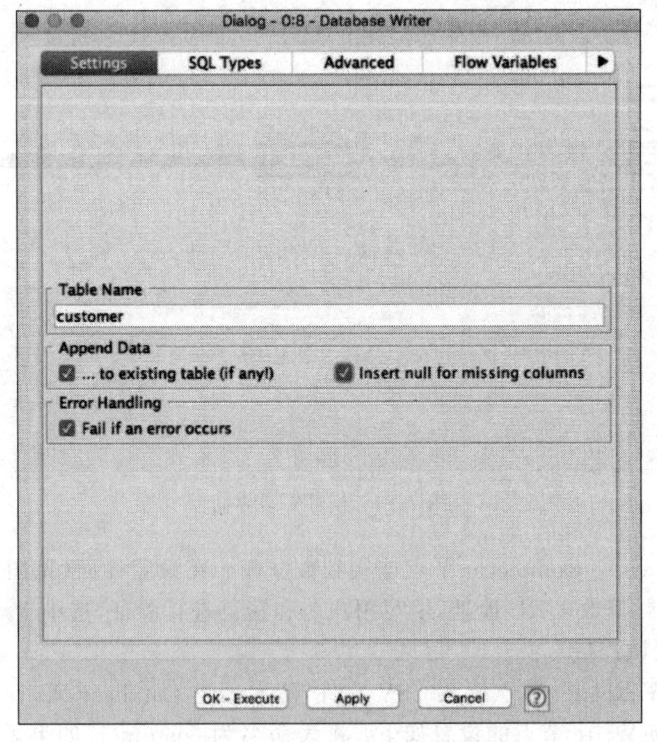

图 13.5　Database Writer 界面

(4) 执行完成后，PostgreSQL 的 test 数据库中便新生成了一个 customer 表(见图 13.6)，数据来自已有的 CSV 文件。然后，通过 Database Reader 读取表数据，在设置界面中发现可以识别到新表 customer(见图 13.7)。

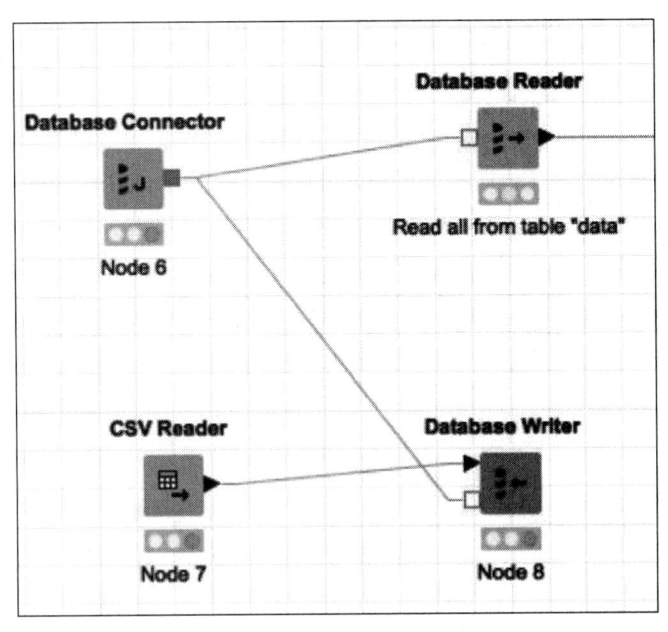

图 13.6　部分工作流图

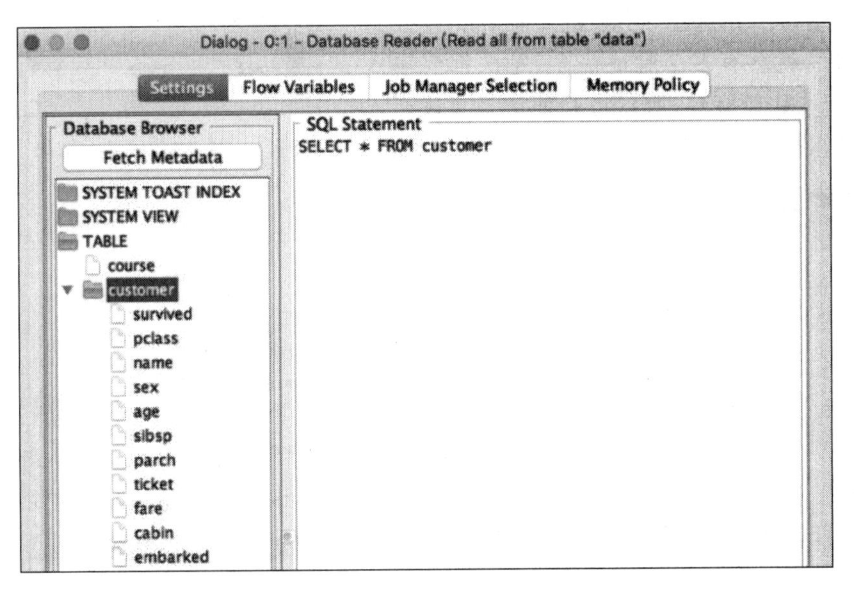

图 13.7　Database Writer 界面

(5) 执行节点 Database Reader 读入表数据，结果显示如图 13.8 所示。

之后，用 Row Filter 和 Groupby 对这个表进行操作，如统计男女人数。当然，也可以进行其他感兴趣的操作。因为本次实验的重点是关于数据库的操作，所以具体的设置这里不再详细描述，有问题的同学可以查看节点说明。结果显示如图 13.9 所示。

Data from Database - 0:1 - Database Reader (Read all from table "data")

File　Hilite　Navigation　View

Table "database" - Rows: 891　Spec - Columns: 11　Properties　Flow Variables

Row ID	I survived	I pclass	S name	S sex	D age	I sibsp	I parch	S ticket	D fare	S cabin
Row0	0	3	Braund, Mr. Owen Harris	male	22	1	0	A/5 21171	7.25	?
Row1	1	1	Cumings, Mrs. John Bra...	female	38	1	0	PC 17599	71.283	C85
Row2	1	3	Heikkinen, Miss. Laina	female	26	0	0	STON/O2....	7.925	?
Row3	1	1	Futrelle, Mrs. Jacques ...	female	35	1	0	113803	53.1	C123
Row4	0	3	Allen, Mr. William Henry	male	35	0	0	373450	8.05	?
Row5	0	3	Moran, Mr. James	male	?	0	0	330877	8.458	?
Row6	0	1	McCarthy, Mr. Timothy J	male	54	0	0	17463	51.862	E46
Row7	0	3	Palsson, Master. Gosta ...	male	2	3	1	349909	21.075	?
Row8	1	3	Johnson, Mrs. Oscar W ...	female	27	0	2	347742	11.133	?
Row9	1	2	Nasser, Mrs. Nicholas (...	female	14	1	0	237736	30.071	?
Row10	1	3	Sandstrom, Miss. Marg...	female	4	1	1	PP 9549	16.7	G6
Row11	1	1	Bonnell, Miss. Elizabeth	female	58	0	0	113783	26.55	C103
Row12	0	3	Saundercock, Mr. Willia...	male	20	0	0	A/5. 2151	8.05	?
Row13	0	3	Andersson, Mr. Anders...	male	39	1	5	347082	31.275	?
Row14	0	3	Vestrom, Miss. Hulda A...	female	14	0	0	350406	7.854	?
Row15	1	2	Hewlett, Mrs. (Mary D ...	female	55	0	0	248706	16	?
Row16	0	3	Rice, Master. Eugene	male	2	4	1	382652	29.125	?
Row17	1	2	Williams, Mr. Charles E...	male	?	0	0	244373	13	?
Row18	0	3	Vander Planke, Mrs. Jul...	female	31	1	0	345763	18	?
Row19	1	3	Masselmani, Mrs. Fatima	female	?	0	0	2649	7.225	?
Row20	0	2	Fynney, Mr. Joseph J	male	35	0	0	239865	26	?
Row21	1	2	Beesley, Mr. Lawrence	male	34	0	0	248698	13	D56
Row22	1	3	McGowan, Miss. Anna ...	female	15	0	0	330923	8.029	?
Row23	1	1	Sloper, Mr. William Tho...	male	28	0	0	113788	35.5	A6
Row24	0	3	Palsson, Miss. Torborg ...	female	8	3	1	349909	21.075	?
Row25	1	3	Asplund, Mrs. Carl Osc...	female	38	1	5	347077	31.387	?
Row26	0	3	Emir, Mr. Farred Chehab	male	?	0	0	2631	7.225	?
Row27	0	1	Fortune, Mr. Charles Al...	male	19	3	2	19950	263	C23 C25 ...

图 13.8　表数据显示结果

(6) 通过节点 MySQL Connection 连接到 MySQL 数据库。在这里,考虑到可能需要连接到多个数据库,就会有多个验证信息,每次都要输入用户名和密码比较麻烦,所以将验证信息直接存入工程中,具体操作如图 13.10 所示。

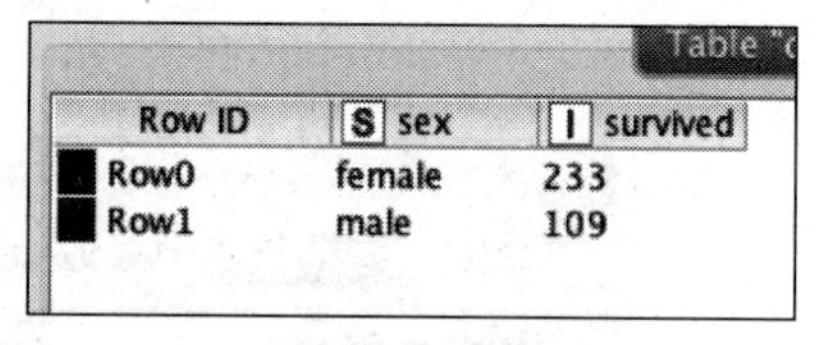

Row ID	S sex	I survived
Row0	female	233
Row1	male	109

图 13.9　显示结果

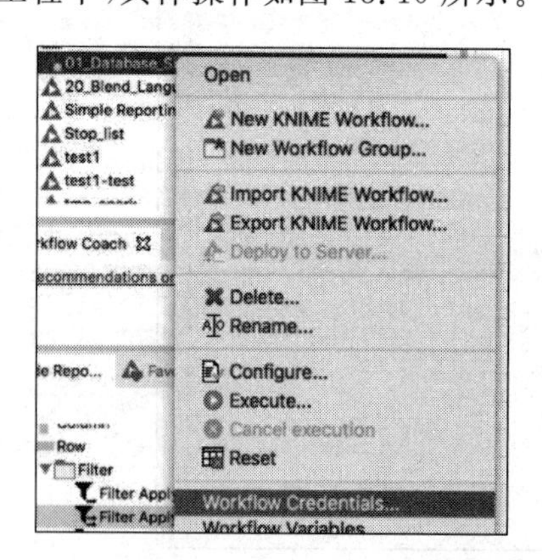

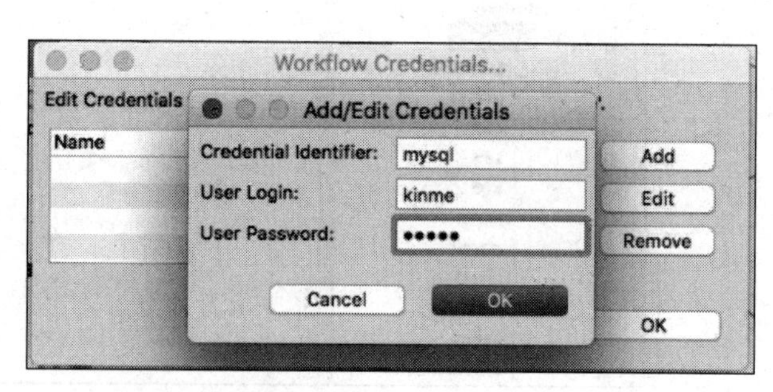

图 13.10　存入验证信息的操作过程

此后,在 MySQL Connection 节点设置中,验证部分直接选择已有的 Credential 就行了,如图 13.11 所示。

(7) 连接成功后,通过 Database Write 节点将结果写入 MySQL 的 knime_test 数据库中,具体设置如图 13.12 所示。

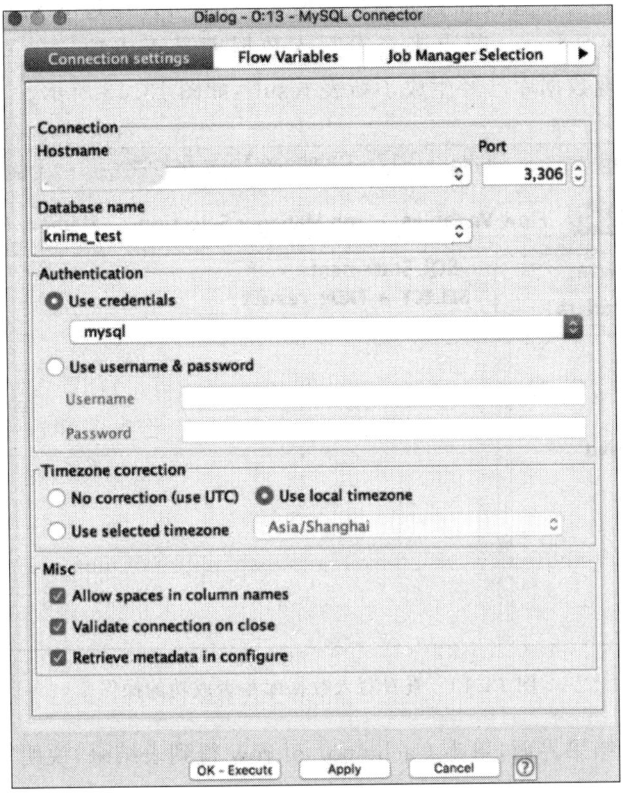

图 13.11 可选择已有的 Credential

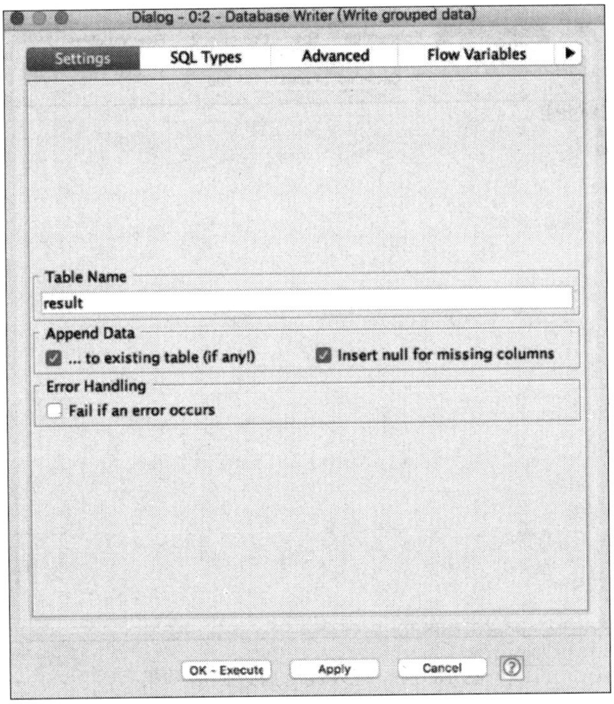

图 13.12 通过 Database Write 写入数据库

(8) 执行完成后,可以直接在数据库中检验结果,也可以通过 KNIME 检验结果。这里使用 Database Table Selector 节点来查看写入数据库是否成功。在节点设置界面,单击 Fetch Metadata,发现数据库已经生成了新表 result,如图 13.13 所示。

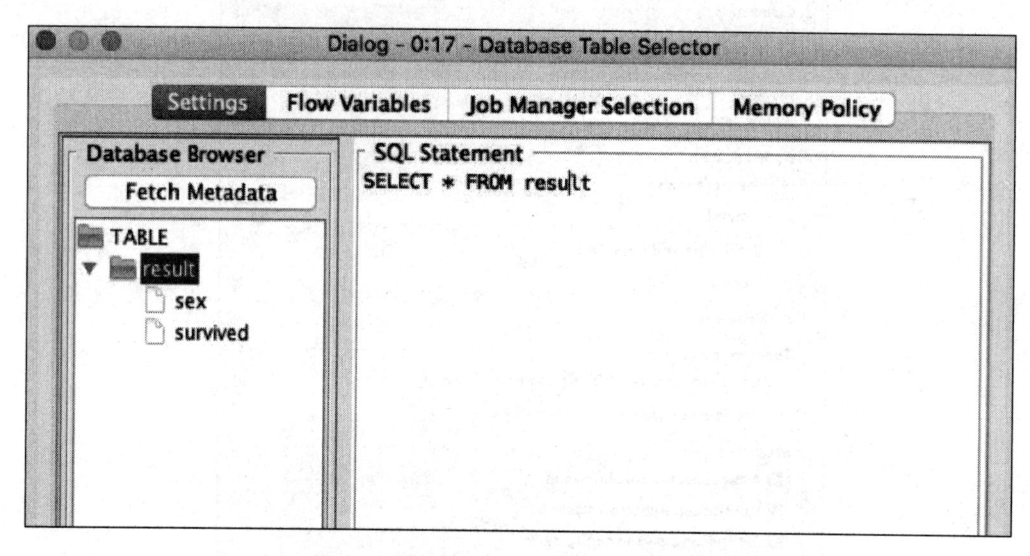

图 13.13　查看写入数据库是否成功的操作

执行节点,打开结果界面,单击 Cache no. of row 得到表结果,说明写入数据库成功,如图 13.14 所示。

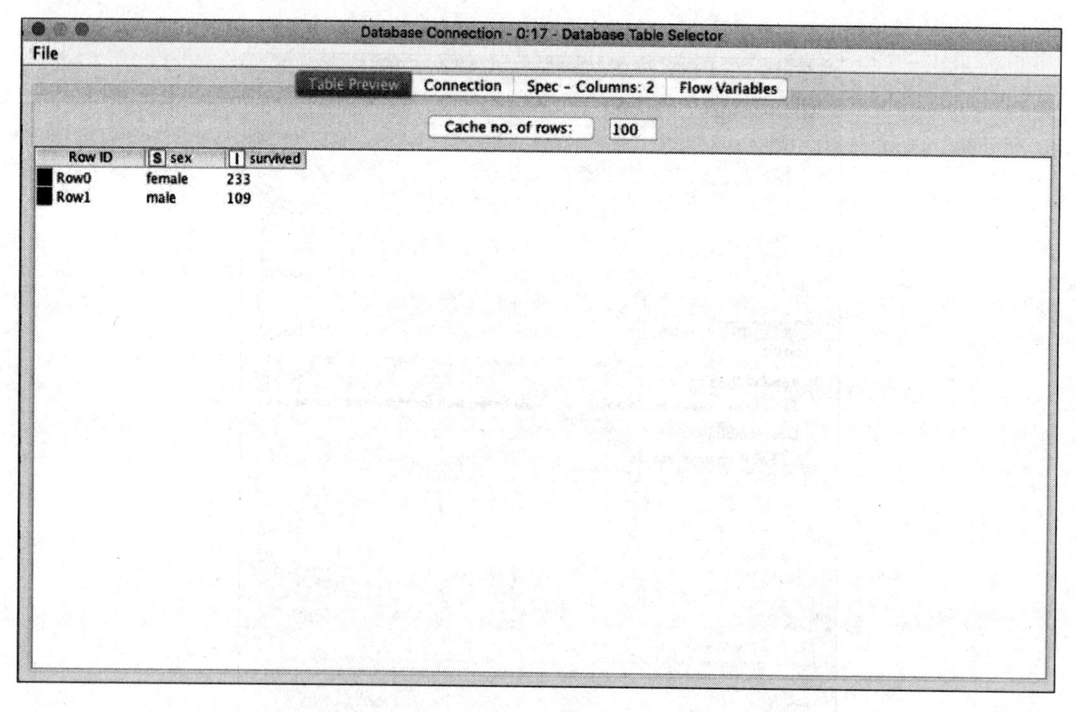

图 13.14　写入成功后返回的结果

实验十四 基于 KNIME 的数据的预处理和可视化实战

一、实验目的

能够通过 KNIME 对数据进行简单的预处理和可视化，分析数据之间的关系。

二、实验指导

1. KNIME 整体界面简介

KNIME 的整体界面如图 14.1 所示。

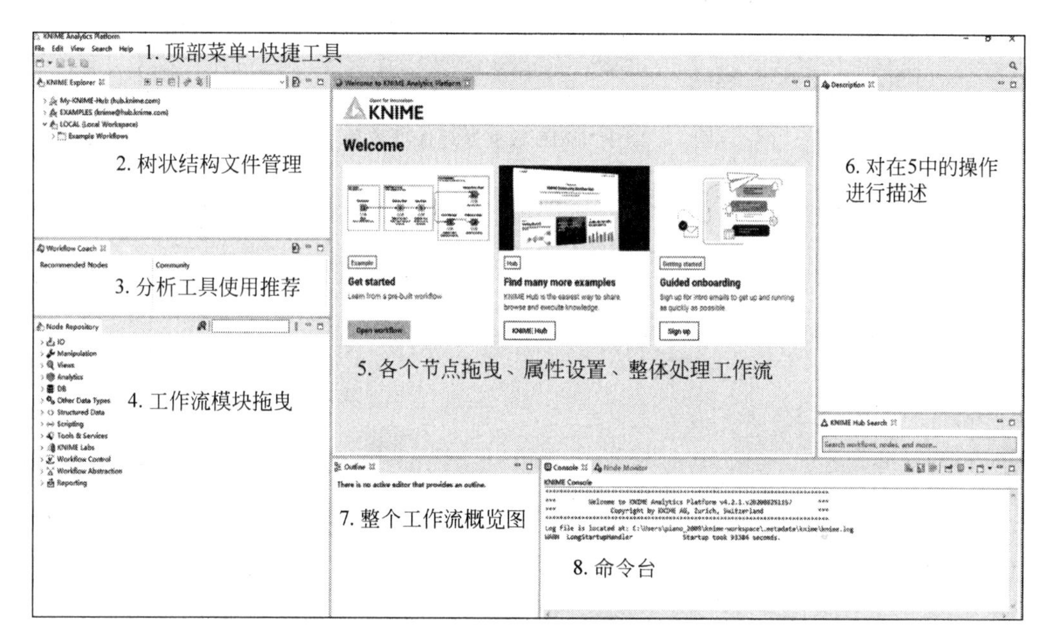

图 14.1 KNIME 整体界面简介

2. 实验背景

分析并找出数据包 test.csv 中工作年限与年薪之间的关系，并预测“未知”工作年限时，工资年薪会有多少？

3. KNIME 处理数据的标准流程

使用 KNIME 处理数据的流程如图 14.2 所示。

三、实验内容

1. 模型搭建

(1) 单击模块 2(树状结构文件管理)，右击 LOCAL，选择 new workflow group 命令，并为其命名，如 A1。

(2) 在 A1 文件夹下再新建工作流，并为其命名，如 SLR，如图 14.3 所示。

(3) 在工作流模块搜索栏录入 CSV，找到 IO 模块下的 CSV Reader 子模块，并将该模块拖曳至整体处理工作流窗口中，如图 14.4 所示。

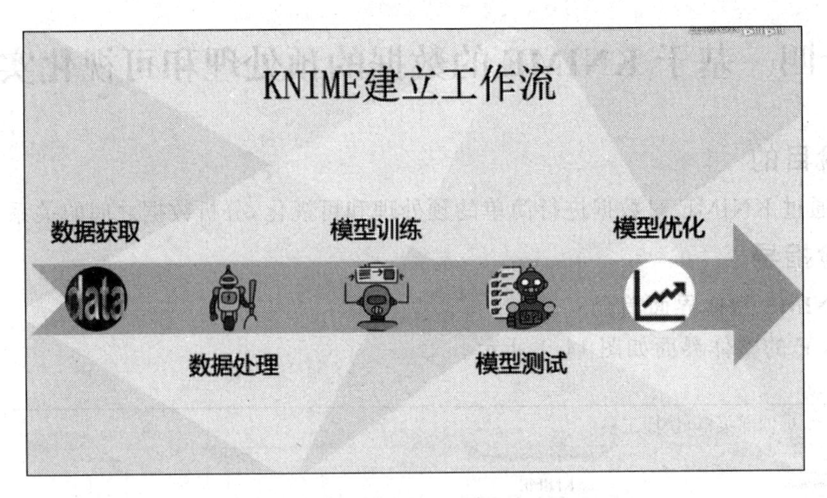

图 14.2　KNIME 数据处理标准流程

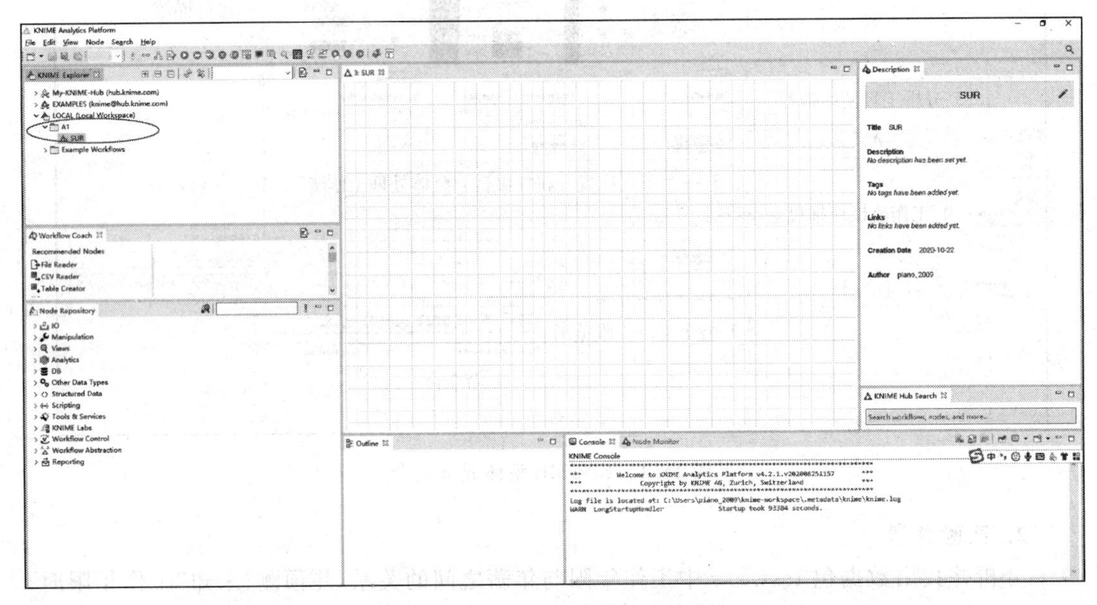

图 14.3　实验流程结果 1

(4) 双击 CSV Reader 算子进入属性设置，因为本次数据分析是针对整体数据趋势，并不是针对某个数据的数据特征进行详细信息分析，所以将 Has Row Header 前的钩去掉，设置成功后单击顶部菜单的“运行”按钮，测试该算子是否运行完整(运行完整时，控制台不会报错，同时该算子图形下面会显示绿色)，如图 14.5 所示。

(5) 右击算子，进入 File Table，可以查看输入的原始数据，如图 14.6 所示。

(6) 对原始数据进行散点图可视化展示。在工作流模块搜索栏录入 Scatter，找到 Scatter Plot(Local)子模块，将该模块拖曳至整体处理工作流窗口中。拖动左侧的 CSV reader 算子输出与右侧的 Scatter Plot 算子相连，右击 Scatter Plot 算子，设置 View：Scatter Plot 选项，将自动生成原始数据的散点分布图，如图 14.7 所示。

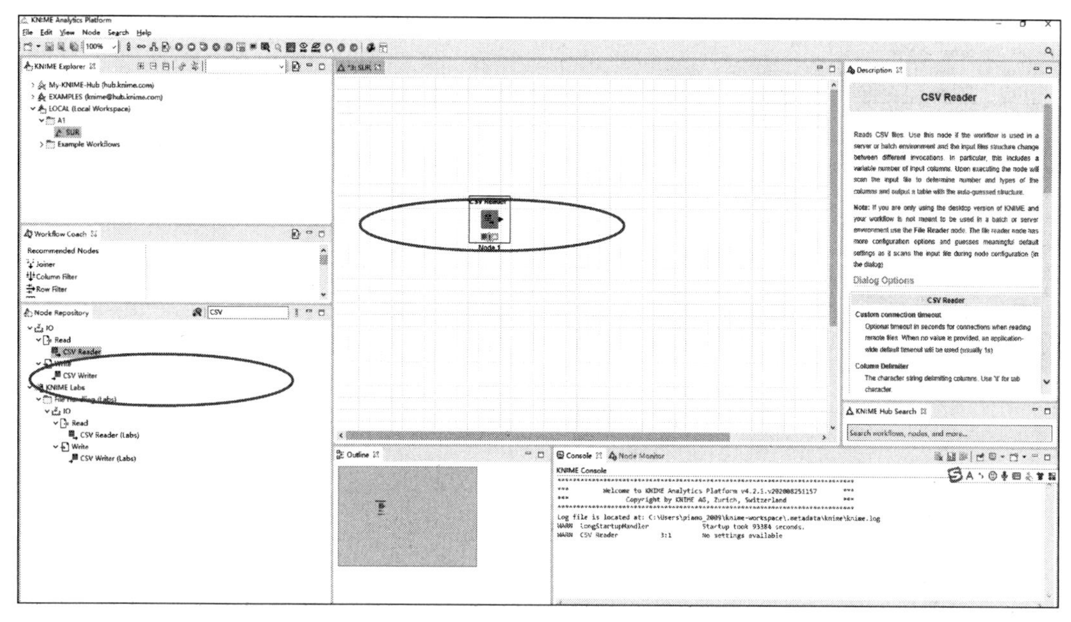

图 14.4　实验流程结果 2

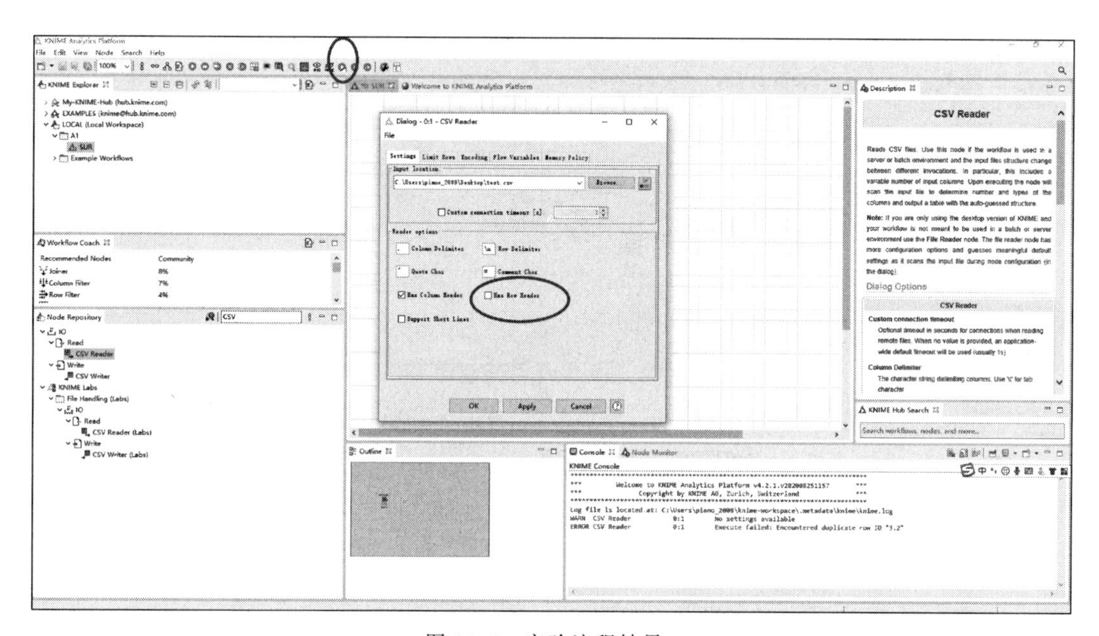

图 14.5　实验流程结果 3

(7) 单击散点图底部的 Column Selection 按钮,可以选择 X 与 Y 坐标抽代表的数据,如图 14.8 所示。

(8) 将原始输入数据划分为训练数据与测试数据。在工作流模块搜索栏中输入 Partitioning,找到 Partitioning 子模块,将该模块拖曳至整体处理工作流窗口中。双击该算子,设置 Relative 为 75(表示将 75%的原始数据作为训练数据集,25%的原始数据作为测试数据集),选中 Draw randomly(表示随机抽取上述的数据)单选按钮,如图 14.9 所示。

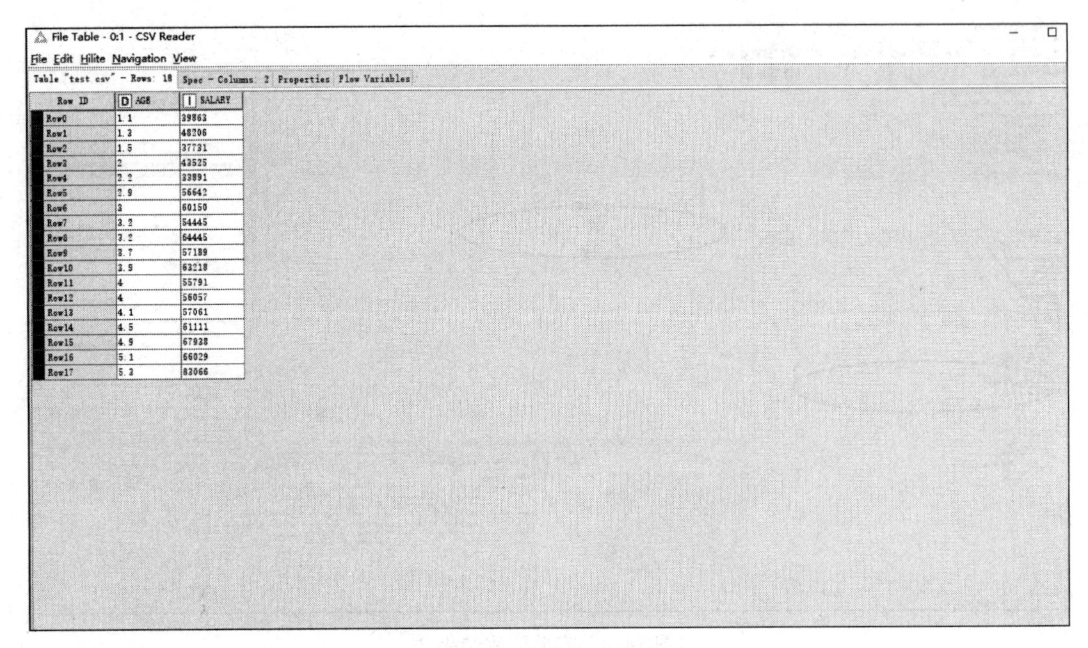

Row ID	AGE	SALARY
Row0	1.1	39863
Row1	1.3	48206
Row2	1.5	37731
Row3	2	43525
Row4	2.2	33891
Row5	2.9	56642
Row6	3	60150
Row7	3.2	54445
Row8	3.2	64445
Row9	3.7	57189
Row10	3.9	63218
Row11	4	55791
Row12	4	56057
Row13	4.1	57061
Row14	4.5	61111
Row15	4.9	67938
Row16	5.1	66029
Row17	5.3	83066

图 14.6　实验流程结果 4

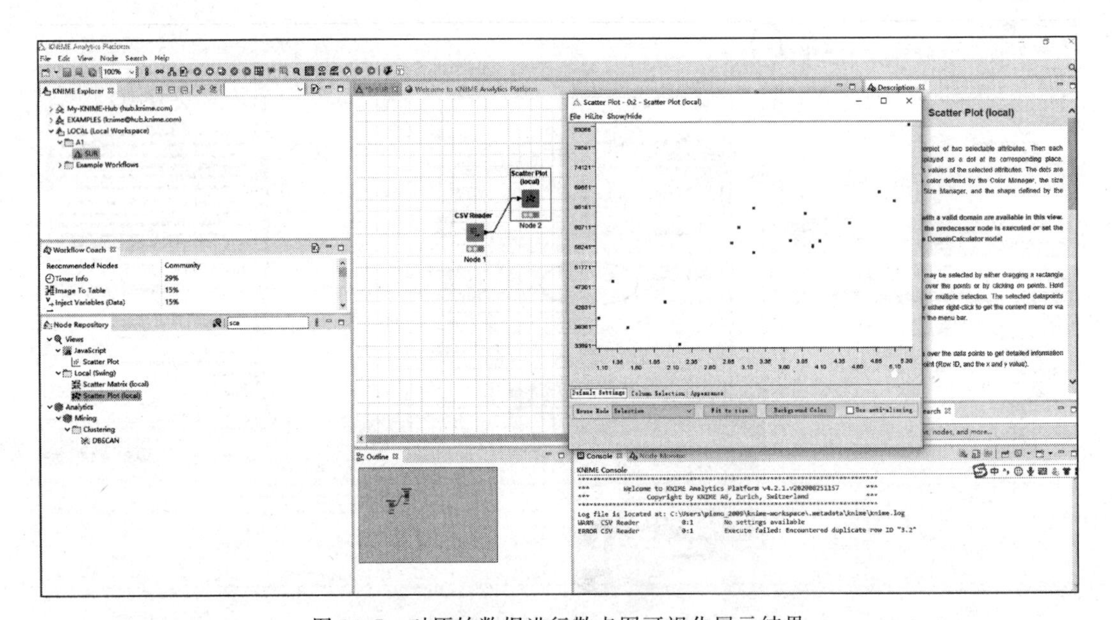

图 14.7　对原始数据进行散点图可视化展示结果

(9) 构建线性回归学习器。在工作流模块搜索栏中输入 Linear Regression Learner，找到 Linear Regression Learner 子模块，将该模块拖曳至整体处理工作流窗口中。将 Partitioning 算子最上面的数据输入(训练数据集)与右侧的 Linear Regression Learner 算子数据输入相连，如图 14.10 所示。

(10) 双击 Linear Regression Learner 算子，设置训练数据 X 为工作年限，Y 为年薪，如图 14.11 所示。

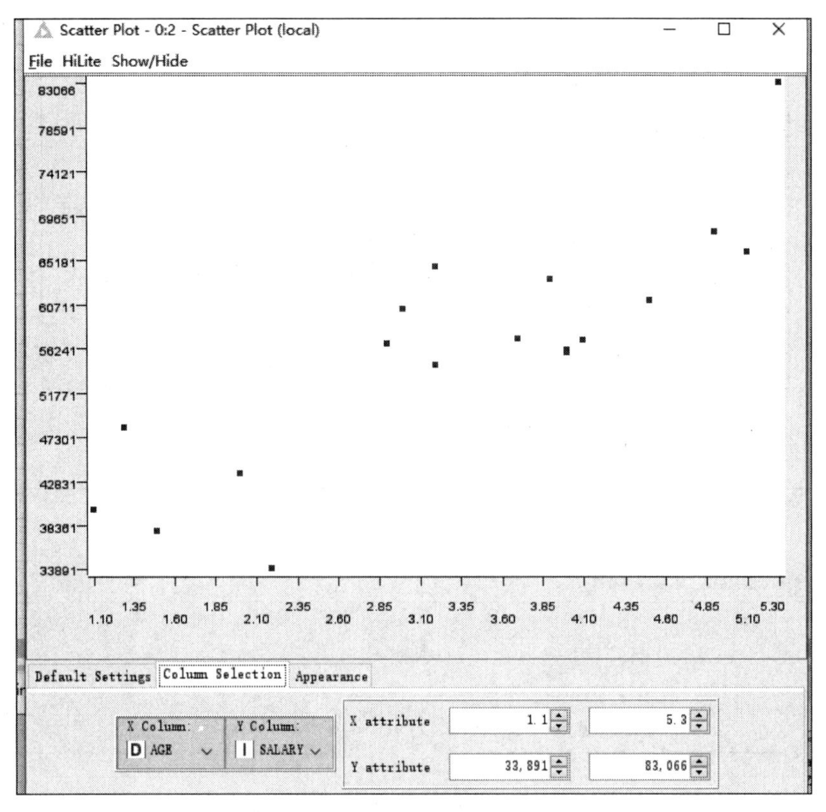

图 14.8　实验流程结果 5

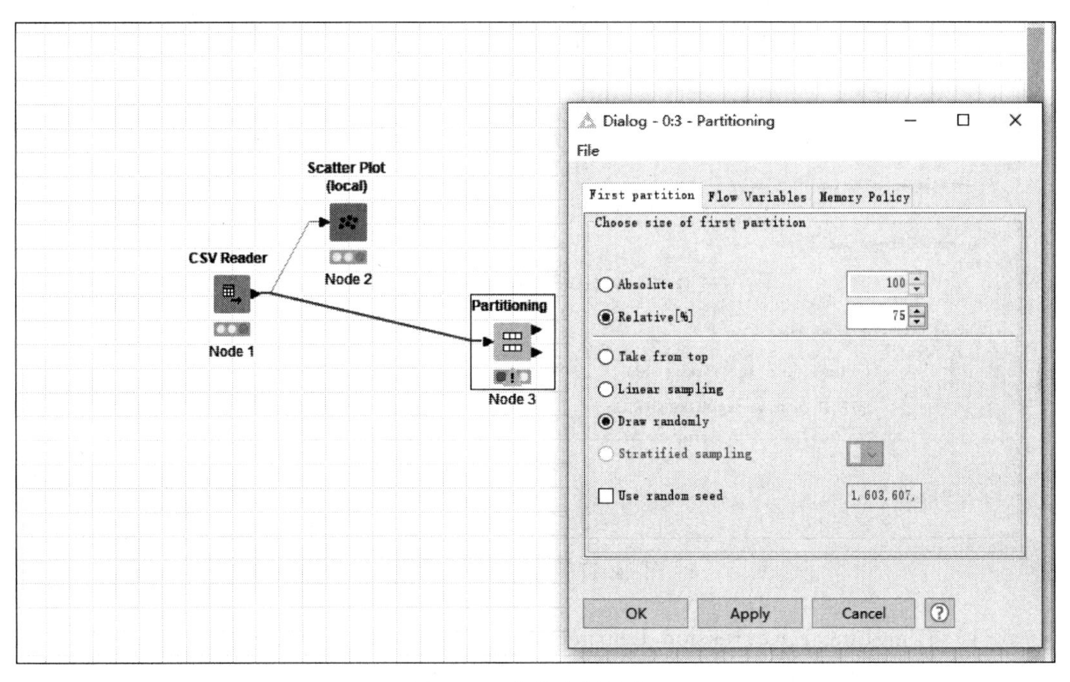

图 14.9　实验流程结果 6

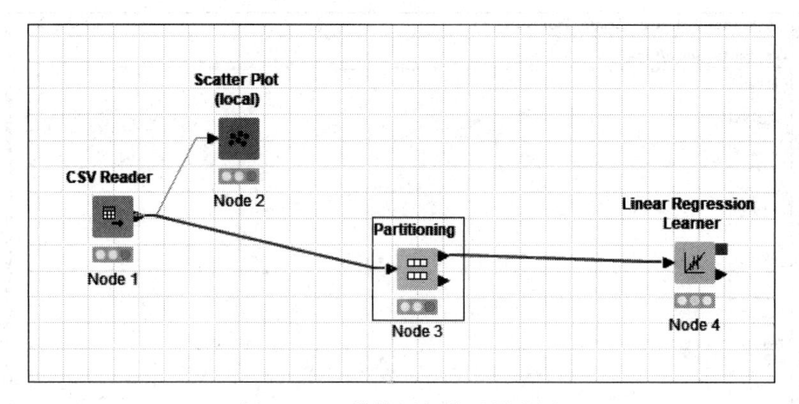

图 14.10 线性回归学习器流图

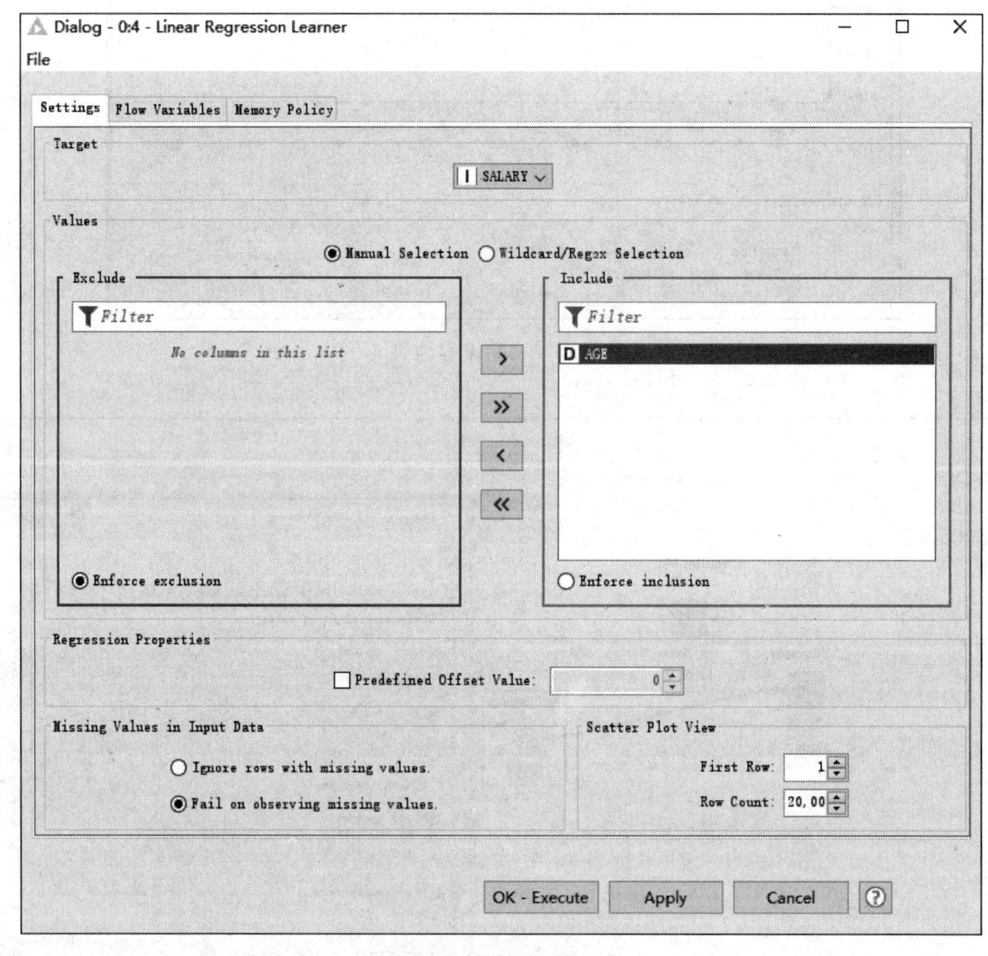

图 14.11 实验操作过程

(11) 右击 Linear Regression Learner 算子，选择 view：Linear Regression Learner result view 命令，进入分析结果展示窗口，如图 14.12 和图 14.13 所示。

R-Squared 越接近 1 越好，P value 越小越好，一般训练结果要小于 0.05。

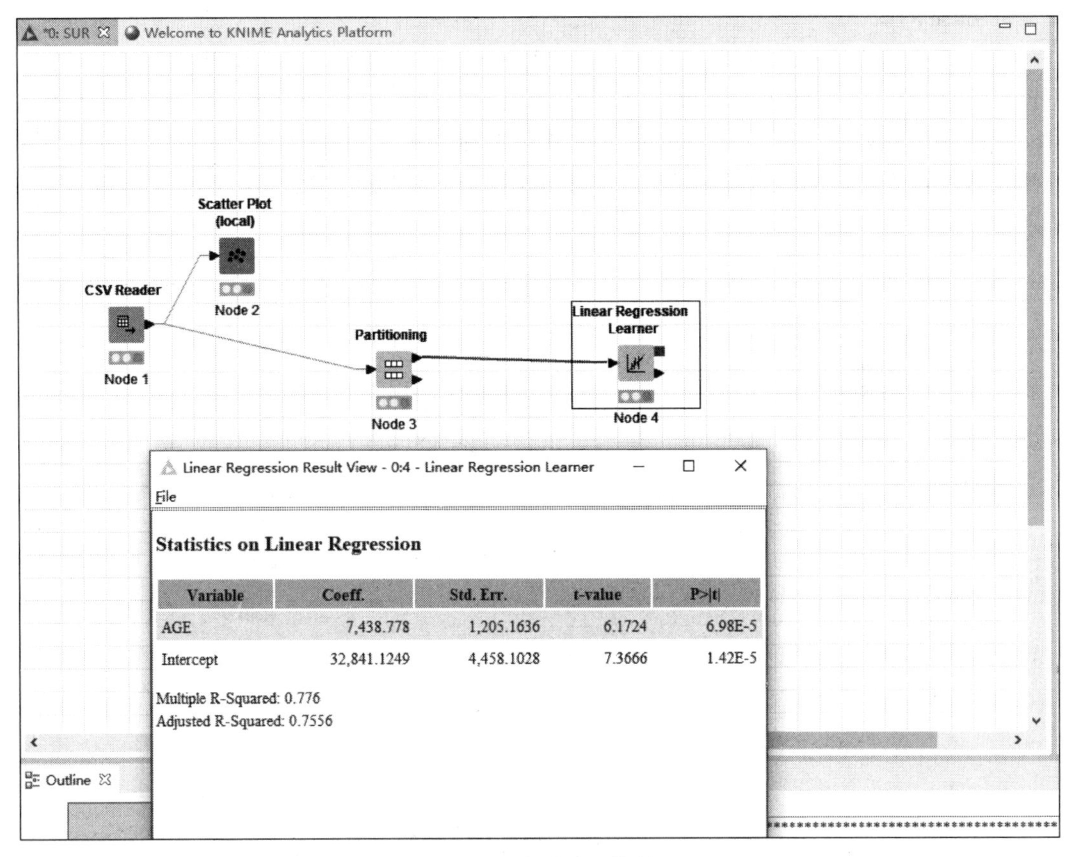

Variable	Coeff.	Std. Err.	t-value	P>|t|
AGE	7,438.778	1,205.1636	6.1724	6.98E-5
Intercept	32,841.1249	4,458.1028	7.3666	1.42E-5

图 14.12　实验流程结果 7

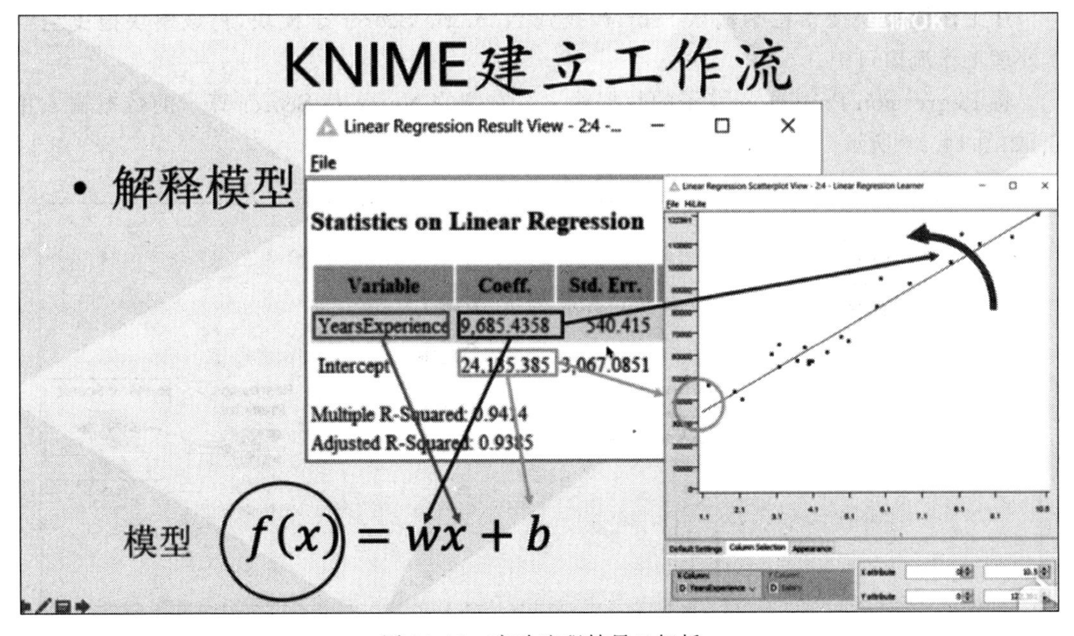

图 14.13　实验流程结果 7 解析

2. 模型测试

在工作流模块搜索栏中输入 Regression Predictor，找到 Regression Predictor 子模块，将该模块拖曳至整体处理工作流窗口中。将 Linear Regression Learner 算子最上面的 Moder 输入与右侧的 Regression Predicton 算子上面的输入相连，将 Partitioning 算子下面的测试数据输入与右侧的 Regression Predicton 算子下面的测试数据预测相连，如图 14.14 所示。

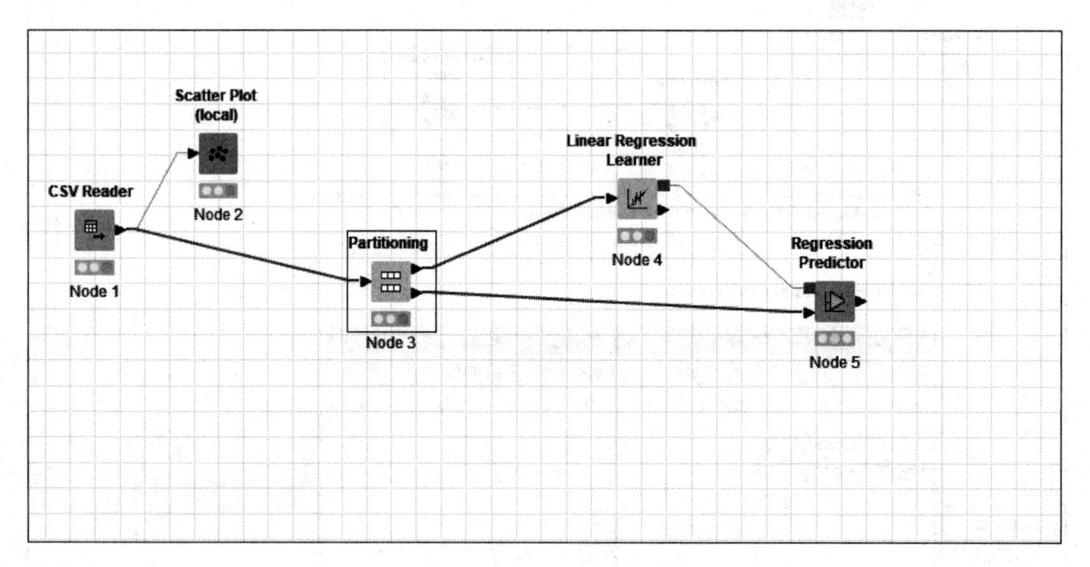

图 14.14　实验流程结果 8

3. 模型评价

在工作流模块搜索栏中输入 Scorer，找到 Numeric Scorer 子模块，将该模块拖曳至整体处理工作流窗口中。

将 Regression Predicton 算子的数据输出与右侧的 Numeric Scorer 算子的数据输入相连，如图 14.15 所示。

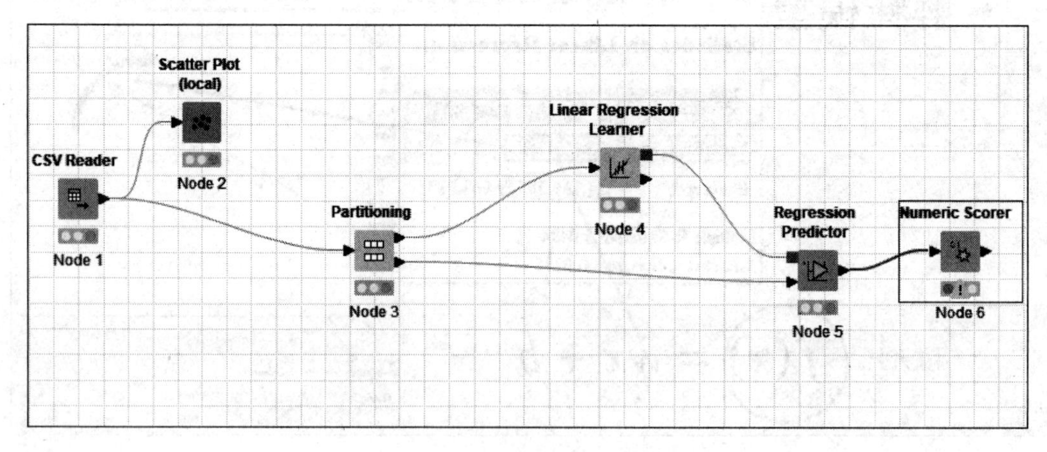

图 14.15　实验流程结果 9

双击 Numeric Scorer 算子，设置 Reference colum 为原始数据 salary，如图 14.16 所示。

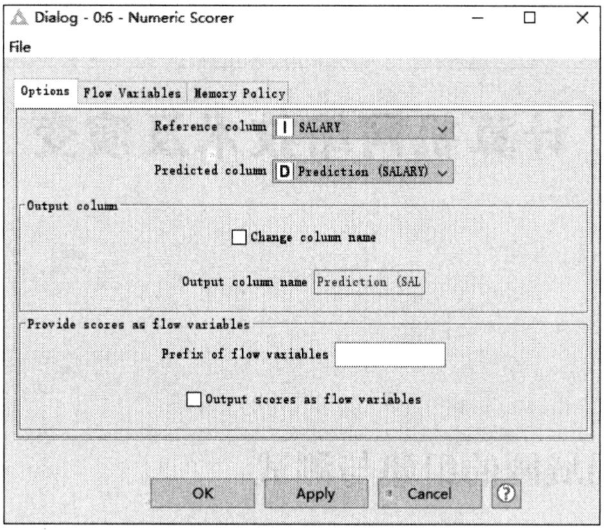

图 14.16　模型训练测试结构图

第六篇

计算机网络技术及演变

实验十五　局域网的组建与测试

一、实验目的

(1) 掌握简单局域网的组建方法。

(2) 掌握局域网中计算机网络属性的设置方法。

(3) 掌握查看计算机网络信息的常用命令。

(4) 掌握网络连通测试命令。

(5) 掌握网络远程控制的方法。

二、实验指导

1. 两台计算机组建小型局域网

计算机组建局域网方法主要有两种：①计算机通过双绞线连接到同一台交换机，可以组建局域网（一般采用直通双绞线），如图 15.1 所示；②两台计算机网卡直接互连组建局域网（一般采用交叉双绞线），如图 15.2 所示。

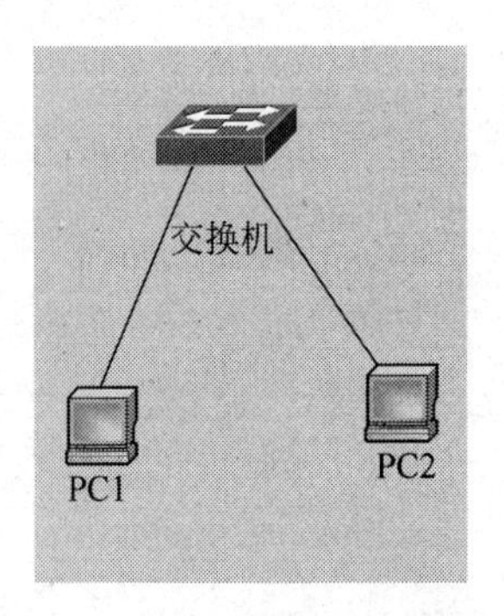

图 15.1　通过交换机组建局域网

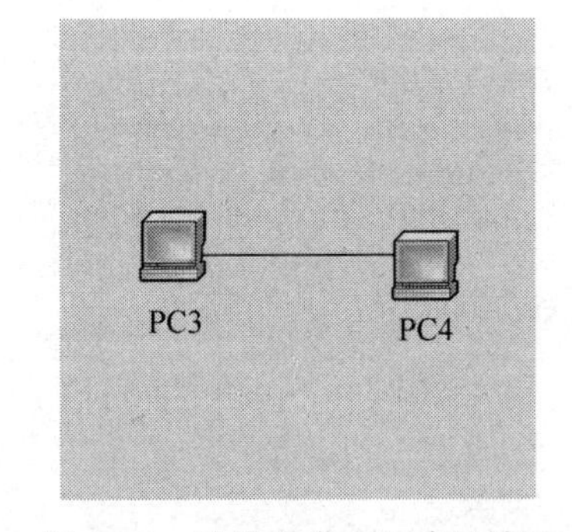

图 15.2　计算机直连组建局域网

2. 计算机网络属性设置

1) TCP/IP 设置

首先确认网卡及驱动程序已正确安装，并且通过传输介质（有线或无线）连接到局域网中，再安装 TCP/IP，确认该协议出现在“网络协议”列表框中，如图 15.3 所示。TCP/IP 参数设置有两种方式，一种是静态指定，另一种是动态获取。静态指定就是用手动方式将相应的参数一一填入，动态获取要求在局域网中存在一台 DHCP 服务器，并且该服务器已经提前设置好了 IP 地址池以及默认网关、DNS 等相关参数。

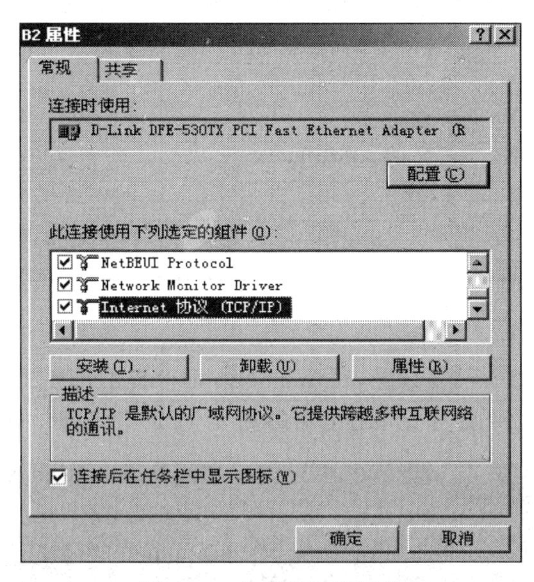

图 15.3 计算机网络属性

2) TCP/IP 属性设置

依次单击“控制面板”→“网络和拨号连接”→“本地连接”→“属性”→“Internet 协议(TCP/IP)”→“属性”，设置界面如图 15.4 所示。

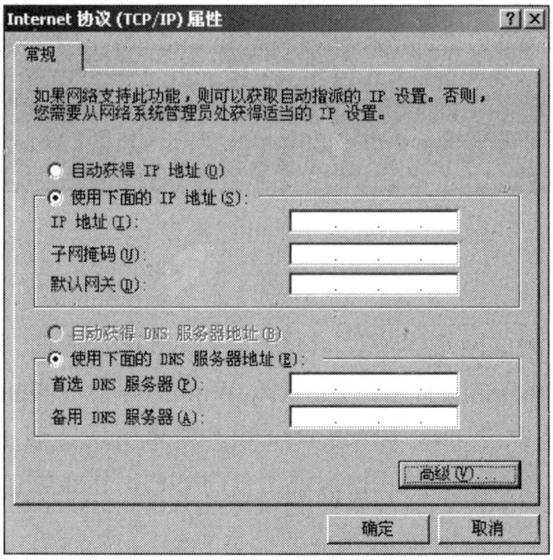

图 15.4 TCP/IP 属性设置

将两台计算机的 IP 地址分别设置为 192.168.0.2 和 192.168.0.10；子网掩码全部为 255.255.255.0。

3. 查看网络设置

在计算机上按 Win+R 键(或者打开“开始”→“运行”),出现“运行”对话框,输入 cmd,单击“确定”按钮,如图 15.5 所示,进入 Windows 命令提示符界面(DOS 操作界面)。

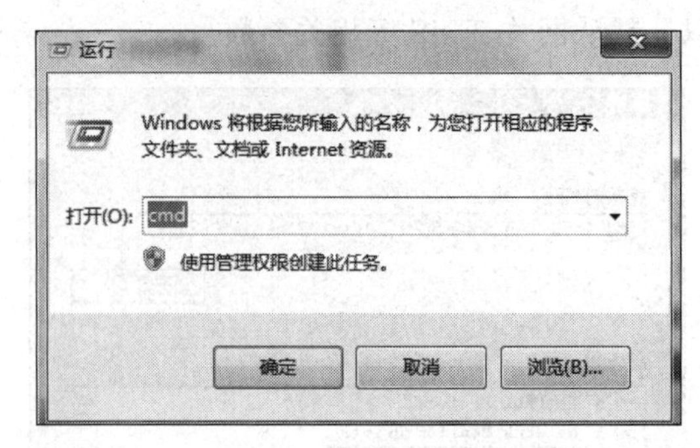

图 15.5　执行 cmd 命令

使用 ipconfig 命令查看网络设置,在 Windows 命令提示符界面完成。

(1) 执行 ipconfig 命令显示所有适配器的基本 TCP/IP 配置,如图 15.6 所示。

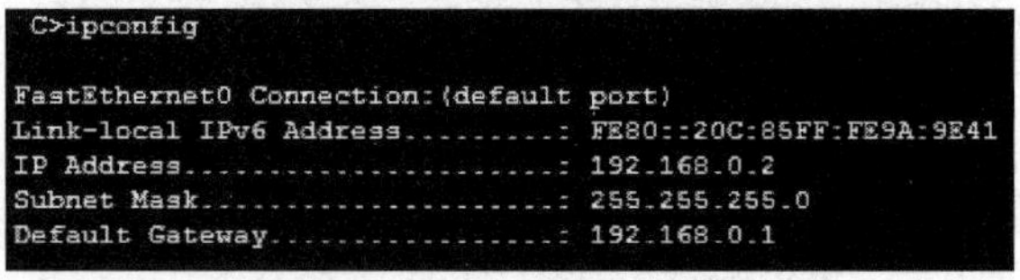

```
C>ipconfig

FastEthernet0 Connection:(default port)
Link-local IPv6 Address.........: FE80::20C:85FF:FE9A:9E41
IP Address......................: 192.168.0.2
Subnet Mask.....................: 255.255.255.0
Default Gateway.................: 192.168.0.1
```

图 15.6　ipconfig 命令

(2) 执行 ipconfig/all 命令显示所有适配器的完整 TCP/IP 配置,如图 15.7 所示。

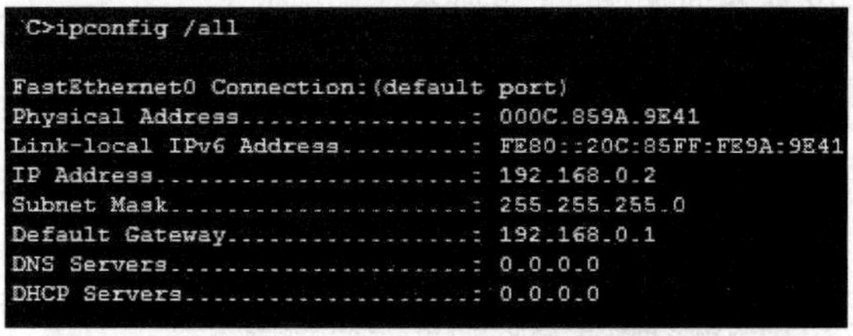

```
C>ipconfig /all

FastEthernet0 Connection:(default port)
Physical Address................: 000C.859A.9E41
Link-local IPv6 Address.........: FE80::20C:85FF:FE9A:9E41
IP Address......................: 192.168.0.2
Subnet Mask.....................: 255.255.255.0
Default Gateway.................: 192.168.0.1
DNS Servers.....................: 0.0.0.0
DHCP Servers....................: 0.0.0.0
```

图 15.7　ipconfig/all 命令

4. 测试网络连通性

使用 ping 命令可以测试网络连通性,判断是否能够正常通信。

在 IP 地址为 192.168.0.2 的计算机上进入 Windows 命令提示符界面。

在命令提示符后输入命令 ping 192.168.0.10。如果出现类似于“Replyfrom 192.168.0.10...”的回应,显示收到 32 字节回复用时,说明 TCP/IP 工作正常。最后显示的是测试统计结果:

```
Ping statistics for 192.168.0.10: Packets:Sent = 4,Received = 4,Lost = 0<0% loss>
```

即发送 4 个数据包,收到 4 个数据包,丢失 0 个数据包,丢包率为 0,以及发送时间最小时间、最大时间和平均时间,如图 15.8 所示。

```
C>ping 192.168.0.10

Pinging 192.168.0.10 with 32 bytes of data:

Reply from 192.168.0.10: bytes=32 time=1ms TTL=128
Reply from 192.168.0.10: bytes=32 time=1ms TTL=128
Reply from 192.168.0.10: bytes=32 time=0ms TTL=128
Reply from 192.168.0.10: bytes=32 time=0ms TTL=128

Ping statistics for 192.168.0.10:
    Packets: Sent = 4, Received = 4, Lost = 0 (0% loss),
Approximate round trip times in milli-seconds:
    Minimum = 0ms, Maximum = 1ms, Average = 0ms
```

图 15.8　ping 命令测试通信正常

在命令提示符后输入命令 ping 192.168.0.20，显示 Request timed out 的信息，说明双方的 TCP/IP 的设置可能有错、网络断网或者其他连接有问题。测试结果如图 15.9 所示。

```
C>ping 192.168.0.20

Pinging 192.168.0.20 with 32 bytes of data:

Request timed out.
Request timed out.
Request timed out.
Request timed out.

Ping statistics for 192.168.0.20:
    Packets: Sent = 4, Received = 0, Lost = 4 (100% loss),
```

图 15.9　ping 命令测试网络不通

练习使用网络测试 ping 命令。

(1) ping 127.0.0.1：本地主机 TCP/IP 是否正常。

(2) ping localhost：相当于 ping 127.0.0.1。

(3) ping *本机 IP 地址*：同上。

(4) ping *局域网内其他 IP 地址*：测试与局域网某 IP 地址设备的连通性。

(5) ping *网关 IP 地址*：测试 PC 与网关的连通性。

(6) ping *远程 IP 地址*：测试 PC 与远程设备的连通性。

(7) ping *主机域名*：如 ping www.baidu.com，测试与某网站的连通性。

5. 测试其他网络命令

(1) 执行 arp -a 命令显示所有端口的 ARP 缓存表。

(2) 执行 arp -a -n 192.168.0.2 命令显示 IP 地址为 192.168.0.2 的主机所有端口的 ARP 缓存表。

(3) 执行 netstat -e -s 命令显示以太网统计信息和所有协议的统计信息。

(4) 执行 netstat -s -p tcp 命令显示 TCP 的统计信息。

(5) 执行 route print 命令显示 IP 路由表的完整内容。

(6) 执行 net config 命令显示可配置服务的列表。

(7) 执行 net config workstation 命令显示本地计算机的当前配置。

(8) 执行 net help 命令提供 net 命令列表及帮助主题。

6. Windows 远程桌面

通过远程桌面可以方便地访问网络中的其他计算机资源，以下是远程桌面被访问端的设置。在“我的电脑”图标上右击，选择“属性”命令，在弹出的对话框中选择“远程”选项卡，如图 15.10 所示。

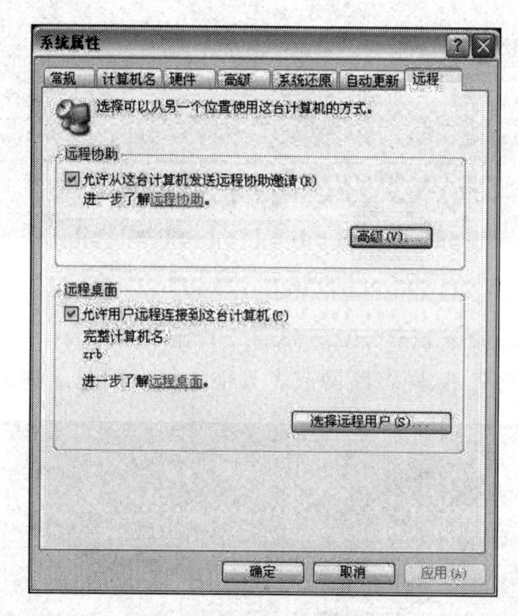

图 15.10 系统远程界面

选中"允许用户远程连接到这台计算机"复选框,单击"选择远程用户"按钮,在弹出的窗口中设置用于远程访问这台计算机的账号。为了安全,这些账号要有复杂的密码。另外,如果不选择用户,默认情况下管理员账号组的成员有远程访问这台计算机的权利。设置好账户后,单击"确定"按钮,这样被访问端就设置好了。其实这个功能是默认启用的,用户只需添加希望用于远程访问计算机的账户即可,如果不添加,用系统管理员的账户也可以进行远程连接访问。

访问端的使用:依次单击"开始"→"所有程序"→"附件"→"远程桌面连接",弹出如图 15.11 所示的窗口。

图 15.11 远程桌面连接界面

单击"连接"按钮,稍等片刻就连到了远程计算机上,这时被远程访问的计算机自动切换到登录界面,如图 15.12 所示,同时保持着当前账户的信息和程序。在访问端的计算机上,默认全屏显示,除屏幕上边有个水平的细长条外,其他和原来在被访问端看到的完全一样。试着打开"开始"菜单,然后打开几个应用、编辑处理程序。有时,若用户长时间未使用远程计算机,远程计算机将启动屏幕保护,再使用时会要求输入用户名、密码,用户登录后,可能会发现远程连接自动断开,这时会弹出窗口,提示远程计算机已由另外的管理者接管。依照上面的步骤，同样可返回到刚才的状态，程序依旧打开，正常运行。

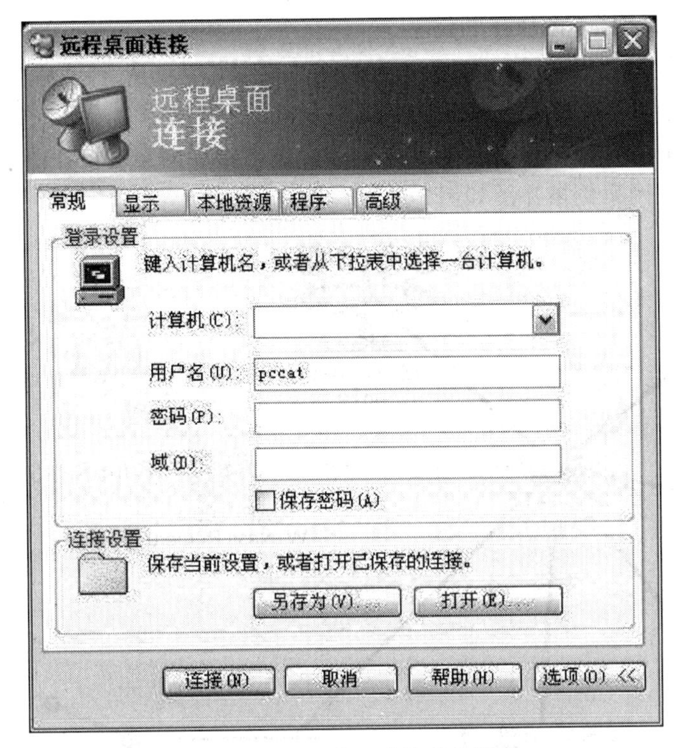

图 15.12　远程桌面连接登录界面

三、实验内容

(1) 进行简单的局域网组建，实现计算机之间的互连。

(2) 对计算机进行网络属性设置，设置 IP 地址、子网掩码、网关以及 DNS 等参数，理解 IP 地址的分类、掌握 Internet 协议(TCP/IP)属性设置方法。

(3) 使用 ipconfig 命令查看计算机网络设置，了解当前计算机的 TCP/IP 配置信息。

(4) 测试网络连通性，掌握 ping 命令的使用，测试 TCP/IP 是否安装正确、网卡工作是否正常，局域网内部是否互通，局域网计算机与外网是否互通。

(5) 测试 arp-a、netstat-s、route print、net config 等其他网络命令，了解网络的运行情况。

(6) 进行计算机远程桌面连接，实现远程访问计算机资源。

实验十六　物联网应用案例模拟实验

一、实验目的

(1) 学习使用 Cisco Packet Tracer 环境。

(2) 掌握在 Cisco Packet Tracer 环境下绘制物联网应用的简单拓扑。

(3) 掌握在 Cisco Packet Tracer 环境下物联网 IoT 终端设备的简单配置和 IoT 设备的互联操作模拟实验。

二、实验指导

1. 安装与启动 Cisco Packet Tracer

实验需要安装 Cisco Packet Tracer 环境，首次登录输入 guest，然后在界面右下角单击 Confirm Guest 按钮启动该软件的试用版本，并做相对应的实验。

2. 试用 Cisco Packet Tracer 绘制简单的风力发电物联网案例拓扑图

风力发电物联网案例拓扑图如图 16.1 所示。

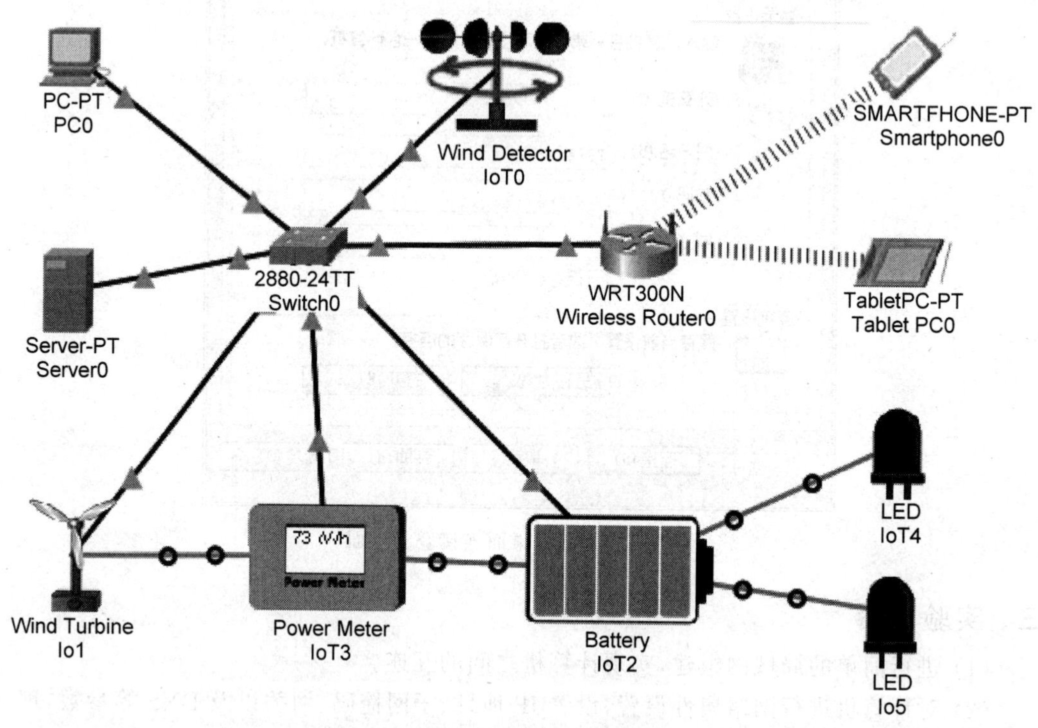

图 16.1　风力发电物联网案例拓扑图

实验步骤如下。

（1）选择交换设备。

（2）选择物联网服务器设备。

（3）选择路由设备。

（4）选择无线设备。

（5）选择物联网终端设备。

（6）配置参考如下。

① 物联网服务器设备配置 IoT 服务器用户账户。

② 所有设备选择 DHCP 配置网络地址。

③ 物联网所有终端设备配置连接 IoT 服务器。

（7）配置完成后，通过用户终端设备对物联网终端设备进行相应的管理。

三、实验内容

本实验完成风力发电物联网案例具体步骤如下。

1. 启动 Cisco Packet Tracer(以下简称 PT)

安装完成后,单击桌面或者任务栏上的 PT 快捷方式,进入 PT 的启动界面,如图 16.2 所示。单击 Guest Login,等待 15s 后单击 Guest Confirm,将 PT 的主界面打开,如图 16.3 所示。

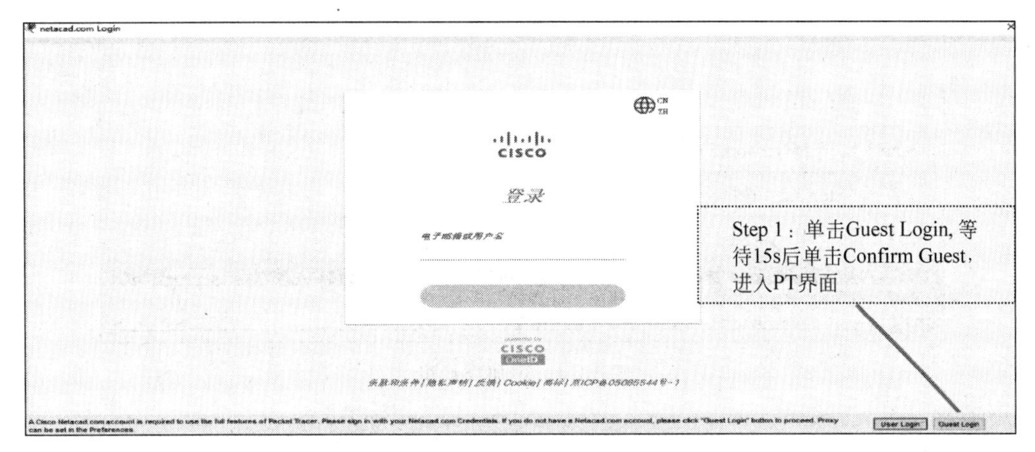

图 16.2　PT 的启动界面

2. PT 的主界面

如图 16.3 所示,PT 主界面包含菜单栏、快捷图标栏、主设计区和设备区。主设计区右上角有环境参数查看和设置按钮。

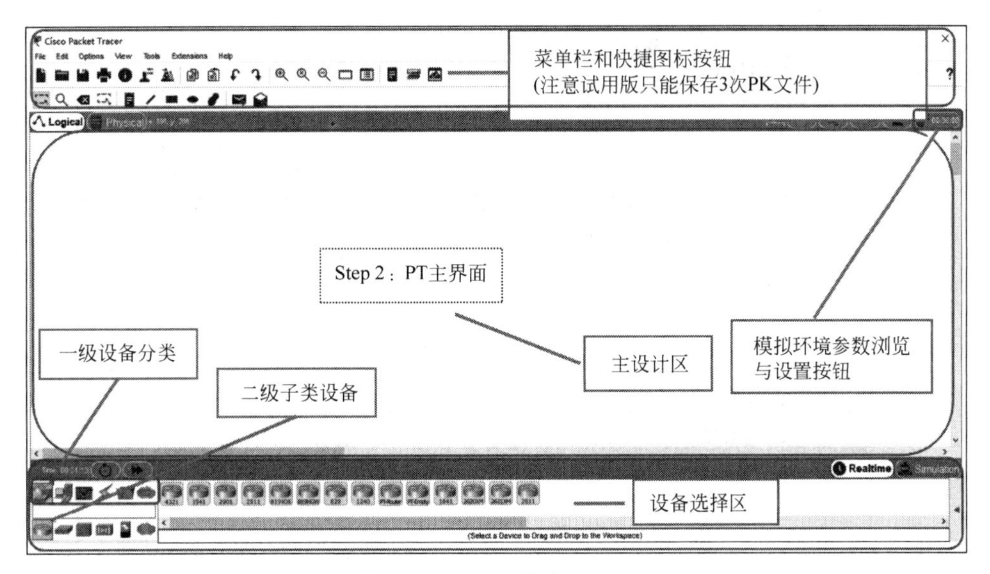

图 16.3　PT 的主界面

3. 添加设备

在设备栏中,添加实验所需设备,如图 16.4 所示,按步骤先添加交换机。

如图 16.5 所示,添加物联网应用的管理设备,有服务器、PC 以及平板电脑和手机等移动设备。其中移动设备需要添加无线路由器,路由器和移动设备之间自动生成逻辑连接虚线。实际应用中移动设备可使用 NB-IoT 或者 4G/5G 制式 SIM 卡等。

添加物联网的各类终端设备,并进一步调整设备图标的分布,如图 16.6 所示。

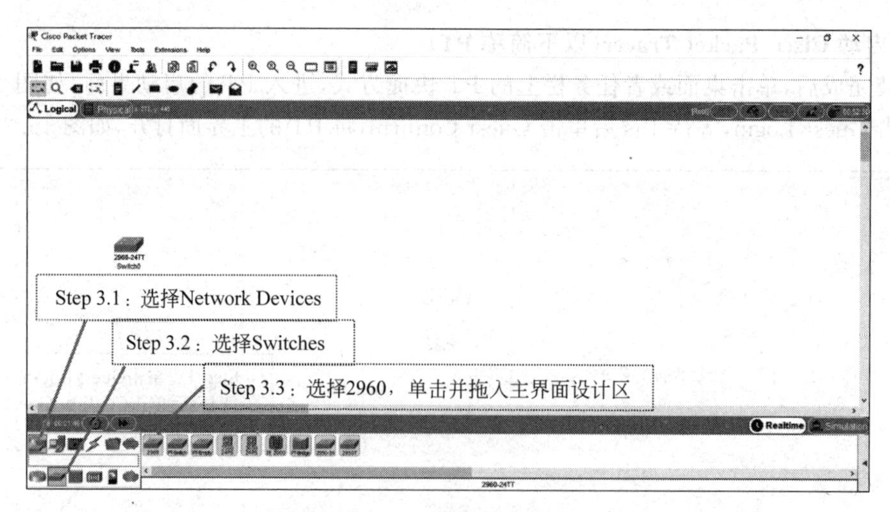

图 16.4 添加交换机

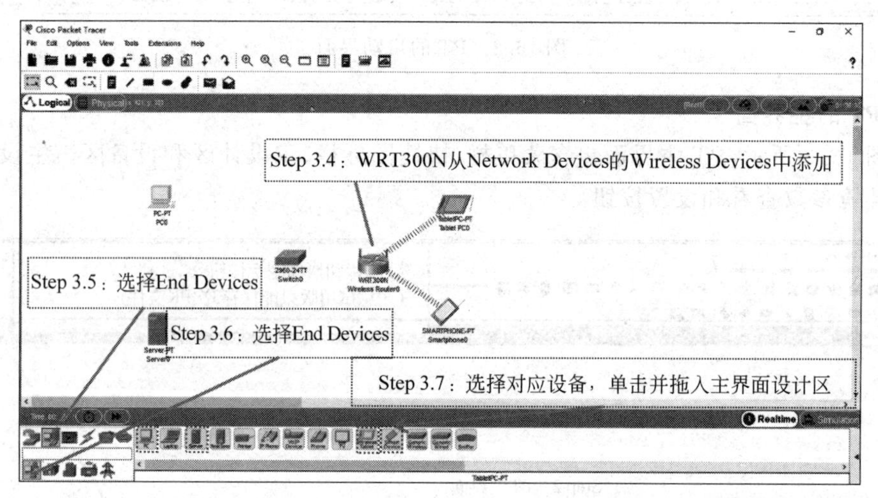

图 16.5 添加管理终端设备和无线路由器 1

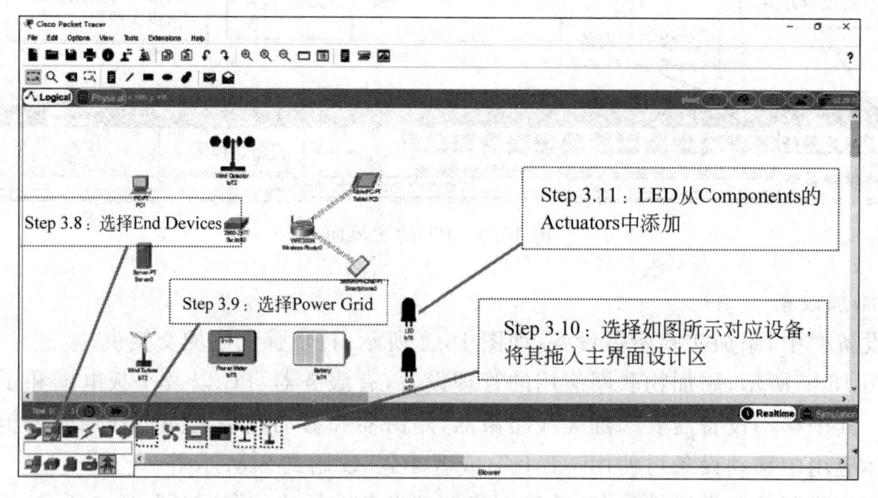

图 16.6 添加管理终端设备和无线路由器 2

4. 连接设备

将设备以 Connections→Copper Straight-Through 方式连接到交换机，除交换机与无线路由器连接外，其他的网络设备采用以太网互联的方式连接到交换机，如图 16.7 所示。

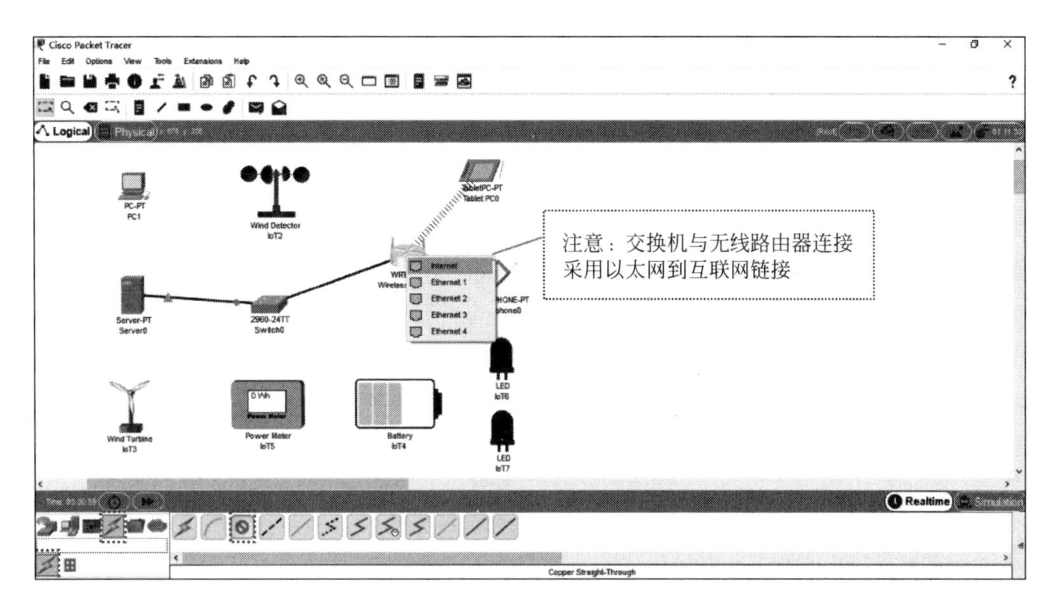

图 16.7　网络设备连接

物联网设备采用 Connections→IoT Custom Cable 方式互联，如图 16.8 所示，设备的输入/输出端口参考设备说明，PT 会自动提示。

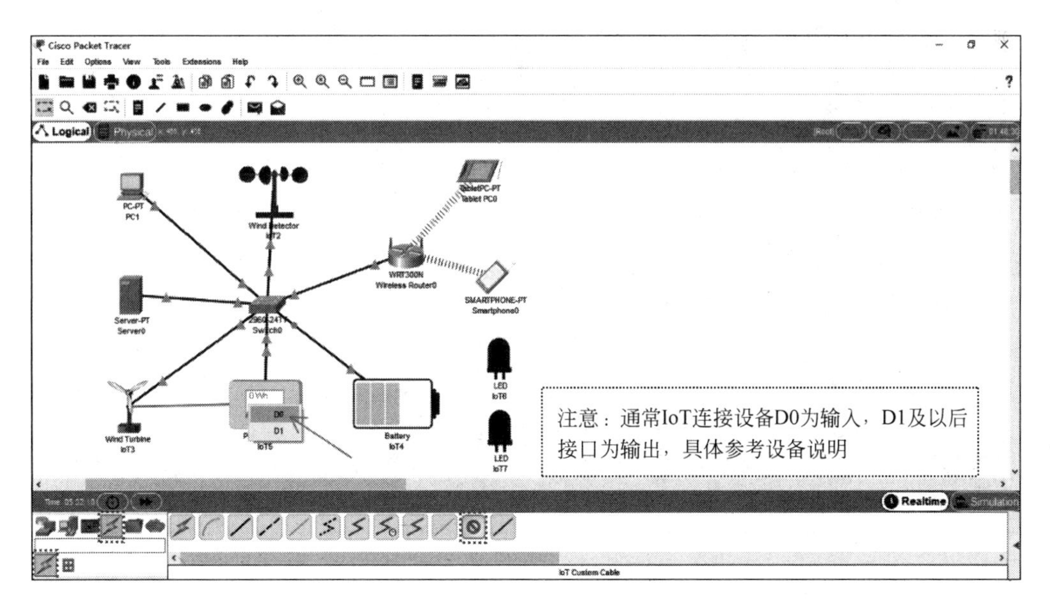

图 16.8　物联网设备间的互联

风力发电物联网的拓扑图和设备连接完成，如图 16.9 所示。

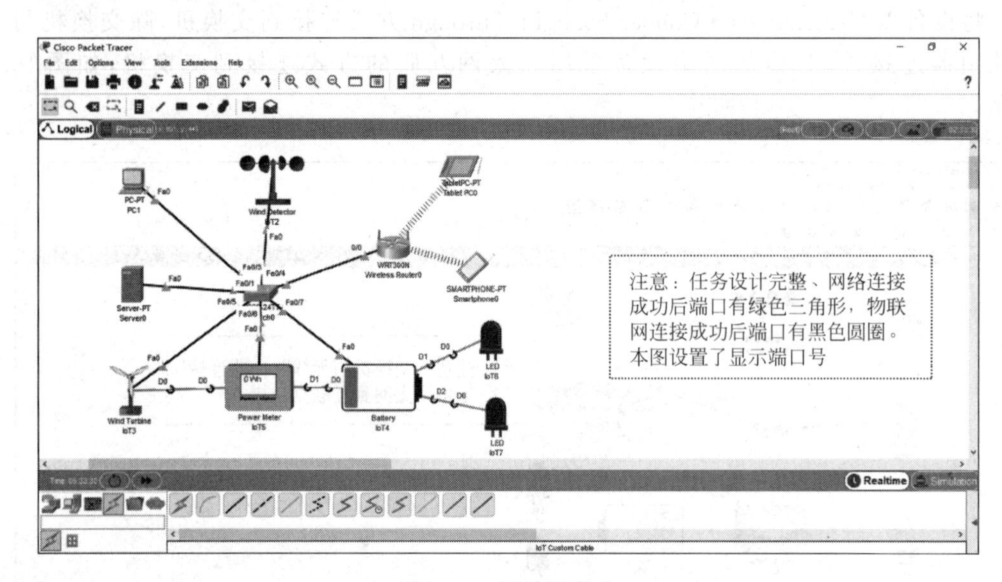

图 16.9　拓扑图完成

5. 配置服务器

双击服务器图标，进入服务器配置界面，如图 16.10 所示。

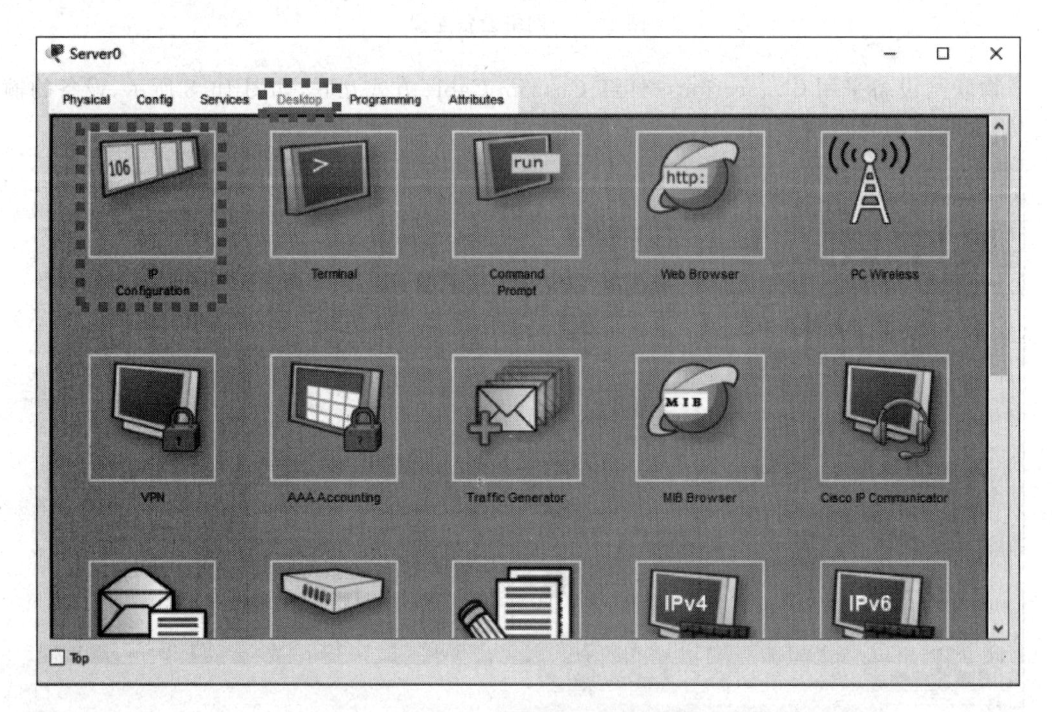

图 16.10　服务器配置界面

在 Desktop 选项卡中选择 IP Configuration，配置服务器的静态 IP 地址为 10.1.1.1，如图 16.11 所示。

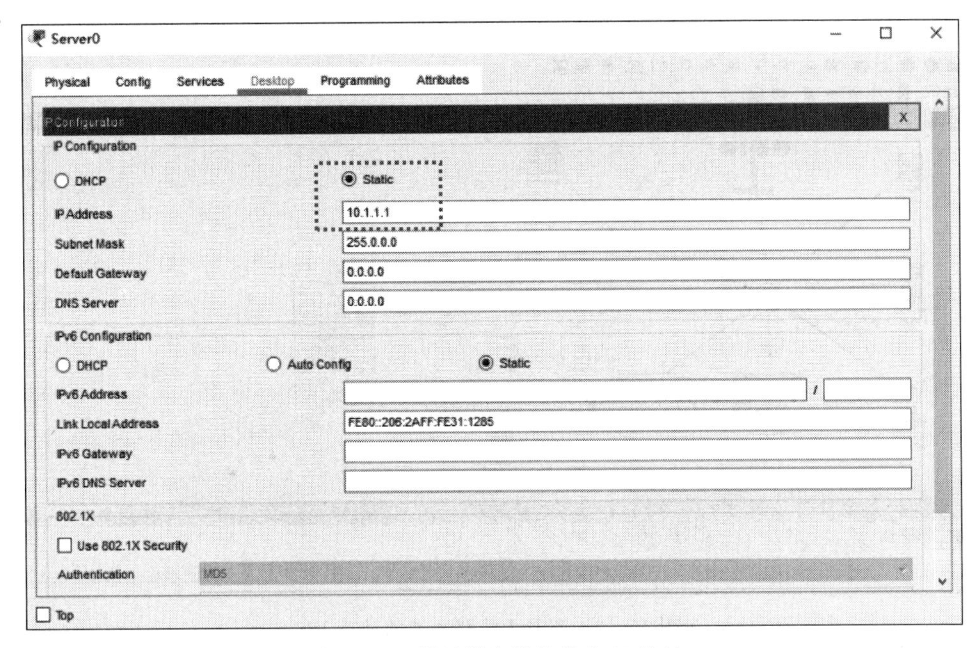

图 16.11　设置服务器的静态 IP 地址

在 Services 选项卡中选择 DHCP，具体配置如图 16.12 所示。然后选择 IoT，设置服务器注册允许为 On。

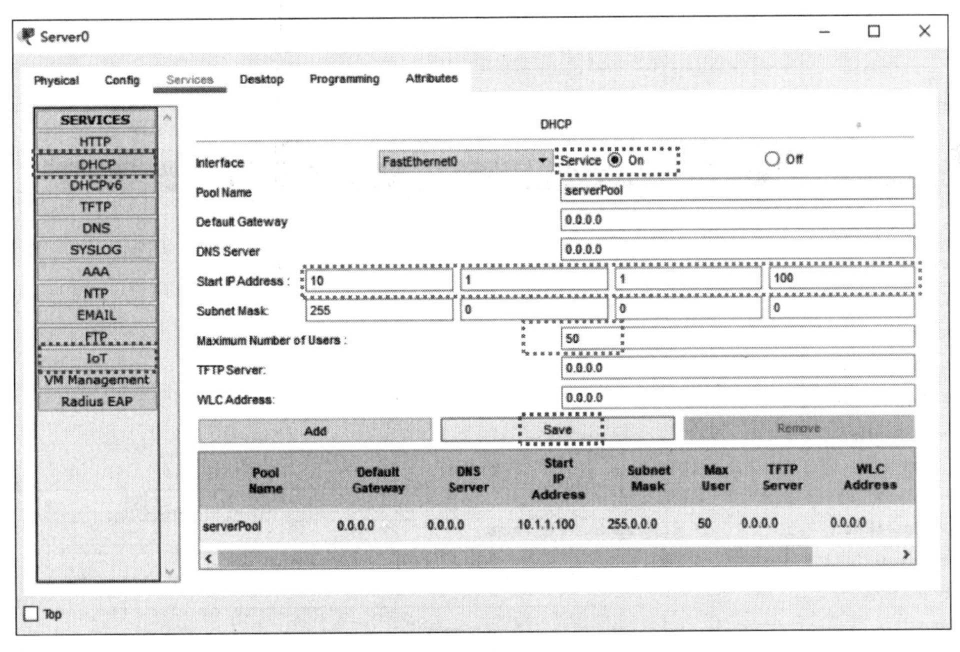

图 16.12　配置 DHCP

如图 16.13 所示，查看无线路由器的动态 IP 地址，若不在允许的 IP 地址范围内，需要重新设置为使用 DHCP 获得地址。

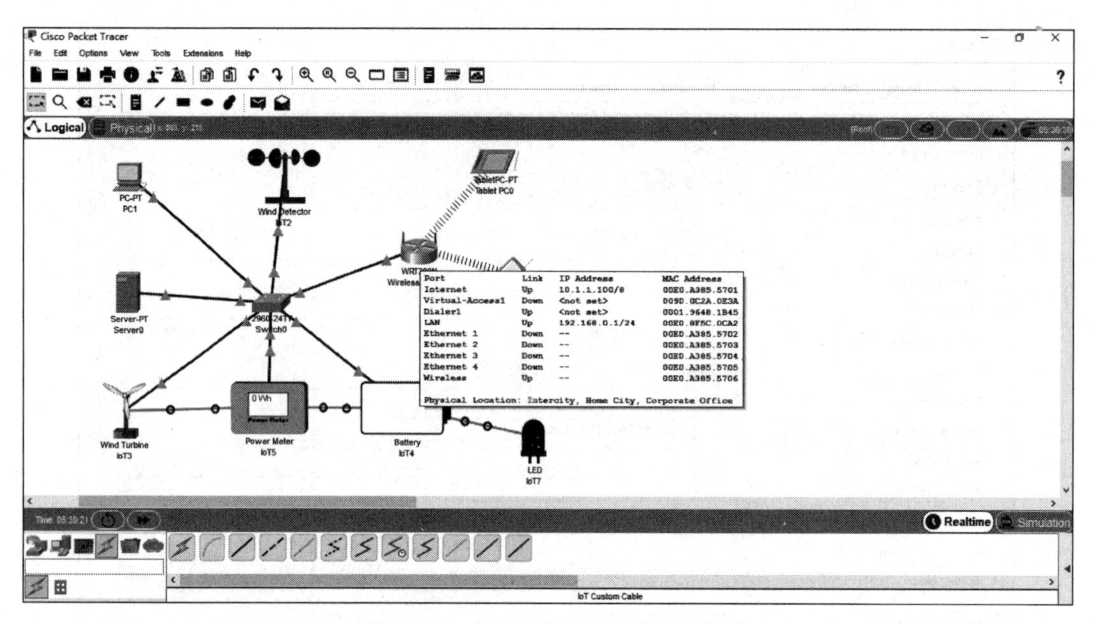

图 16.13　查看无线路由器的动态 IP

6. 配置物联网管理终端

以 PC 为例，双击 PC 图标，在 Desktop 选项卡中配置 IP Configuration，如图 16.14 所示。在 Desktop 选项卡中，选择 IoT Monitor，如图 16.15 所示，将地址设置为前面服务器的静态 IP 地址，并单击 Login 按钮。本例服务器地址设置为 10.1.1.1。

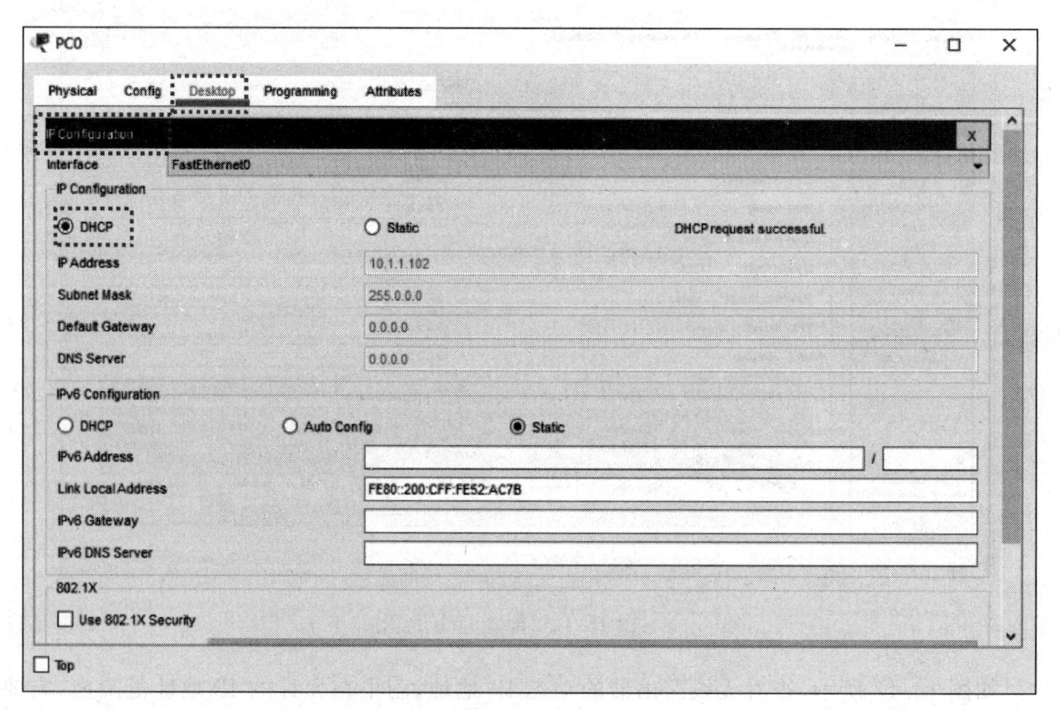

图 16.14　设置 PC 端的动态 IP 地址

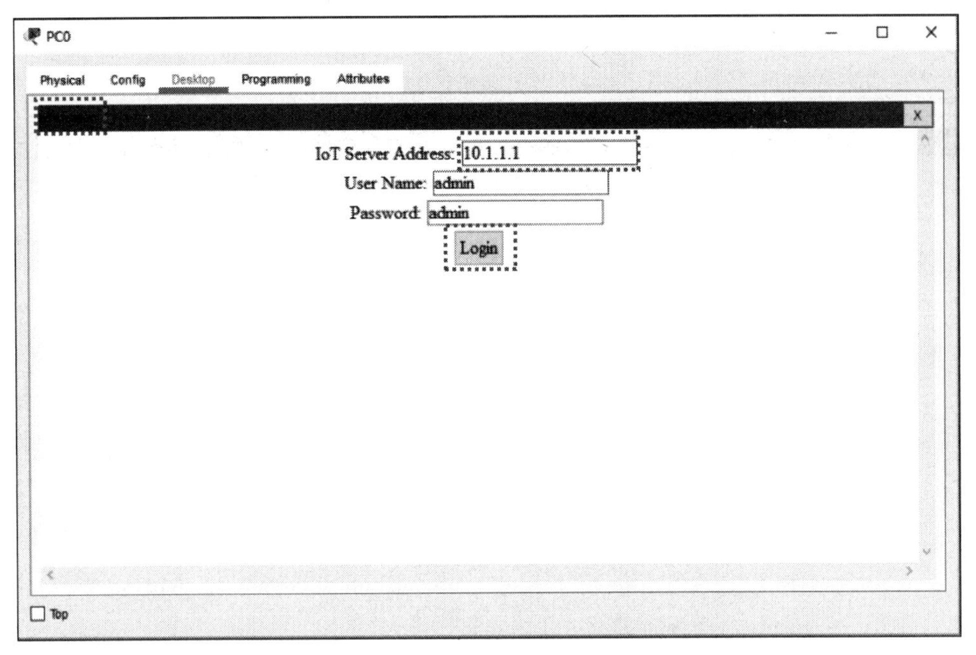

图 16.15 查看 PC 端的 IoT 监控功能

如图 16.16 和图 16.17 所示，需要新注册一个服务器的 IoT 监控账号和密码，本例均为 admin。

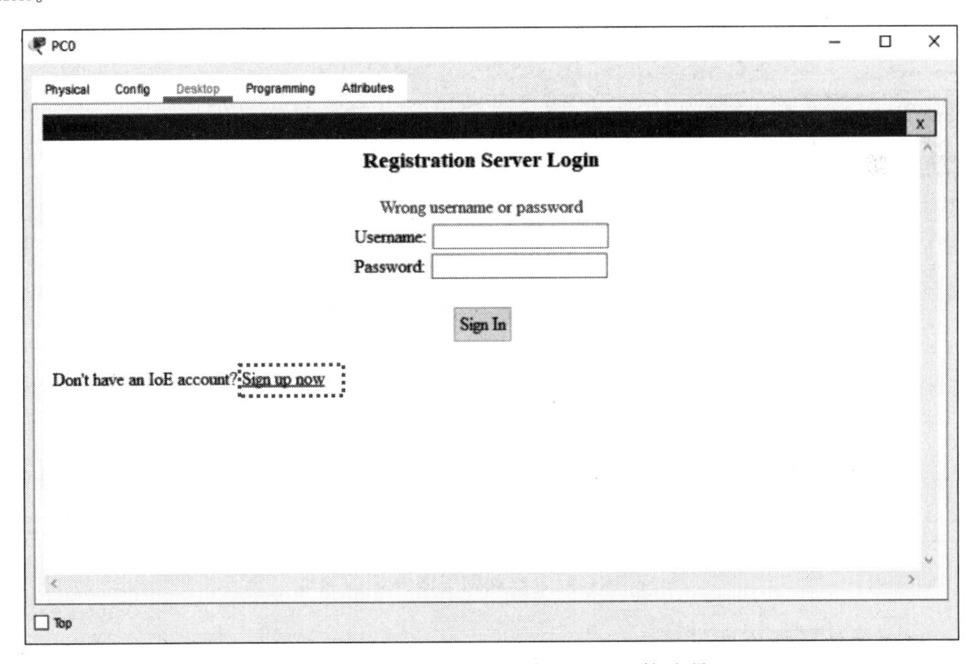

图 16.16 重新注册 PC 端的 IoT 监控账号

7. 配置物联网设备终端

双击物联网终端设备，如本例中的电力检测设备、风机、电力检测、电池等，并分别按图 16.18 所示界面完成设置。

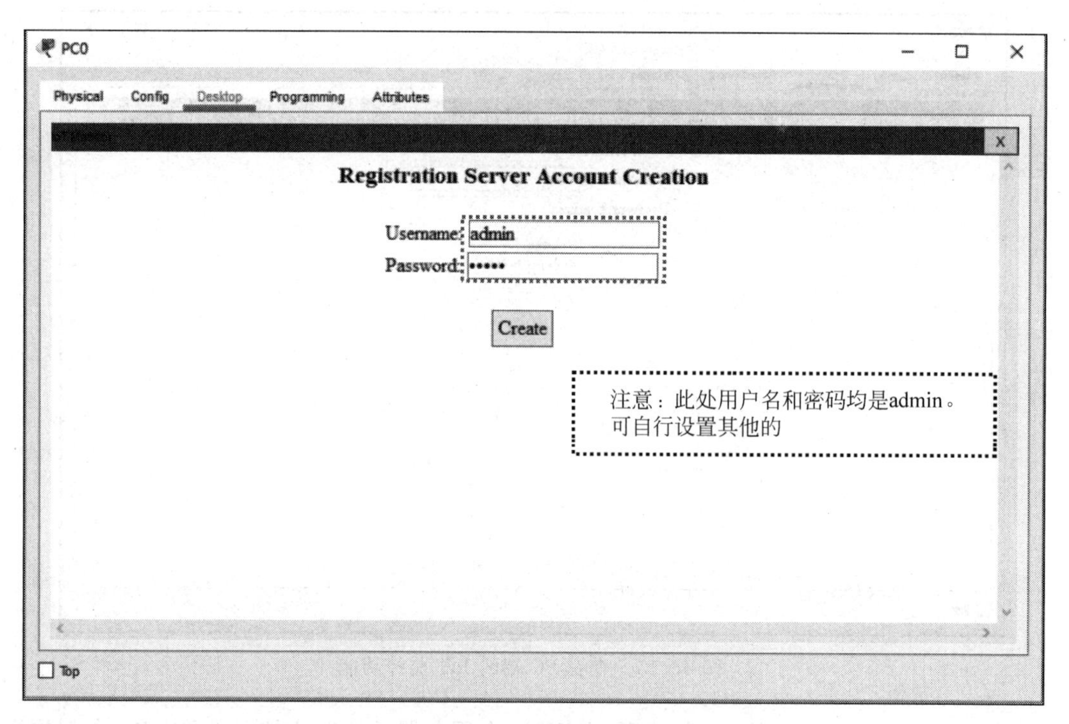

图 16.17　设置 PC 端的 IoT 监控账户的用户名和密码

图 16.18　配置物联网设备终端的网络

8. 模拟环境参数设置

为了达到更好的风力发电效果，通常需要设置模拟环境参数。单击主设计界面的右上角的模拟环境参数浏览与设置按钮（见图 16.3），进入浏览和编辑界面，如图 16.19 和图 16.20 所示。

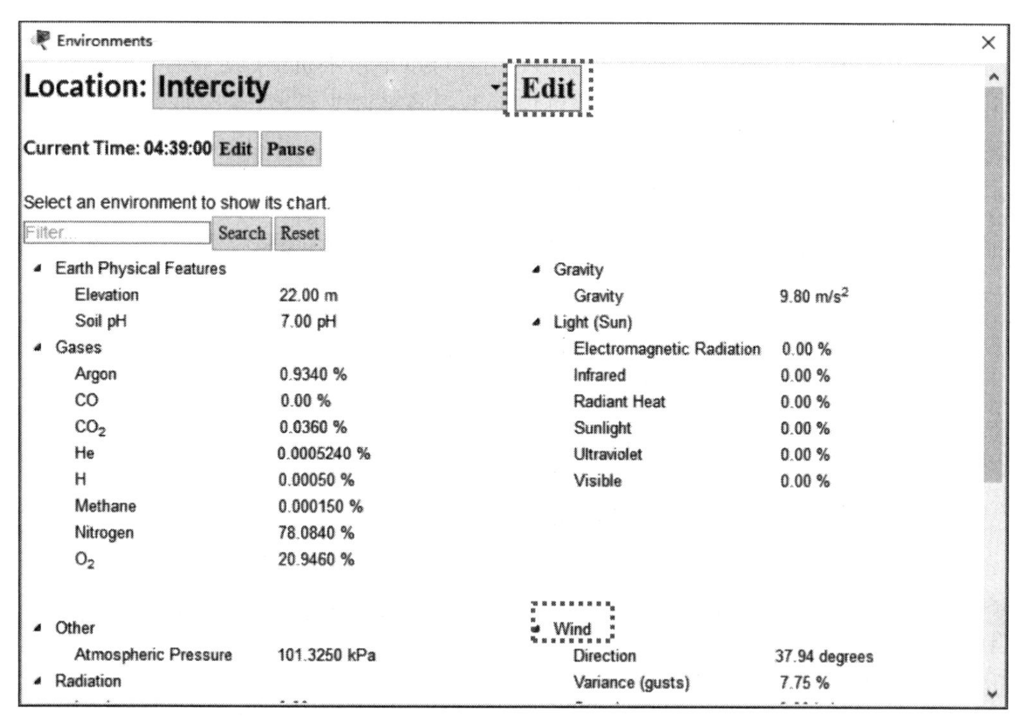

图 16.19　查看模拟实验的环境参数

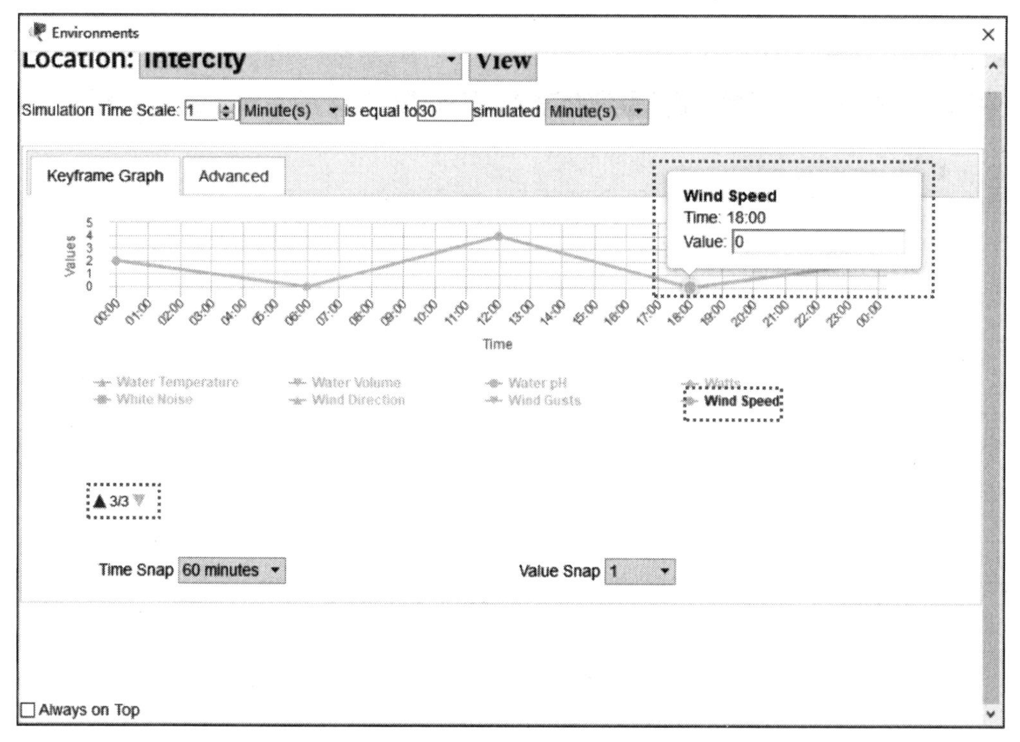

图 16.20　设置模拟实验环境的风速参数

9. 模拟实验运行结果

图 16.21 所示为系统运行时的状态。IoT 用户可以单击手机端(或 PC、平板电脑)查看各个 IoT 设备的状态,同时可以控制一些可控 IoT 设备来调节系统运行,如图 16.22 所示。

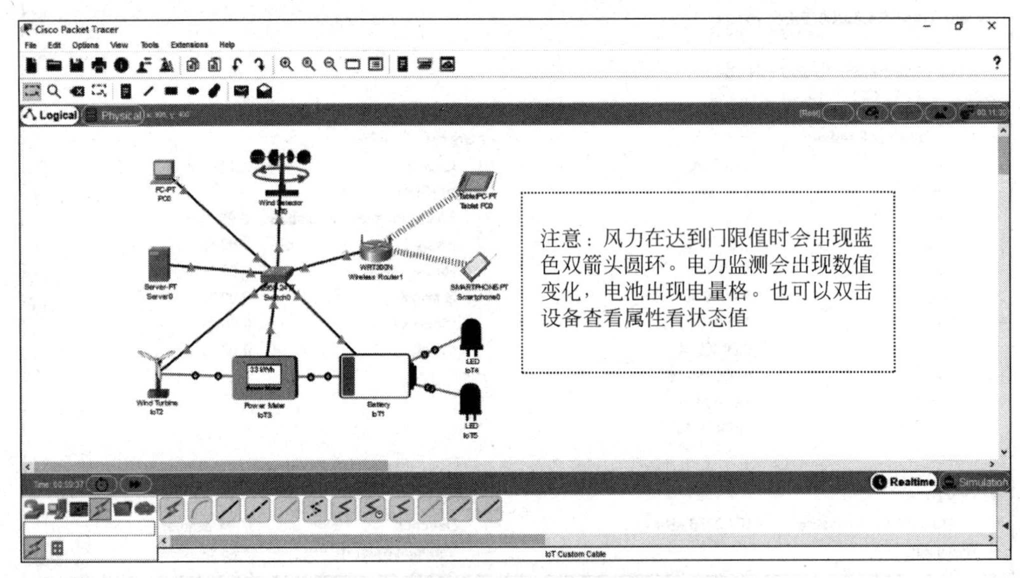

图 16.21 实验完成的动态拓扑效果图

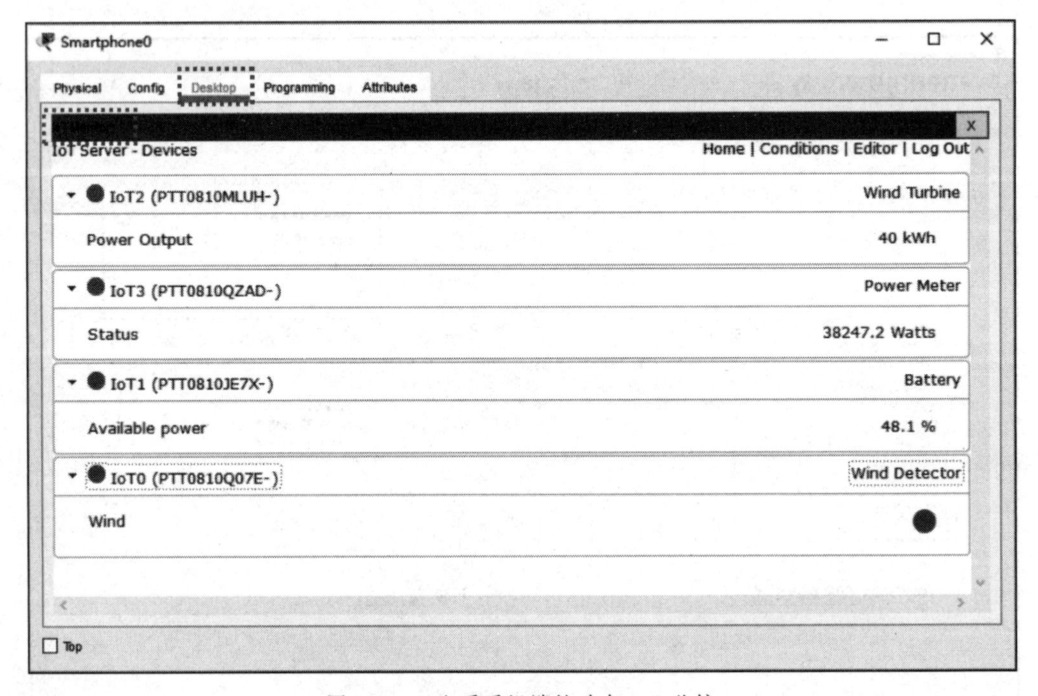

图 16.22 查看手机端的动态 IoT 监控

第七篇

信 息 安 全

实验十七　文件加密

一、实验目的

（1）了解文件加密的基本原理。

（2）能够使用 Word 文档加密功能或专用文件加密软件加密与解密文件。

二、实验指导

对文件或信息加密主要有两种方式：①使用文件加密软件或工具来实施加与解密；②自己编写程序，选择所使用的加密算法和加密密钥，实现文件或信息的加密与解密。对于任意类型的加密文件或信息，如果需要对其进行解密，一方面可以使用相关的软件或工具；另一方面可以通过猜测所使用的加密算法及加密密钥，编写相应的程序来实施。

1. Word 文档加密

Word 文档是最常用的文档类型之一，下面以 Word 文档加解密为例，介绍 Word 所提供的文档加解密功能。这里以 Word 2016 为例进行介绍。

对 Word 文档加密的步骤如下。

（1）打开需要加密的 Word 文档。

（2）单击“文件”菜单。

（3）选择“信息”，单击“保护文档”，选择“用密码进行加密”，如图 17.1 所示。

（4）输入密码并单击“确定”按钮，如图 17.2 所示。

（5）再次输入密码并单击“确定”按钮，如图 17.3 所示。

注意：上面输入的密码并不是用于加密文件内容所用的密钥，密码只是用于保护或恢复加密所用的密钥，加密文件所用的密钥是由系统随机生成的。

文档加密后，显示如图 17.4 所示。

（6）保存文件，加密完成。

对 Word 文档解密或取消密码的步骤如下。

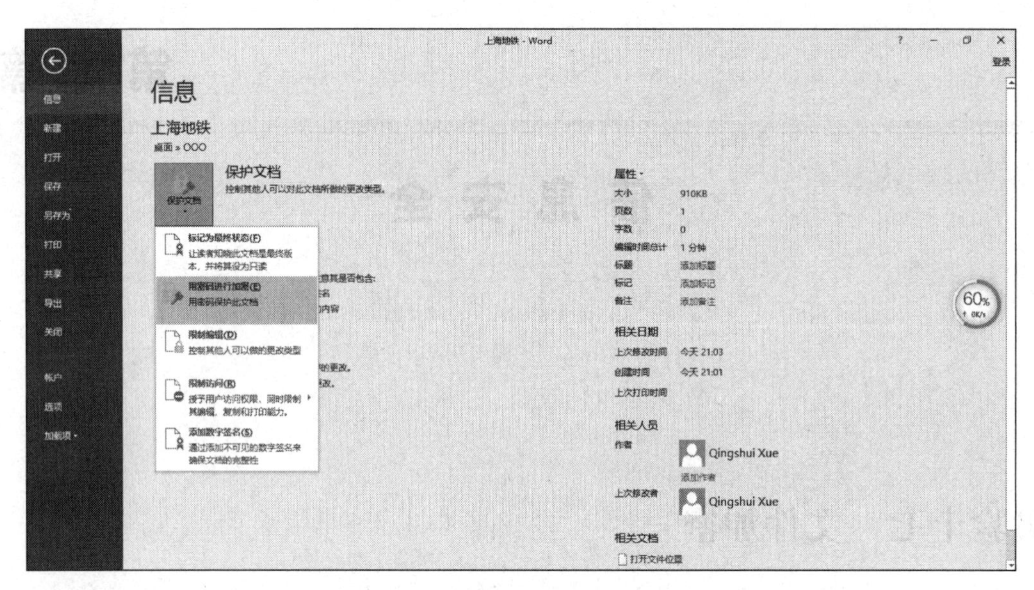

图 17.1 选择“用密码进行加密”

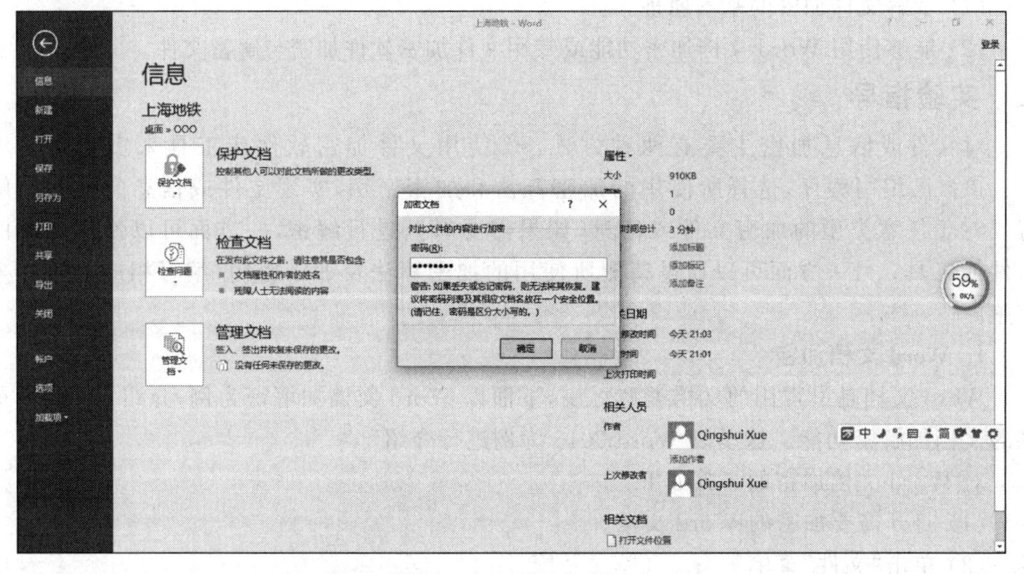

图 17.2 输入加密密码

(1) 打开加密的 Word 文档，显示如图 17.5 所示。

(2) 输入加密时所使用的密码，单击“确定”按钮，文档即被正常打开。

(3) 如果需要取消密码，则可以使用和加密 Word 文档时类似的方法，区别是在输入密码时要把原来的密码全部清除，重新保存文件。

2. 无忧文件加密软件的使用

无忧文件加密软件是一款安全易用的文件夹加密软件，集文件夹加密、文件加密、磁盘加密(隐藏磁盘)、高级加密四大保护功能，加密后的资料可防删除、防复制等，软件提供了锁定、隐藏等 5 种加密方式来满足用户不同的加密需求，是用户计算机中文件资料的安全屏障。

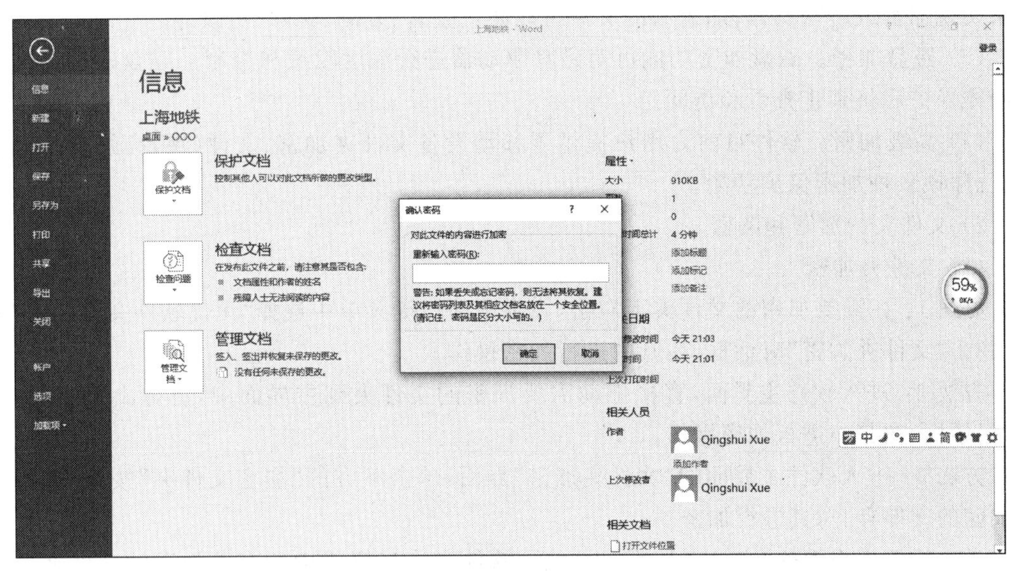

图 17.3　再次输入加密密码

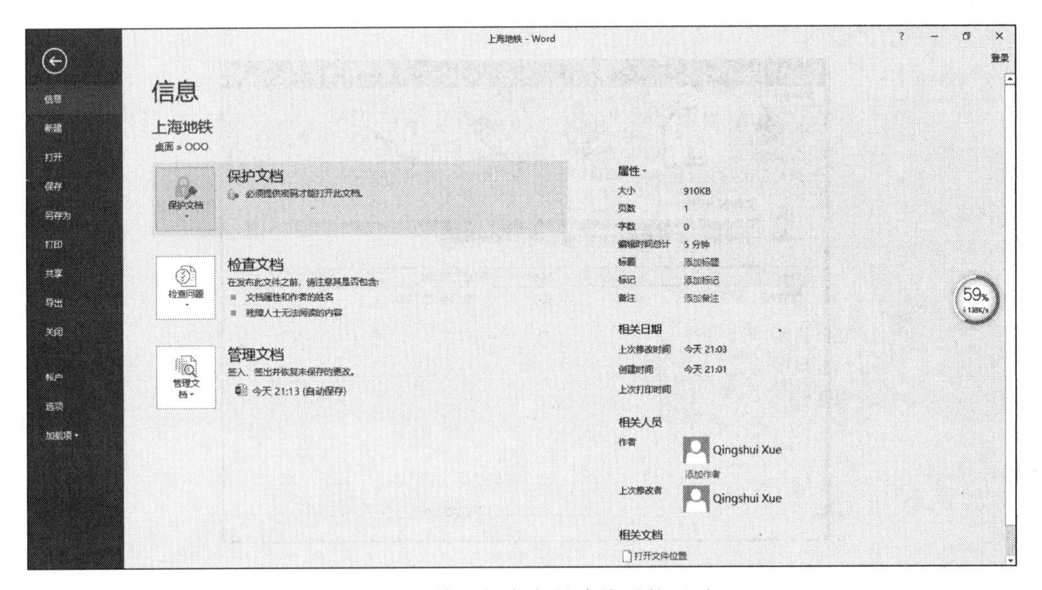

图 17.4　输入加密密码确认后的显示

1）无忧文件加密软件的主要功能

(1) 文件夹加密。对文件夹加密时有文件夹加锁和文件夹隐藏两种方式。用户可以通过右击想要加密的文件夹，选择“无忧软件文件加密(解密)”菜单命令来实现加密或解密操作，加密后的文件夹可以防止查看、复制、删除、更改等。

图 17.5　输入解密密码

(2) 文件加密。对文件加密时有文件加锁和文件隐藏两种方式。用户可以通过右击想要加密的文件，选择“无忧软件文件加密(解密)”菜单命令来实现加密或解密操作,加密后的文件可以防止查看、复制、删除、更改等。

(3) 磁盘加密。磁盘加密功能可对磁盘驱动器进行深度隐藏和控制。磁盘驱动器被深度隐藏保护后将禁止查看和访问。

(4) 高级加密。软件目前为用户提供了移动设备文件夹加密、文件(夹)高强度压缩加密、程序锁三种加密保护功能。

2) 文件夹的加密和解密

(1) 文件夹加密

方法1:在需要加密的文件夹上右击,在弹出的快捷菜单中选择"无忧软件文件加密"命令,弹出"文件夹加密"对话框,在其中进行加密操作。

方法2:进入软件主界面,直接拖动需要加密的文件夹到主界面中,将弹出"文件夹加密"对话框,在其中进行加密操作。

方法3:进入软件主界面的"文件夹加密"界面,单击下方的"加密文件夹"按钮,选择需要加密的文件夹,对其进行加密。

进入软件主界面的"文件夹加密"界面后,软件会将计算机中所有已加密的文件夹显示在列表中。用户可以通过单击下面的"加密文件夹"或"解密文件夹"按钮,对文件夹进行加密/解密(见图17.6)。

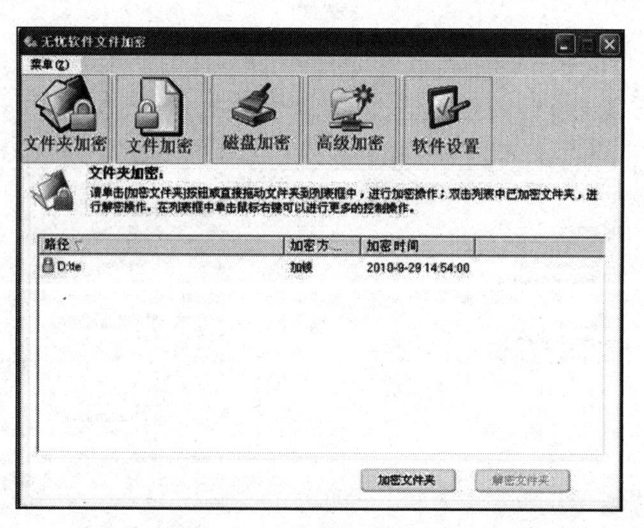

图17.6 "文件夹加密"界面

在"文件夹加密"对话框中输入密码时,要保证两次密码输入一致。选择文件夹的加密方式后,单击"加密"按钮,完成加密操作(见图17.7)。

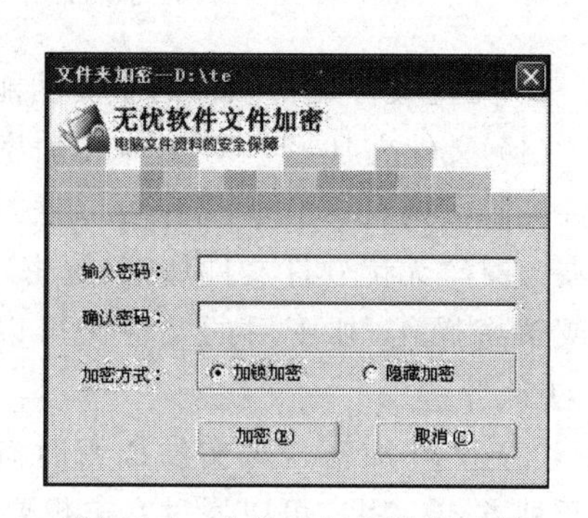

图17.7 文件夹加密操作过程

文件夹加密方式说明如下。

① 加锁加密:加密后将在原文件夹位置生成对应的加密文件夹图标,方便用户解密使用。

② 隐藏加密:加密后不会在原文件夹位置生成对应的加密文件夹图标,让文件夹彻底深度隐藏。如需解密隐藏加密的文件夹,须进入软件主界面的

“文件夹加密”界面解密。

加密后的文件夹是非常安全的，禁止查看、修改、复制、删除等所有相关操作。

（2）文件夹解密

方法1：如果文件夹采用加锁方式加密，可以直接双击已加密的文件夹，弹出“文件夹解密”对话框，在其中进行解密操作。

方法2：如果文件夹采用加锁方式加密，可以直接右击已加密的文件夹，在弹出的快捷菜单中选择“无忧软件文件解密”命令，弹出“文件夹解密”对话框，在其中进行解密操作。

方法3：如果文件夹采用加锁方式加密，可以直接拖动已加密的文件夹到主界面中，弹出“文件夹解密”对话框，在其中进行解密操作。

方法4：如果文件夹采用隐藏方式加密，则需要进入软件主界面的“文件夹加密”界面，在列表中选择需要解密的文件夹，单击“解密文件夹”按钮，弹出“文件夹解密”对话框，在其中进行解密操作。

在“文件夹解密”对话框中输入密码，单击“打开”或“解密”按钮进行解密（见图17.8）。

图17.8　解密文件夹

文件夹解密方式说明如下。

① 打开：解密文件夹后，将自动打开该文件夹的“加密状态控制”窗口（见图17.8）。当使用完文件夹后，用户可以单击“加密状态控制”窗口中的“恢复到加密状态”按钮，以自动重新加密打开的文件夹。

② 解密：彻底解密文件夹后，不会出现“加密状态控制”窗口。如需要再加密，需要手动再次进行加密操作。

3）文件的加密和解密

（1）文件加密

方法1：在需要加密的文件上右击，在弹出的快捷菜单中选择“无忧软件文件加密”命令，弹出“文件加密”对话框，在其中进行加密操作。

方法2：进入软件主界面，直接拖动需要加密的文件到主界面中，弹出“文件加密”对话框，在其中进行加密操作。

方法3：进入软件主界面的“文件加密”界面，单击下方的“加密文件”按钮，选择需要加密的文件，对其进行加密。

进入软件主界面的“文件加密”界面后，软件会将计算机中所有已加密的文件显示在列表中。用户可以通过单击下面的“加密文件”或“解密文件”按钮，对文件进行加密/解密(见图 17.9)。

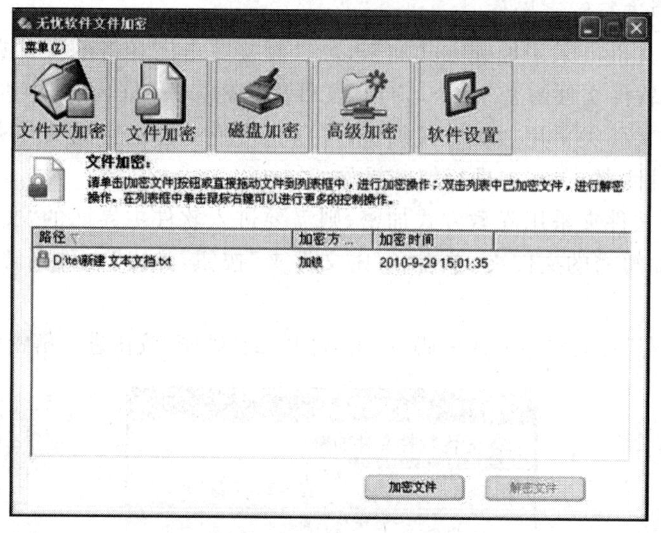

图 17.9 “文件加密”界面

在“文件加密”对话框中输入密码时，要保证两次密码输入一致。选择文件的加密方式后，单击“加密”按钮，完成加密操作(见图 17.10)。

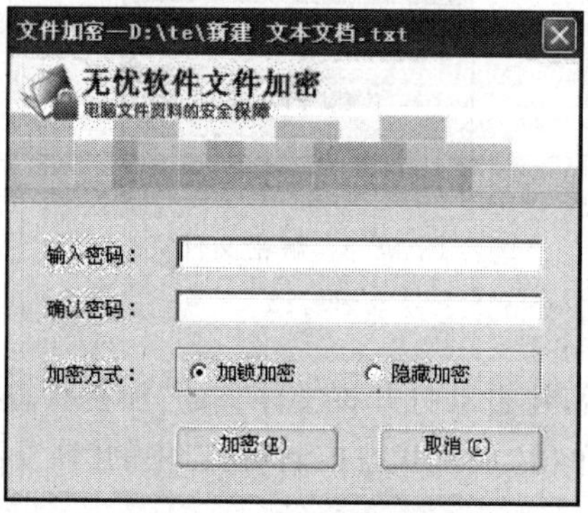

图 17.10 文件加密操作

文件加密方式说明如下。

① 加锁加密：加密后将在原文件位置生成对应的加密文件图标，方便用户解密使用。

② 隐藏加密：加密后不会在原文件位置生成对应的加密文件图标，让文件彻底深度隐藏。如需要解密隐藏加密的文件，须进入软件主界面的“文件加密”界面进行解密。

③ 加密后的文件是非常安全的，禁止查看、修改、复制、删除等所有相关操作。

(2) 文件解密

方法 1：如果文件采用加锁方式加密，可以直接双击已加密的文件，弹出“文件解密”对话框，在其中进行解密操作。

方法 2：如果文件采用加锁方式加密，可以直接右击已加密的文件，在弹出的快捷菜单中选择“无忧软件文件解密”命令，弹出“文件解密”对话框，在其中进行解密操作。

方法 3：如果文件采用加锁方式加密，可以直接拖动已加密的文件到主界面中，弹出“文件解密”对话框，在其中进行解密操作。

方法 4：如果文件采用隐藏方式加密，则需要进入软件主界面的“文件加密”界面，在列表中选择需要解密的文件，单击“解密文件”按钮，弹出“文件解密”对话框，在其中进行解密操作。

在“文件解密”对话框中输入密码，单击“打开”或“解密”按钮进行解密(见图 17.11)。

文件解密方式说明如下。

① 打开：解密文件后，将自动打开该文件的“加密状态控制”窗口(见图 17.12)。当使用完文件后，用户可以单击“加密状态控制”窗口中的“恢复到加密状态”按钮，以自动重新加密打开的文件。

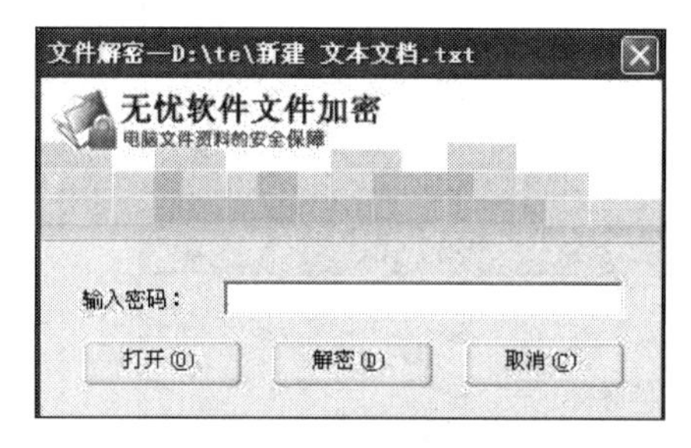

图 17.11 “文件解密”对话框

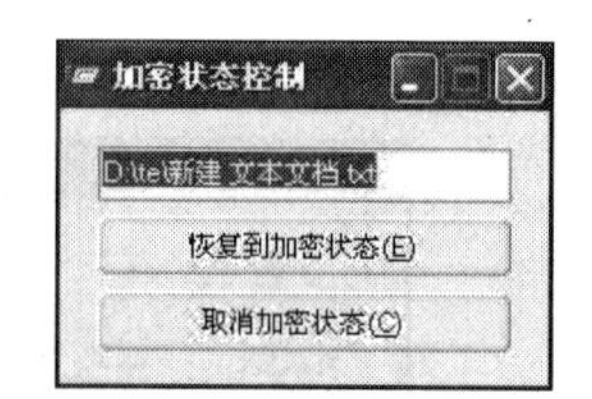

图 17.12 文件的“加密状态控制”窗口

② 解密：彻底解密文件后，不会再出现“加密状态控制”窗口。如需要再加密，需要手动再次进行加密操作。

4) 磁盘锁

磁盘加密功能可将磁盘驱动器深度隐藏。磁盘锁功能可以将指定的磁盘分区进行深度隐藏，深度隐藏保护后的磁盘驱动器禁止查看和访问。

进入软件主界面的“磁盘加密”→“磁盘锁”界面，软件会将计算机中所有已加密的磁盘分区显示在列表中。用户可以通过单击下面的“加密磁盘”或“解密磁盘”按钮，对磁盘分区进行加密/解密(见图 17.13)。

5) 高级加密

软件目前提供了文件夹移动加密、文件(夹)高强度压缩加密、程序锁三种加密保护功能。

(1) 文件夹移动加密

文件夹移动加密功能可方便用户将加密后的文件夹带到其他没有安装文件锁软件的计算机上使用。移动加密后的文件夹内会自动生成一个解密程序，用于临时解密。

进入软件主界面的“高级加密”→“移动设备文件夹加密”界面，单击“...”按钮选择需要加密或解密的文件夹，然后单击“移动加密”或“移动解密”按钮，进行加密/解密操作(见图 17.14)。

移动设备文件夹加密后会自动生成一个解密程序，运行它并输入解密密码，软件会将加

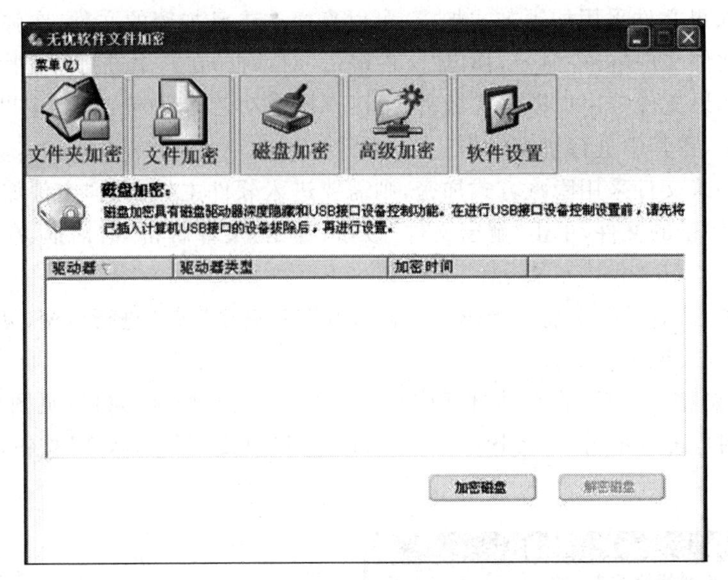

图 17.13　磁盘加密

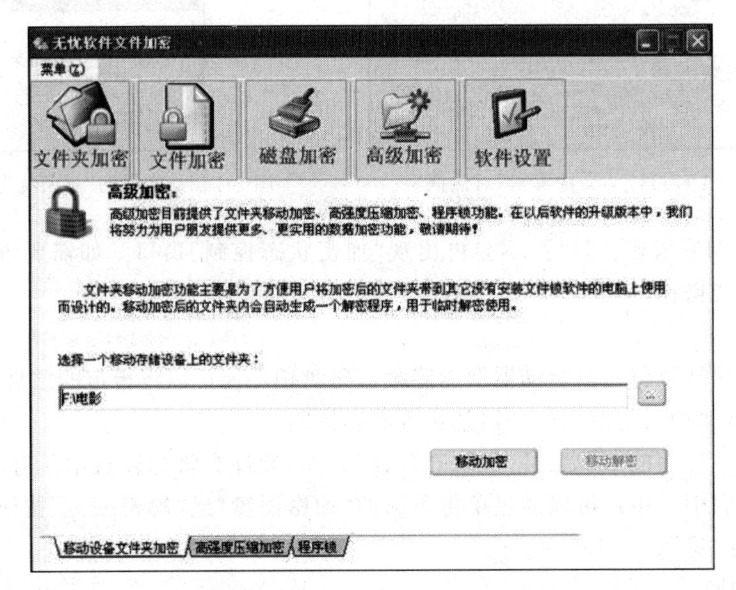

图 17.14　移动设备文件夹加密

密文件夹映射成磁盘驱动器(映射的驱动器盘符由系统决定)，并显示该文件夹的“加密状态控制”窗口。当使用完文件夹后，用户可以单击“加密状态控制”窗口中的“恢复到加密状态”按钮删除映射出来的驱动器。

(2) 高强度压缩加密

高强度压缩加密功能可将文件或文件夹压缩加密成一个同名的可执行文件(EXE 文件)，方便用户移动使用。使用时，直接运行可执行程序输入密码，解密后使用即可。

进入软件主界面的“高级加密”→“高强度压缩加密”界面，单击“...”按钮选择需要加密的文件夹或文件，然后单击“压缩加密”按钮，进行加密操作(见图 17.15)。

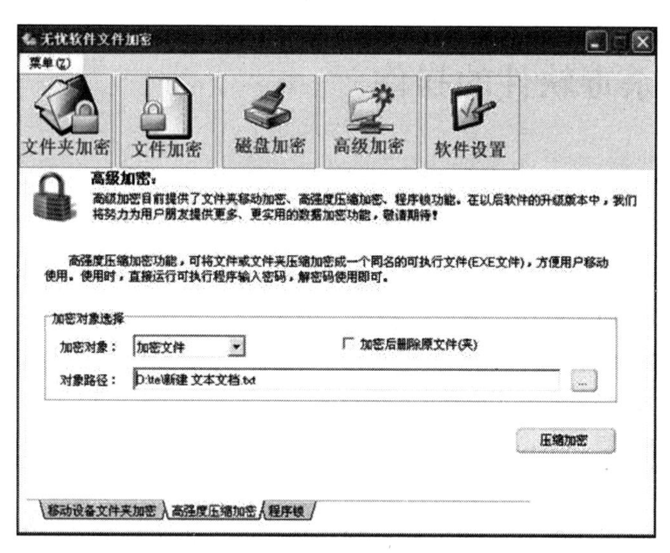

图 17.15　高强度压缩加密

(3) 程序锁

程序锁功能可防止其他人随便使用你系统中的程序。加锁后的程序只有输入密码后才能运行。

进入软件主界面的“高级加密”→“程序锁”界面，单击“...”按钮选择需要加锁/解锁的程序文件，然后单击“加锁”或“解锁”按钮，进行加锁/解锁操作(见图 17.16)。

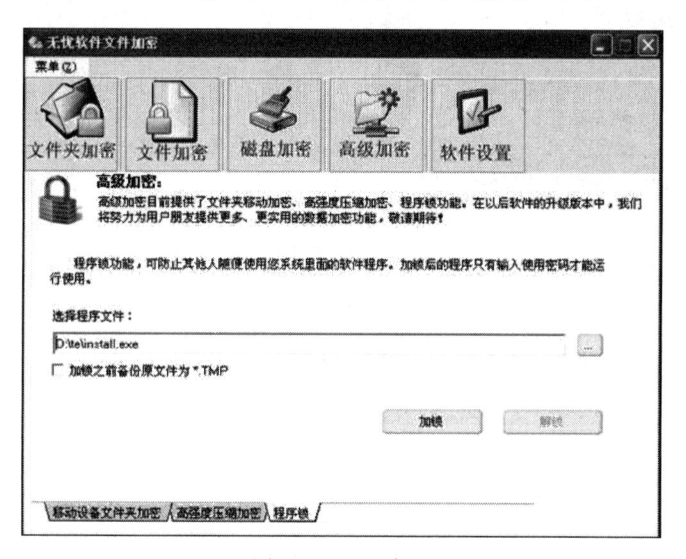

图 17.16　程序锁

三、实验内容

(1) 使用 Word 文档加密功能。任意选择一个 Word 文档，对其实施加密，观察加密结果，然后实施解密。

(2) 使用专用文件加密软件加密文档。任选一款专用文件加密软件，安装后，加密计算机中的文档，观察结果，然后再解密。

实验十八 杀毒软件的操作

一、实验目的

掌握360杀毒软件的使用方法。

二、实验指导

杀毒软件360的使用操作如下。

1. 安装360杀毒

360杀毒目前支持的操作系统有：Windows XP SP2以上(32位简体中文版)、Windows Vista(32位简体中文版)、Windows 7(32/64位简体中文版)、Windows 8(32/64位简体中文版)、Windows Server 2003/2008。

注意：如果你的操作系统不是上述版本，建议不要安装360杀毒，否则可能导致不可预知的结果。

(1) 从360杀毒官方网站下载最新版本的360杀毒安装程序。

(2) 双击运行下载的安装包，弹出360杀毒安装向导。在这里可以选择安装路径，建议采用默认设置，也可以单击“更换目录”按钮选择安装位置(见图18.1)。

图18.1 360杀毒软件安装界面1

(3) 安装开始，如图18.2所示。

安装完成后就可以看到全新的杀毒界面(见图18.3)。

2. 病毒查杀

360杀毒具有实时病毒防护和手动扫描功能，可为系统提供全面的安全防护。

实时防护功能在文件被访问时对文件进行扫描，及时拦截活动的病毒，发现病毒时会通过提示窗口警告(见图18.4)。

360杀毒提供了以下5种病毒扫描方式。

(1) 快速扫描：扫描Windows系统文件夹及Program Files文件夹。

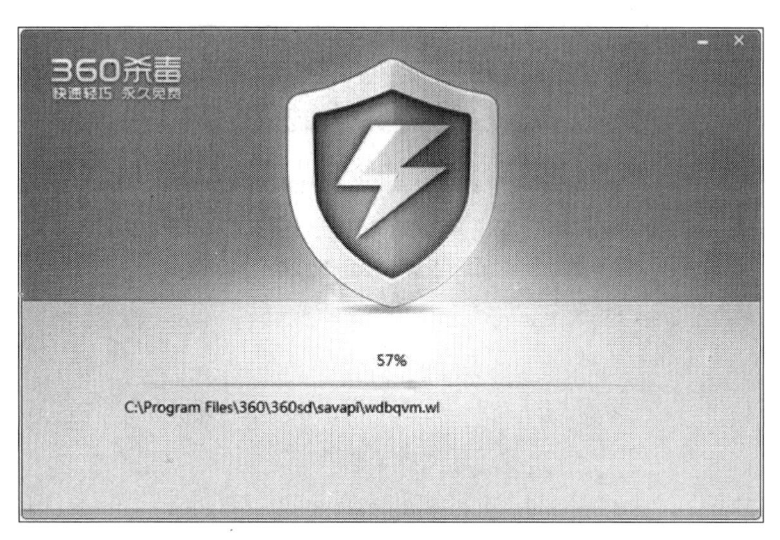

图 18.2 360 杀毒软件安装界面 2

图 18.3 360 杀毒软件界面

(2) 全盘扫描：扫描所有磁盘。

(3) 指定扫描：扫描指定的文件夹。

(4) 右键扫描：当在文件或文件夹上右击时，可以选择“使用 360 杀毒扫描”对选中的文件或文件夹进行扫描。

(5) 常用工具栏：帮助解决计算机上经常遇到的问题。

用户在 360 杀毒主界面中可以直接使用快速扫描、全盘扫描、自定义扫描和常用工具，其中自定义扫描下还有以下几种扫描方式：Office 文档、我的文档、U 盘、光盘、手机病毒和桌面(见图 18.5)。

除了主界面上的三个常用工具外，单击“更多”能看到全部的工具，可以解决计算机的一些常见问题(见图 18.6)。

图 18.4 发现病毒警告界面

图 18.5 自定义扫描方式展示

3. 升级 360 杀毒病毒库

360 杀毒具有自动升级功能，如果开启了自动升级功能，360 杀毒会在有升级可用时自动下载并安装升级文件。360 杀毒默认不安装本地引擎病毒库，如果想使用本地引擎，可单击主界面右上角的“设置”按钮，打开设置界面后单击“多引擎设置”，然后勾选常用的反病毒引擎。用户可以根据自己的喜好选择 BitDefender 或 Avira 常规查杀引擎(见图 18.7)，选择好后单击“确定”按钮。

图 18.6　全部的工具

图 18.7　查杀病毒引擎设置

用户也可以直接在主界面中进行本地引擎的开启和关闭(见图 18.8)。

设置好后回到主界面,单击“产品升级”标签,然后单击“检查更新”按钮进行更新。升级程序会连接服务器检查是否有可用更新,如果有就会下载并安装(见图 18.9)。

升级完成后会提示新的版本信息(见图 18.10)。

4. 处理扫描出的病毒

360 杀毒软件扫描到病毒后,会首先尝试清除文件所感染的病毒,如果无法清除,则会提示用户删除感染病毒的文件。木马和间谍软件通常不感染其他文件,其自身即为恶意软件,因此会被直接删除。在处理过程中,会出现有些感染文件无法被处理的情况,可参见表 18.1 中的说明采用其他方法处理这些文件。

图 18.8　本地引擎的开启和关闭

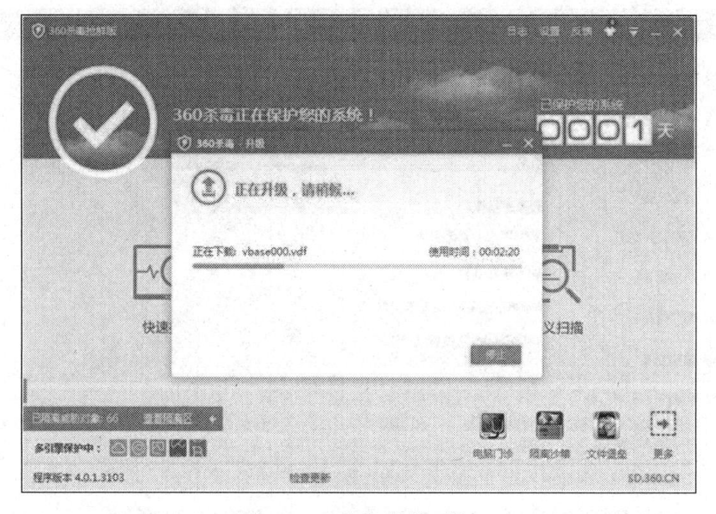

图 18.9　杀毒软件更新

图 18.10　杀毒软件更新完成

表 18.1　相关错误类型的建议操作

错误类型	原　因	建议操作
清除失败（压缩文件）	由于感染病毒的文件存在于 360 杀毒无法处理的压缩文档中，因此无法对其中的文件进行病毒清除。360 杀毒对于 RAR、CAB、MSI 及系统备份卷类型的压缩文档目前暂时无法支持	使用针对该类型压缩文档的相关软件将压缩文档解压到一个文件夹中，然后使用 360 杀毒对该文件夹中的文件进行扫描及清除，完成后使用相关软件重新压缩成一个压缩文档
清除失败（密码保护）	对于有密码保护的文件，360 杀毒无法将其打开进行病毒清理	去除文件的保护密码，然后使用 360 杀毒进行扫描及清除。如果文件不重要，可直接删除
清除失败（正被使用）	文件正在被其他应用程序使用，360 杀毒无法清除其中的病毒	退出使用该文件的应用程序，然后使用 360 杀毒重新对其进行扫描清除
删除失败（压缩文件）	由于感染病毒的文件存在于 360 杀毒无法处理的压缩文档中，因此无法对其中的文件进行删除	使用针对该类型压缩文档的相关软件将压缩文档中的病毒文件删除
删除失败（正被使用）	文件正在被其他应用程序使用，360 杀毒无法删除该文件	退出使用该文件的应用程序，然后手动删除该文件
备份失败（文件太大）	由于文件太大，超出了文件恢复区的大小，文件无法被备份到文件恢复区	删除系统盘上的无用程序和数据，增加可用磁盘空间，然后再次尝试。如果文件不重要，也可选择删除文件，不进行备份

三、实验内容

（1）使用 360 杀毒查杀病毒。

（2）下载、安装 360 杀毒，并使用该软件对 C 盘、指定文件夹或 U 盘进行病毒的查杀。

实验十九　防火墙设置和使用

一、实验目的

（1）了解防火墙的功能、设置与使用方法。

（2）能够设置 Windows 防火墙。

（3）能够对 360 安全卫士家庭防火墙进行设置。

二、实验指导

1. Windows 10 防火墙设置

（1）右击桌面左下角的 Windows 图标，选择“控制面板”命令，如图 19.1 所示。

（2）在控制面板中选择“系统和安全”，如图 19.2 所示。

（3）在“系统和安全”中选择“Windows 防火墙”，如图 19.3 所示。

在“Windows 防火墙”中选择“应用或关闭 Windows 防火墙”，如图 19.4 所示。

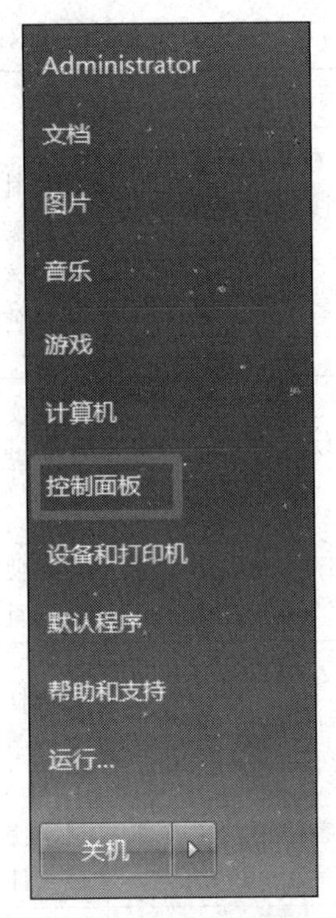

图 19.1　选择“控制面板”

图 19.2　选择“系统和安全”

(4) 单击左侧的“更改通知设置”,设置不同的防火墙消息更新功能。同时,这里也可以打开或者关闭防火墙,如图 19.5 所示。

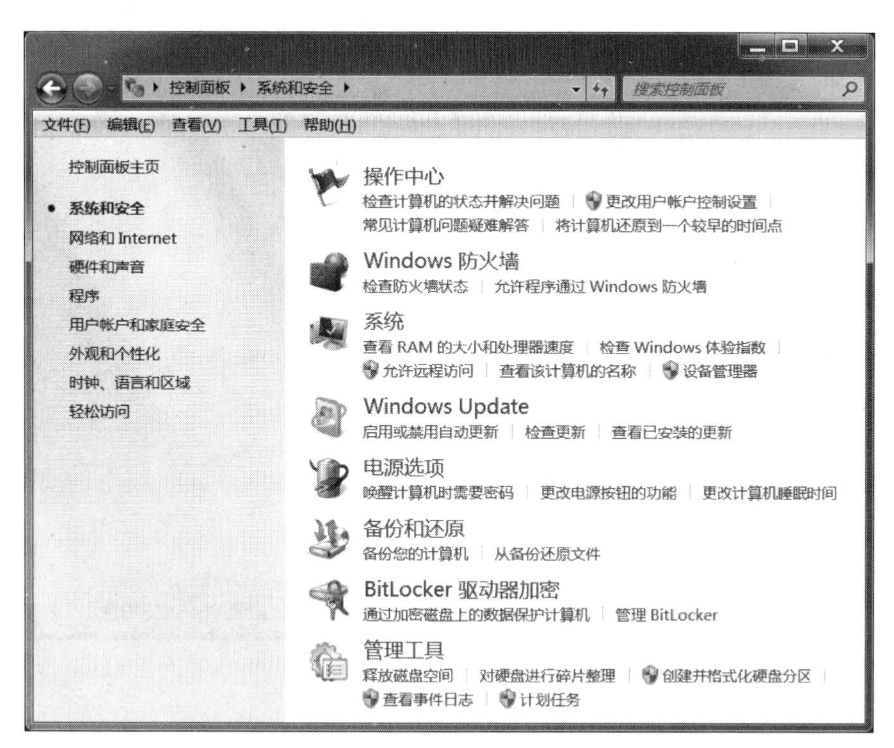

图 19.3 选择“Windows 防火墙”

图 19.4 选择“应用或关闭 Windows 防火墙”

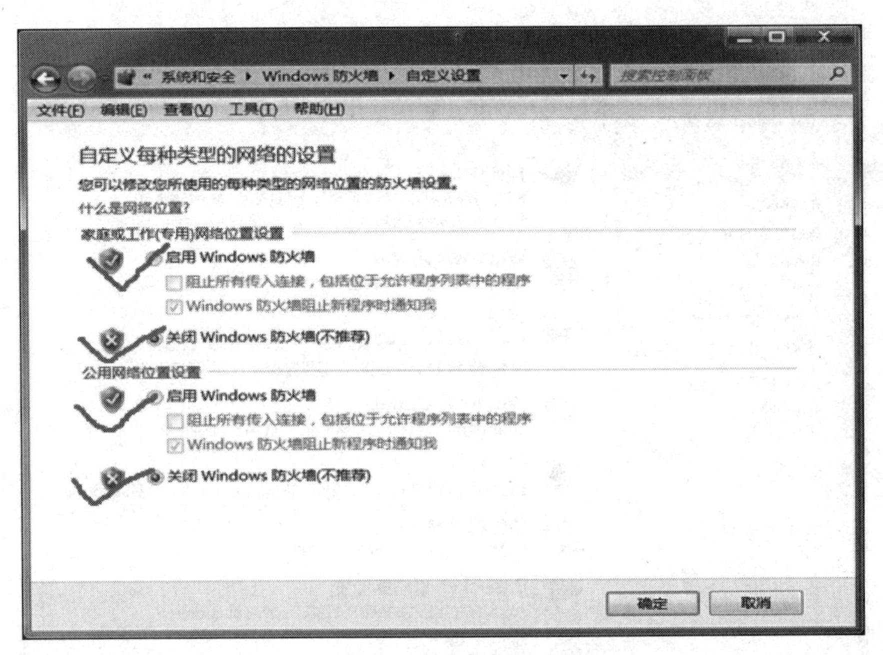

图 19.5 自定义各类网络的设置

(5) 单击图 19.4 中左侧的“高级设置”，进入高级设置界面，可以对防火墙进行更加细致的设置，主要是可设置出站入站规则，可以详细到一个端口号、一个软件、一个网址的联网权限，如图 19.6 所示。

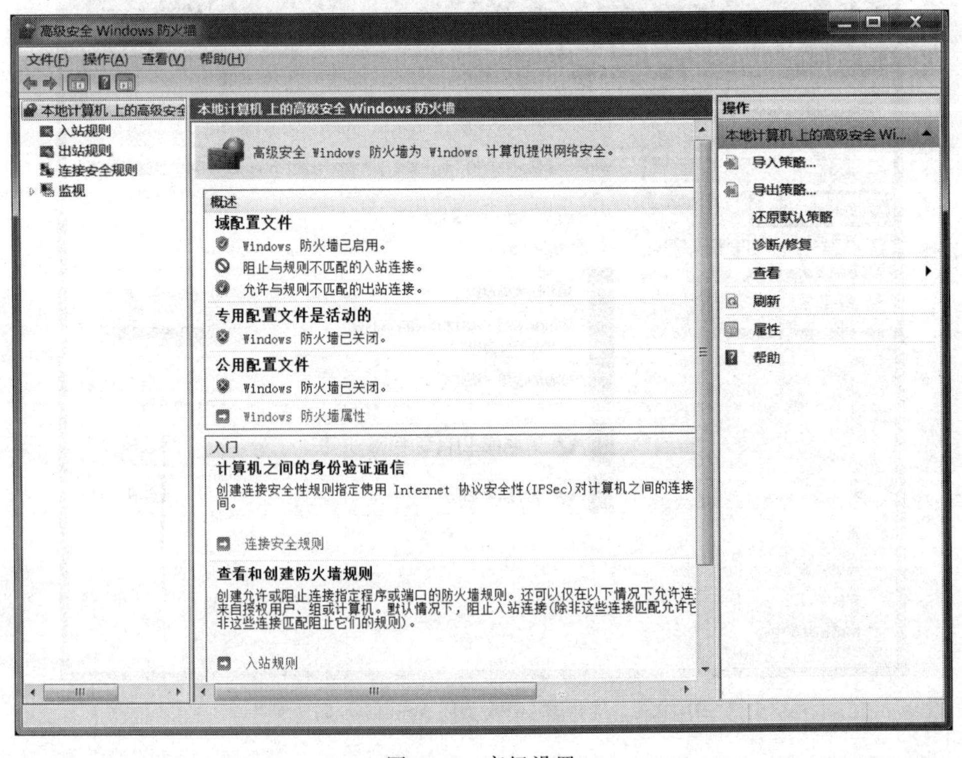

图 19.6 高级设置

2. 360 安全卫士家庭防火墙设置

360 安全卫士是使用比较多的一款计算机防护软件，但有时候误报拦截比较多，特别是它的防火墙，提醒比较频繁，那么怎么设置防火墙让它符合人们的使用习惯呢？以下方法可供参考。

(1) 双击系统托盘中的 360 安全卫士图标启动主程序，如图 19.7 所示。

图 19.7　启动主程序

(2) 单击“安全防护中心”，进入防火墙设置界面，如图 19.8 所示。

图 19.8　单击“安全防护中心”

(3) 在防护墙设置中心单击“安全设置”按钮,如图 19.9 所示。

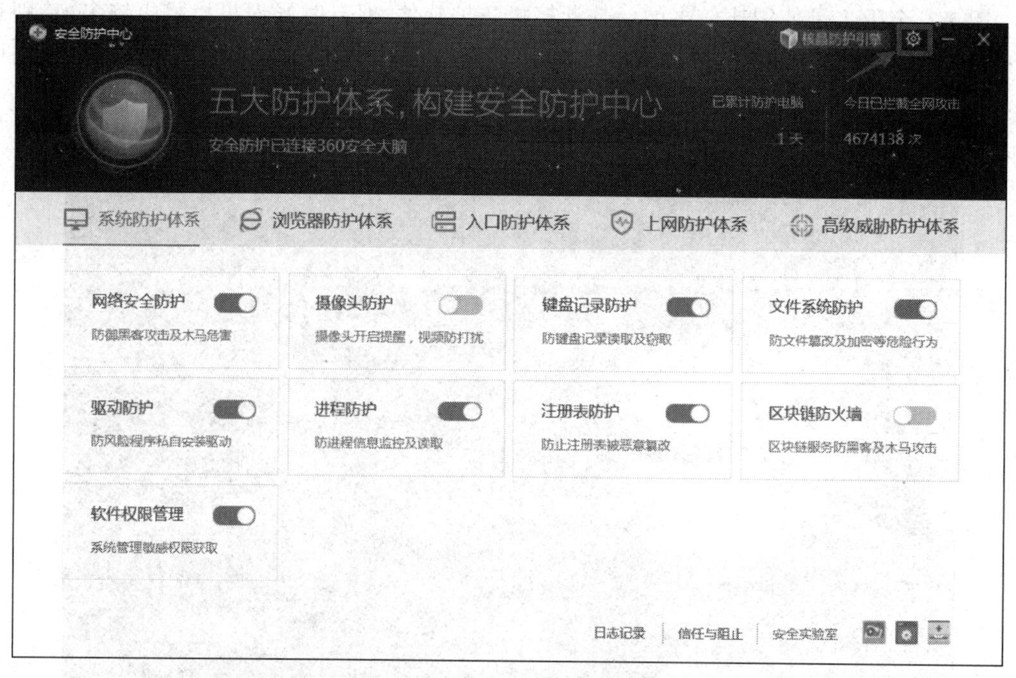

图 19.9　单击“安全设置”按钮

(4) 由于防护项目众多,下面主要介绍常用防护设置。首先需要开启网页安全防护,如果关闭,选择对应选项即可,如图 19.10 所示。

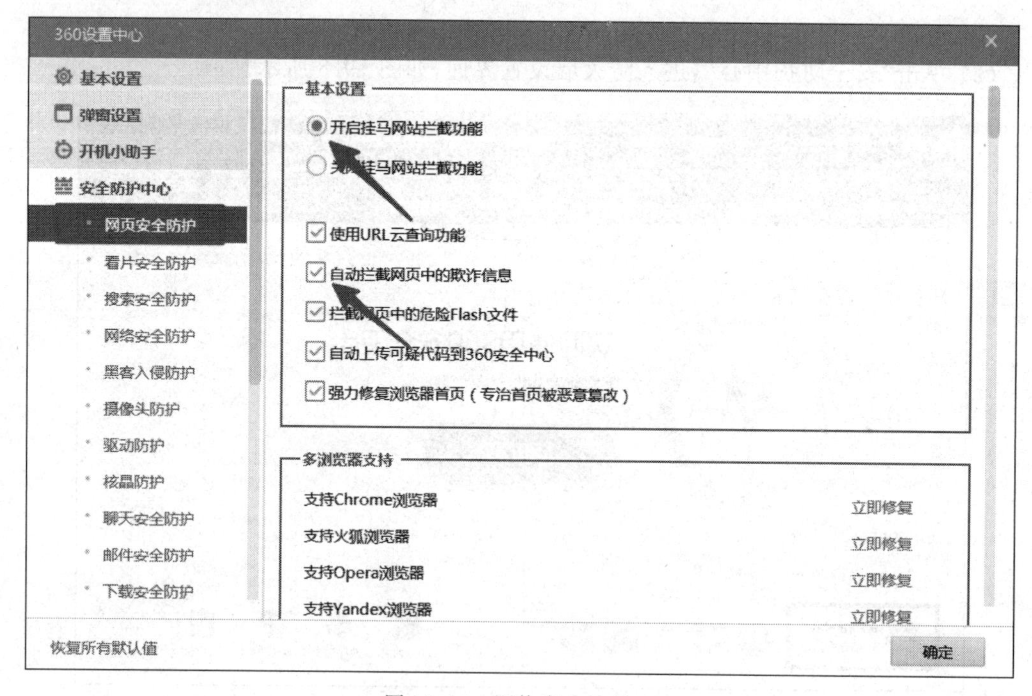

图 19.10　网络安全防护 1

(5) 网络安全防护主要针对网页木马进行防护,防止挂马的网站,对于未知网站文件非常有用,可以通过取消对应的复选框来关闭,如图 19.11 所示。

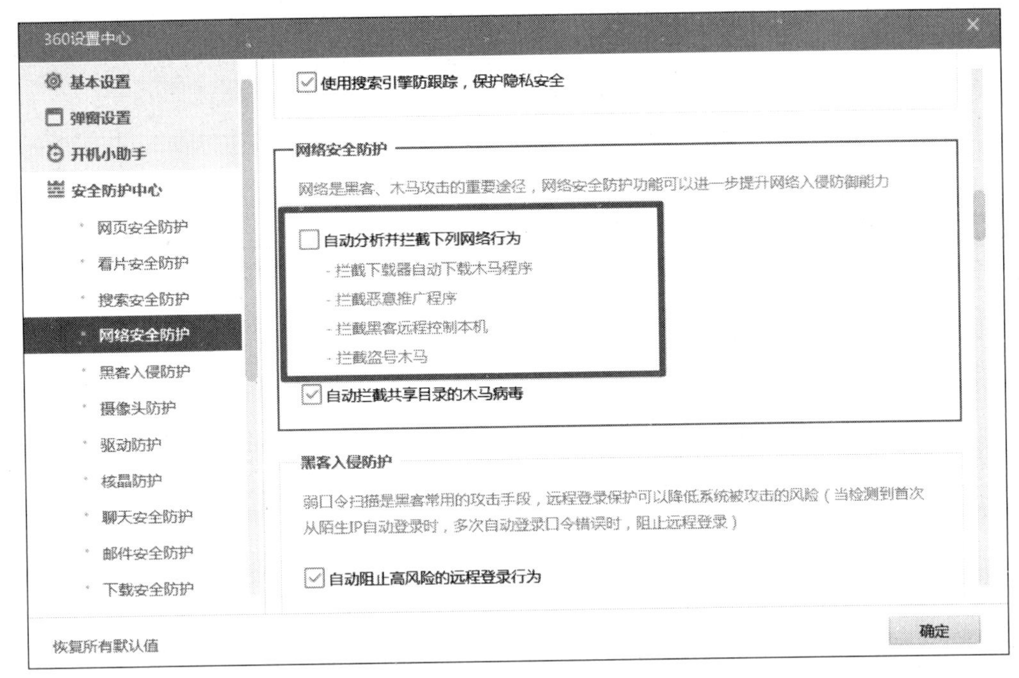

图 19.11　网络安全防护 2

(6) 在隔离可疑程序设置界面中,可以设置隔离会篡改你的 IE 主页的软件安装程序,也可以拦截输入法木马,取消相应的复选框可以关闭,如图 19.12 所示。

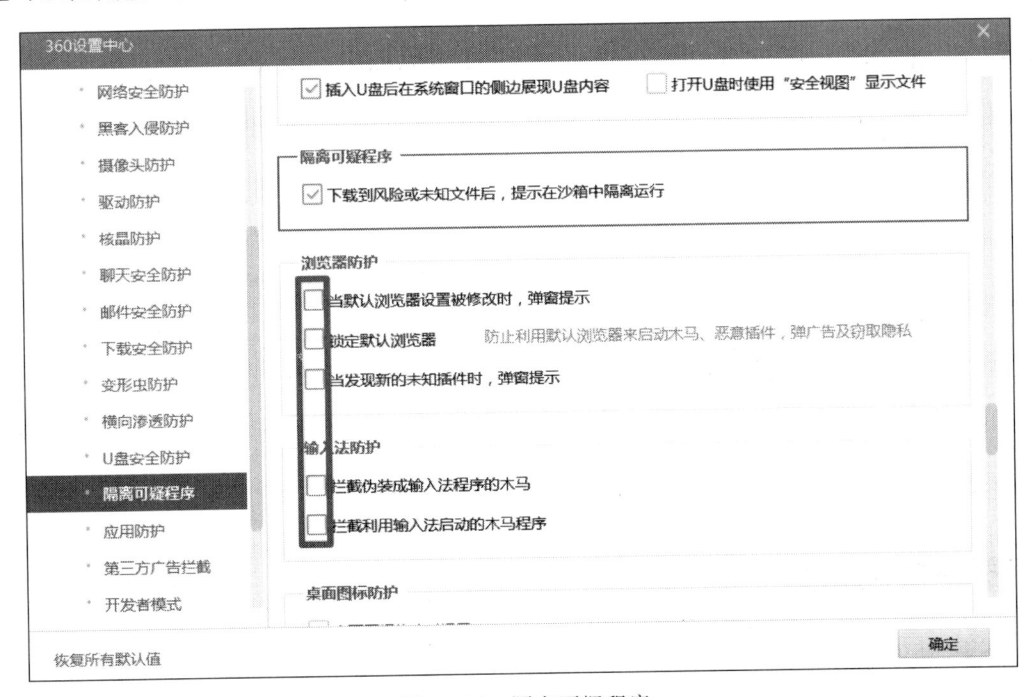

图 19.12　隔离可疑程序

(7) 下载安全防护,主要针对邮件附件及其他工具下载的文件,可选择关闭,如图 19.13 所示。

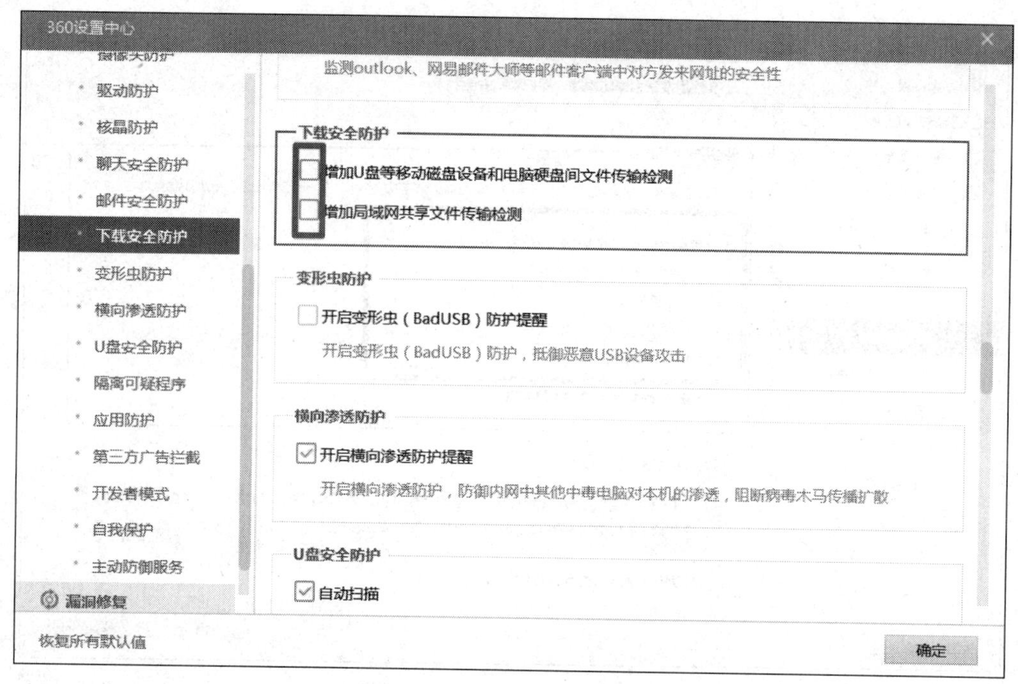

图 19.13 下载安全防护

(8) 主动防御功能可以实时监测文件,比较占内存和资源,可选择"关闭",如图 19.14 所示。

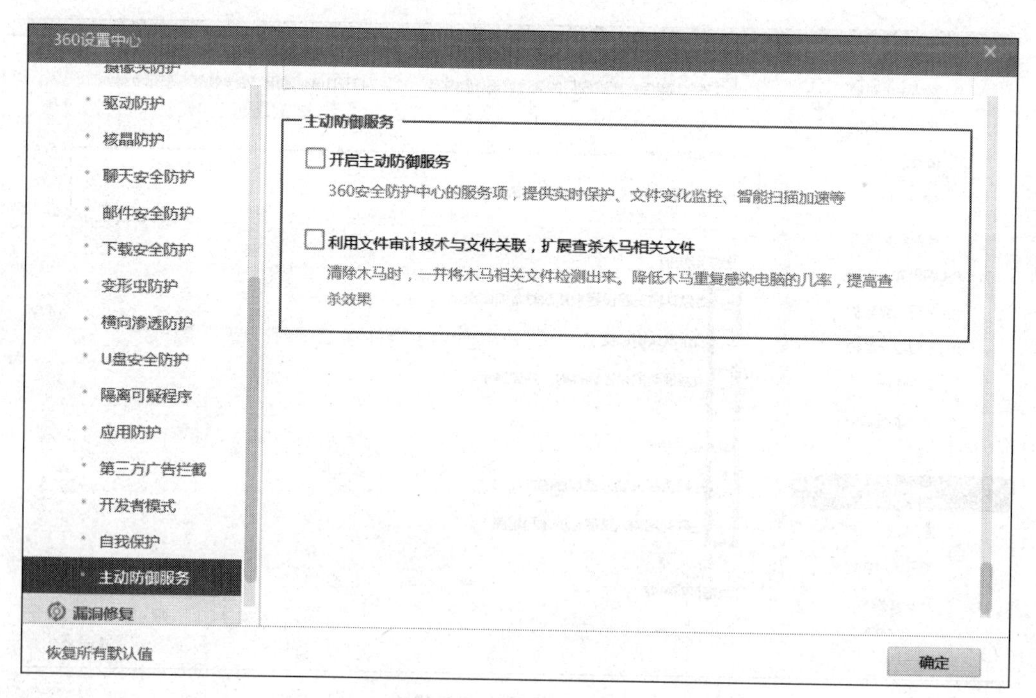

图 19.14 主动防御服务

(9) 可以在设置主界面打开防护状态,这样可以快捷设置。将鼠标指针指向相应的设置项后会有选项出现,如图 19.15 所示。

图 19.15 快捷设置

三、实验内容

(1) Windows 防火墙设置:打开 Windows 防火墙,对相关参数进行设置,并验证设置效果。

(2) 360 安全卫士家庭防火墙:打开 360 安全卫士家庭防火墙,对相关参数进行设置,并验证设置效果。

实验二十 电子邮箱的设置和使用

一、实验目的

(1) 了解电子邮件客户端的功能。

(2) 能够使用 Outlook Express 收发电子邮件。

(3) 能够对 Outlook Express 进行相关的安全设置。

二、实验指导

1. 使用 Outlook Express 收发电子邮件的相关设置

1) 在 Outlook Express 中新建邮件账户

(1) 打开 Outlook Express 后,单击“工具”→“账户”命令(见图 20.1)。

(2) 在打开的对话框中单击右侧的“添加”按钮,选择“邮件”选项卡(见图 20.2)。

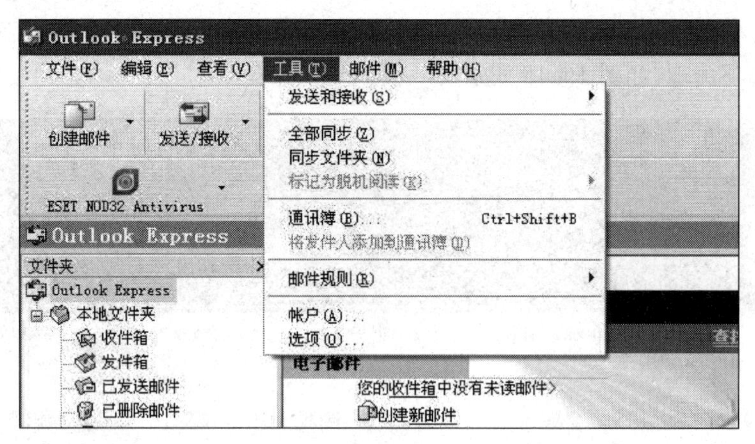

图 20.1　新建邮件账户 1

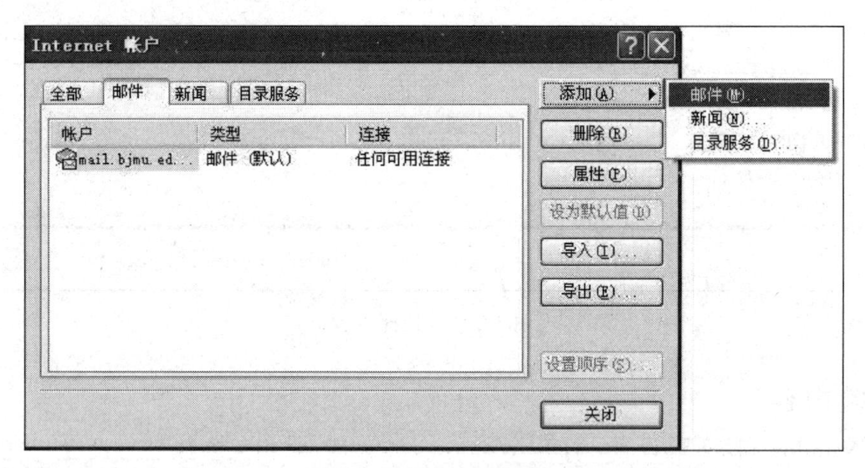

图 20.2　新建邮件账户 2

(3) 按提示输入显示名,单击“下一步”按钮(见图 20.3)。

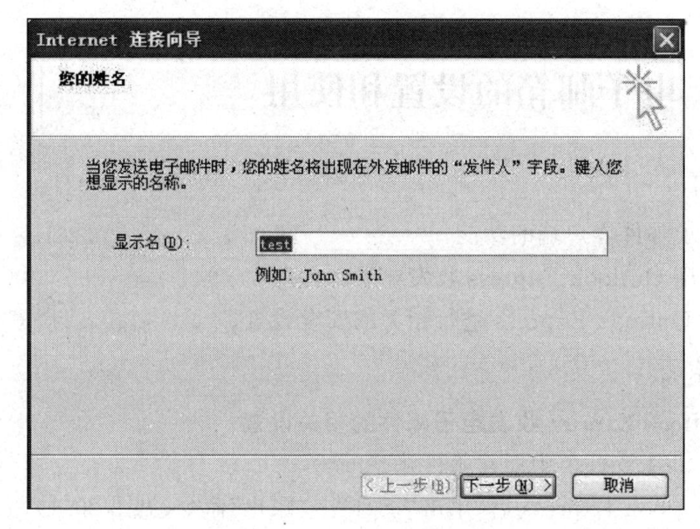

图 20.3　新建邮件账户 3

(4) 输入电子邮件地址,单击“下一步”按钮(见图 20.4)。

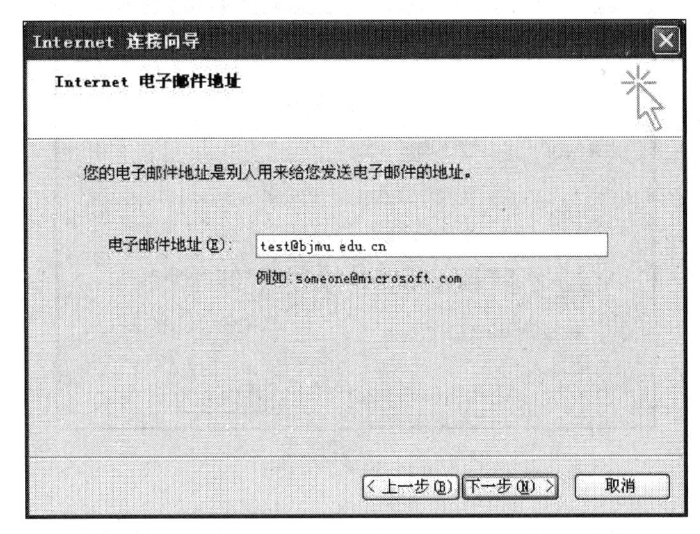

图 20.4　新建邮件账户 4

(5) 填写收发邮件服务器,单击“下一步”按钮(见图 20.5)。

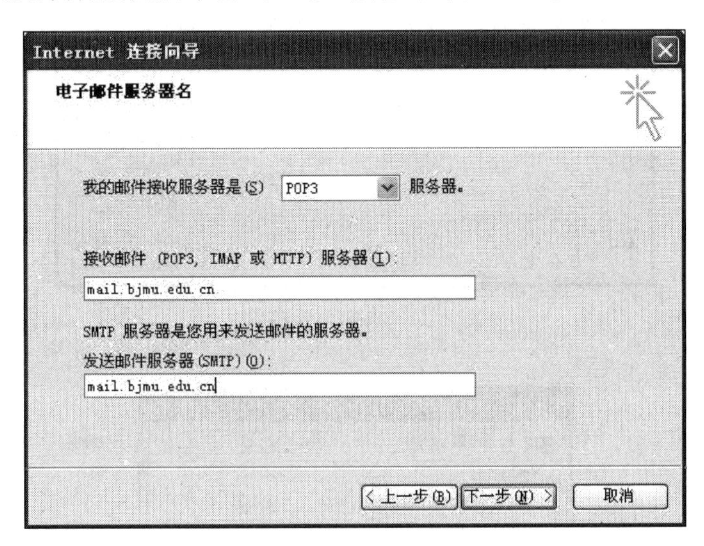

图 20.5　新建邮件账户 5

(6) 输入邮箱的账户名和密码,单击“下一步”按钮(见图 20.6)。再单击“下一步”按钮和“完成”按钮。

(7) 在“Internet 账户”对话框中选择“邮件”选项卡,再单击“属性”按钮(见图 20.7)。在打开的对话框中选择“服务器”选项卡,选中“我的服务器要求身份验证”复选框。

(8) 单击“应用”按钮后,再单击“确定”按钮完成设置(见图 20.8)。

2) 修改 Outlook Express 中的邮件账户

(1) 打开 Outlook Express 后,单击“工具”→“账户”命令(见图 20.1)。

(2) 在打开的对话框中选择“邮件”选项卡,单击右侧的“属性”按钮(见图 20.2)。

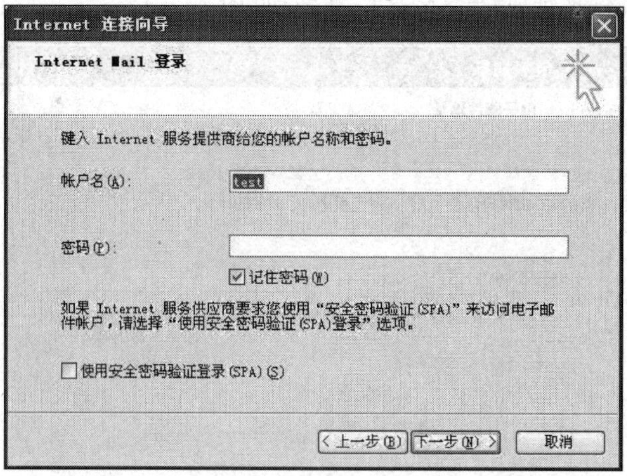

Internet 连接向导

Internet Mail 登录

键入 Internet 服务提供商给您的帐户名称和密码。

帐户名(A): test

密码(P):

☑记住密码(W)

如果 Internet 服务供应商要求您使用"安全密码验证(SPA)"来访问电子邮件帐户，请选择"使用安全密码验证(SPA)登录"选项。

☐使用安全密码验证登录(SPA)(S)

<上一步(B) 下一步(N)> 取消

图 20.6 新建邮件账户 6

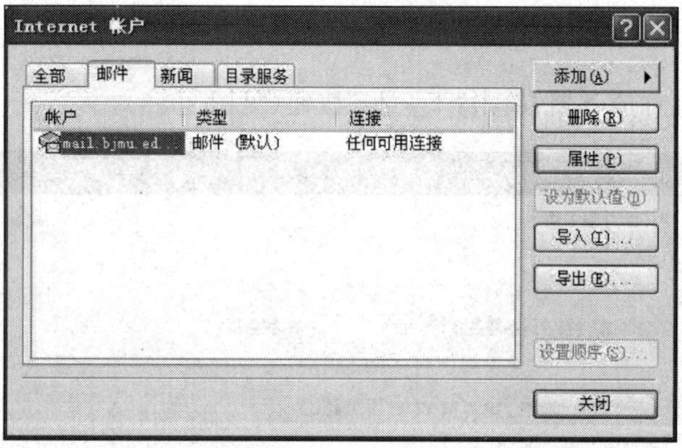

Internet 帐户

全部 邮件 新闻 目录服务

帐户	类型	连接
mail.bjmu.ed...	邮件 (默认)	任何可用连接

添加(A) ▶
删除(R)
属性(P)
设为默认值(D)
导入(I)...
导出(E)...
设置顺序(S)...
关闭

图 20.7 新建邮件账户 7

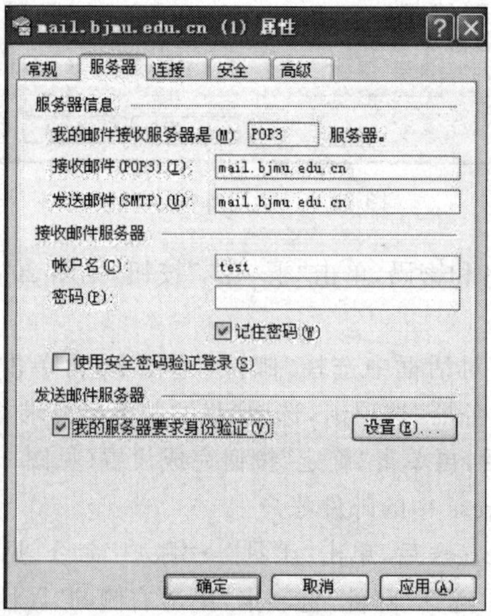

mail.bjmu.edu.cn (1) 属性

常规 服务器 连接 安全 高级

服务器信息

我的邮件接收服务器是(M) POP3 服务器。

接收邮件(POP3)(I): mail.bjmu.edu.cn

发送邮件(SMTP)(U): mail.bjmu.edu.cn

接收邮件服务器

帐户名(C): test

密码(P):

☑记住密码(W)

☐使用安全密码验证登录(S)

发送邮件服务器

☑我的服务器要求身份验证(V) 设置(E)...

确定 取消 应用(A)

图 20.8 新建邮件账户 8

(3) 在打开的对话框中选择“服务器”选项卡，修改服务器名称、账户名、密码等属性(注意，选中“我的服务器要求身份验证”复选框)。单击“确定”按钮，完成设置修改(见图 20.8)。

2. 使用 Outlook Express 收发邮件

Outlook Express 是随 Windows 操作系统一起的实用程序，当安装完 Windows 操作系统后，就可以使用了。它的主要功能就是发送和接收电子邮件和执行其他一些通信任务。

打开的 Outlook Express，单击工具栏上的“发送和接收”按钮，Outlook Express 立刻开始自动发送和接收所有电子邮件。当有邮件时会发出提示声(邮件到达提示声在操作系统中进行设置)，告知你有邮件到达。

当然，也可以用其他的收发电子邮件软件，比如 Foxmail 就是一款相当精巧方便的中国人自己开发的电子邮件软件。

Outlook Express 邮件收发安全设置如下。

方法 1：启动 Outlook Express，然后依次单击其中的“工具”→“选项”→“发送”，这里有一个“立即发送邮件”的选项，将这个选项的勾选去掉，然后单击“保存”按钮即可。取消勾选“立即发送邮件”便可以降低 Outlook Express 的中毒率，从而保证 Outlook Express 功能的安全性。

方法 2：启动 Outlook Express，然后依次单击进入“工具”→“选项”→“安全”，单击“受限站点区域(安全)”，之后选中“当别的应用程序试图用我的名义发送电子邮件时警告我”选项，单击“保存”按钮。

三、实验内容

利用 Outlook 收发电子邮件。

第八篇

网站设计

实验二十一　Dreamweaver CC 简单网站设计

一、实验目的

(1) 了解静态网站和网页的概念。

(2) 掌握 Dreamweaver 的使用方法。

(3) 通过实验范例的学习、验证,完成实验范例的设计。

(4) 完成如图 21.1 所示的静态网页设计。

图 21.1　实验范例

二、实验指导

1. 通过模板新建网站

（1）启动 Dreamweaver，如果是第一次打开会进入欢迎界面，如图 21.2 所示。如已经打开过网站项目，则默认启动上次的项目。

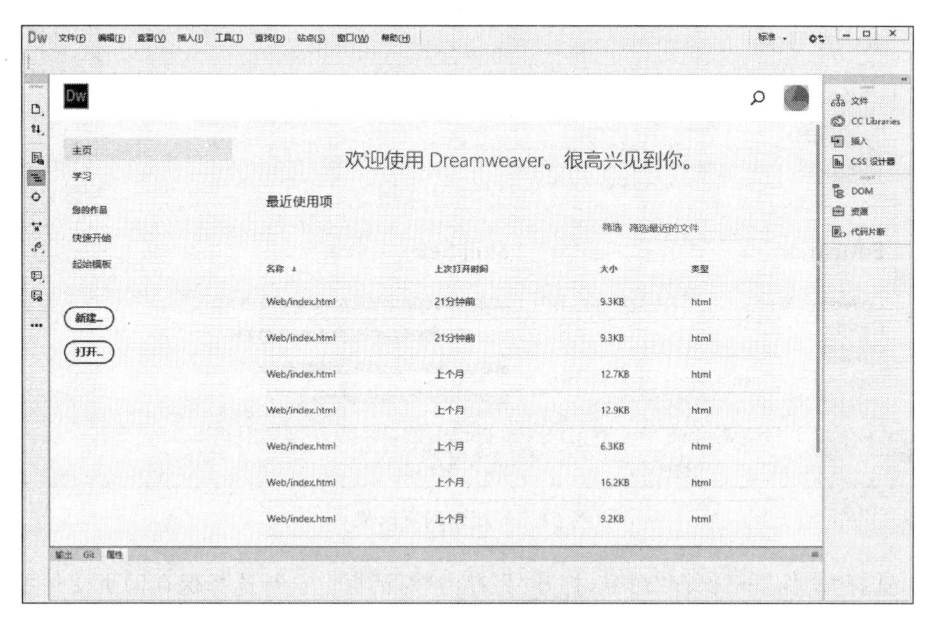

图 21.2　欢迎界面

（2）单击"新建"按钮，在弹出的"新建文档"对话框中选择"启动器模板"→"Bootstrap 模板"→"Bootstrap-简历"，右侧显示出此样例的概要图，如图 21.3 所示。单击"创建"按钮，此时系统将使用模板默认创建一个未保存版本的简历网页，如图 21.4 所示。

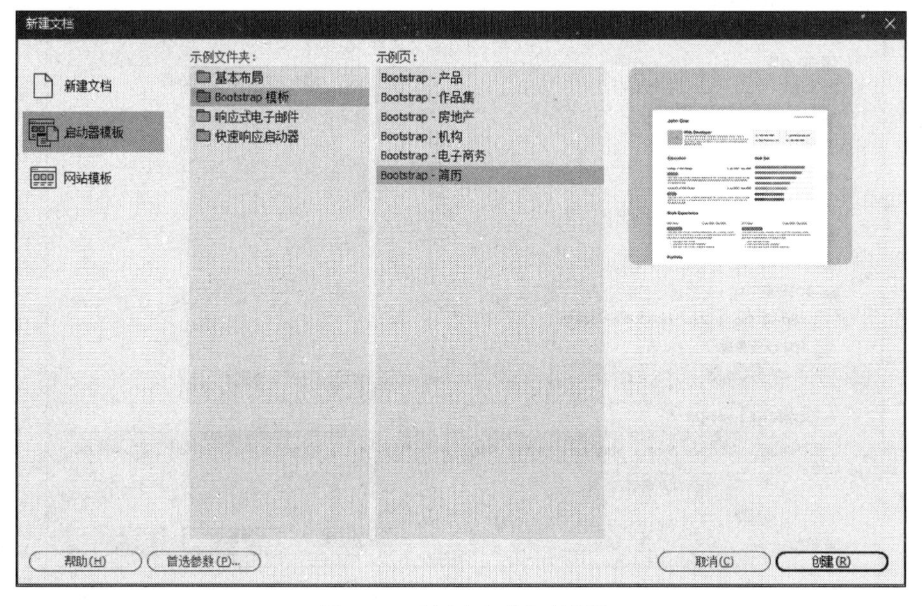

图 21.3　"新建文档"对话框

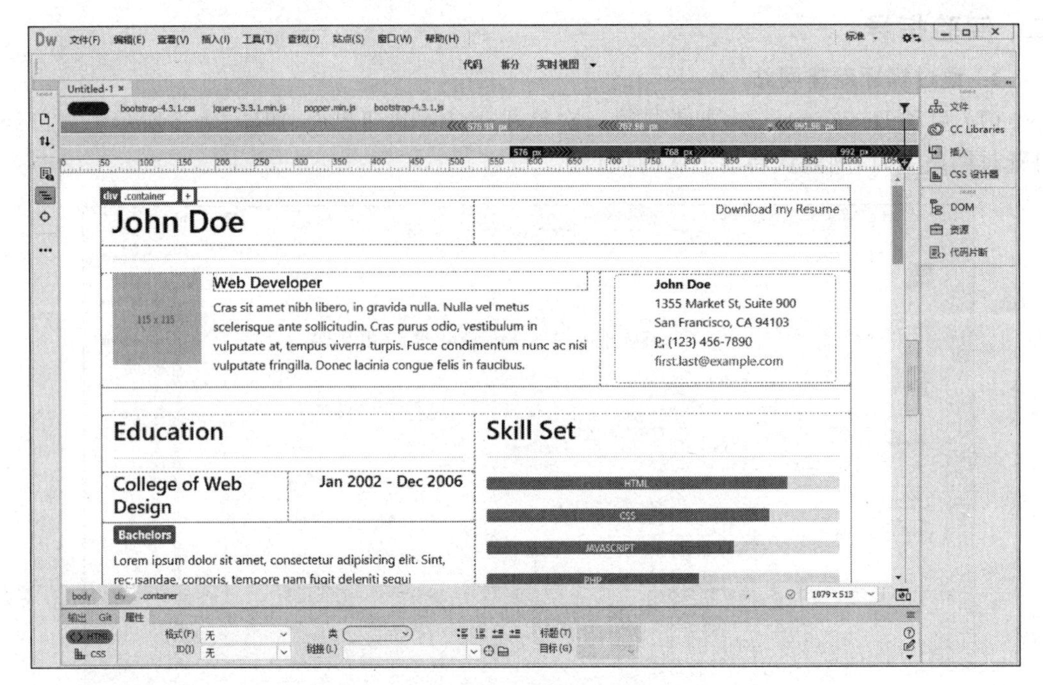

图 21.4 新建网页结果

(3) 选择“文件”→“保存”命令,打开“另存为”对话框。自行选择保存网页文件的路径。本例中,网站所有素材将保存在 D:\2010400100\中,文件保存为 index.html 文件,如图 21.5 所示。实验过程中,学生可采用自己的学号来命名文件夹。

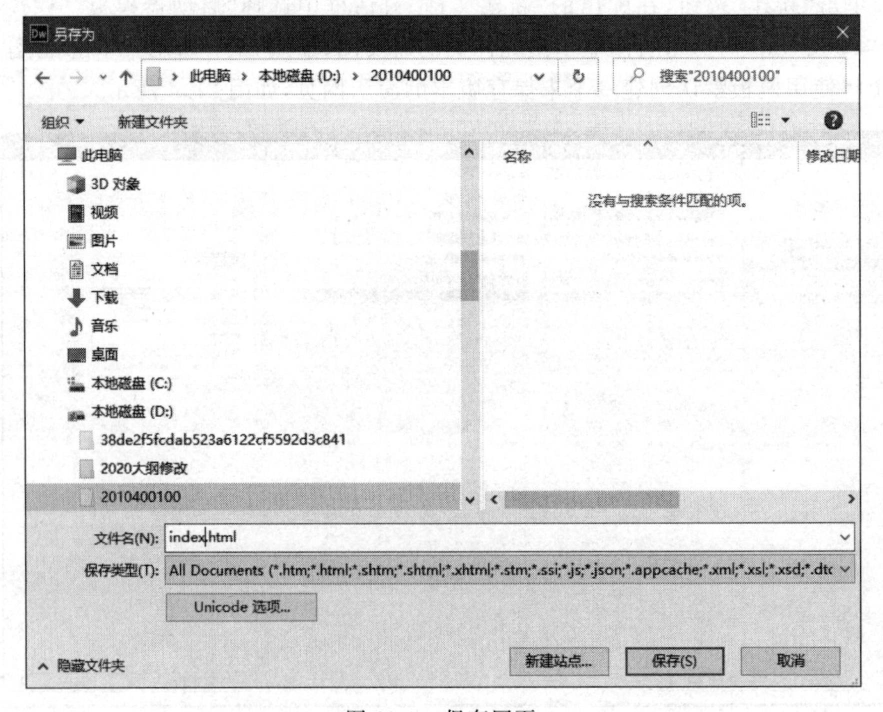

图 21.5 保存网页

2. 修改网页中的文本信息

1）修改文本

在网页内任意文本上双击之后，文本框的边框线颜色发生变化，此时可以进行文本编辑。如本例中双击 John Doe 文本进入输入状态，如图 21.6 所示。

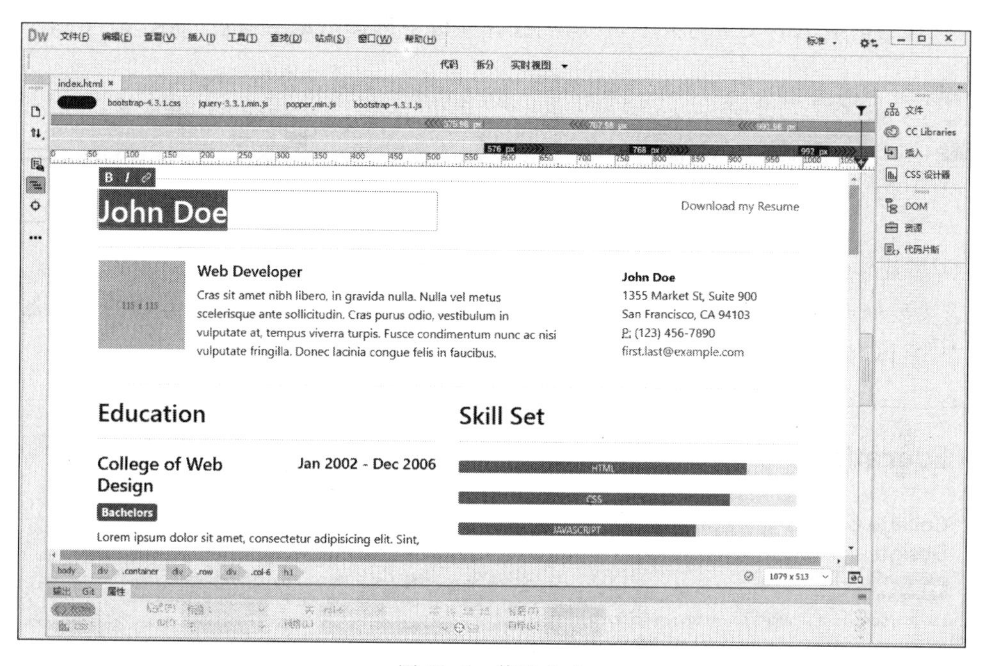

图 21.6　修改文本

修改后的结果如图 21.7 所示。

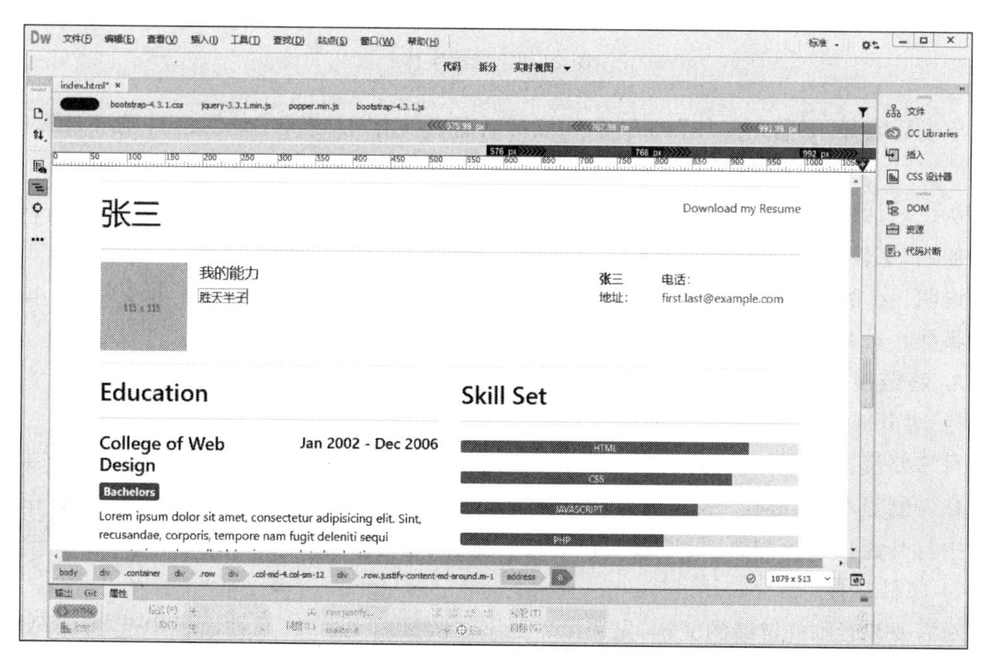

图 21.7　修改文本

2）修改字体

如需进行字体修改，首先选择要修改字体的文本，随后在属性面板中进行字体选择。如果当前界面中没有显示属性面板，可在菜单栏的“窗口”菜单中选择“属性”命令。

在属性面板中选择 CSS，显示出字体设置界面，在“字体”中选择需要使用的字体，在“大小”中选择当前显示的文字的大小，在颜色选择面板中选择指定的颜色，如图 21.8 所示。

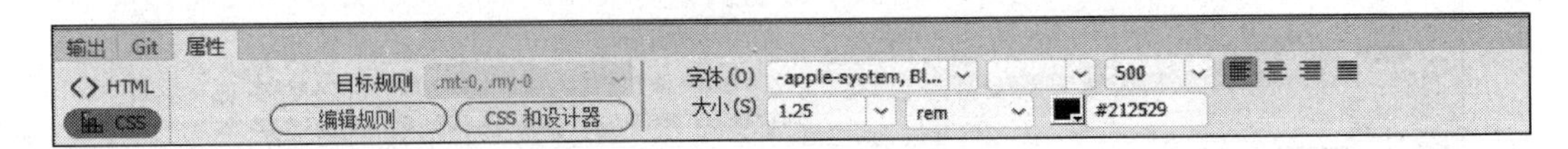

图 21.8 修改文本属性

3）添加字体

若需要修改的字体在列表中并不存在，可以从操作系统字体库中将需要的字体加入列表。在“字体”列表中选择“管理字体”命令，如图 21.9 所示。

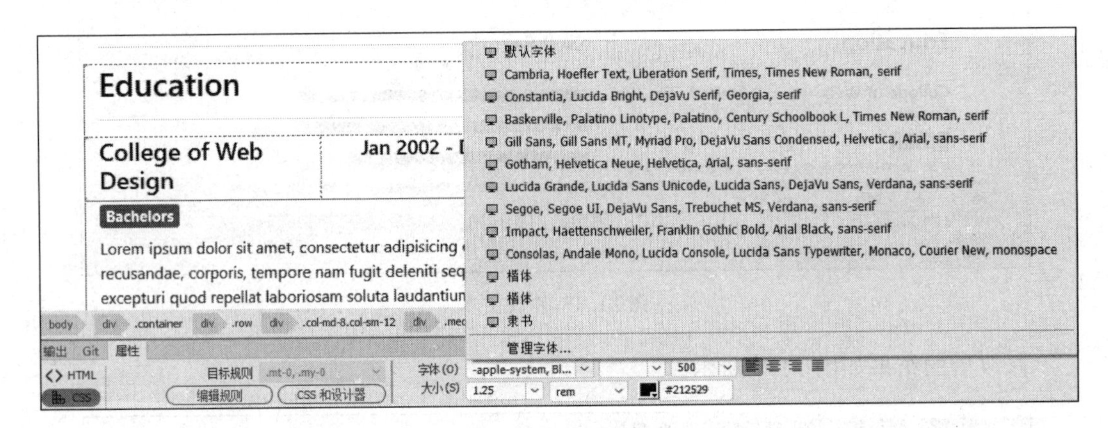

图 21.9 管理字体

单击后将显示“管理字体”对话框，从该对话框中单击“自定义字体”按钮，显示如图 21.10 所示的窗口。

从该对话框右下方的系统字体列表中选择需要使用的字体，单击“<<”按钮，即字体即被添加到“字体”列表中。

说明：在网站设计过程中应尽量使用绝大部分操作系统都包括的常用字体，以避免浏览者操作系统缺乏相关字体而导致显示异常。

3. 超链接

1）网页链接

对需要设置网页链接的文本，先选择需要添加链接的文本，在属性面板中选择 HTML，随后在右侧显示的“链接”框中输入网页地址，如 http://www.sit.edu.cn。如需要在指定窗口中打开链接目标网页，可通过“目标”进行选择。

2）邮件链接

对需要设置邮件链接的文本，先选择需要添加链接的文本，在属性面板中选择 HTML，随后在右侧显示的“链接”中输入 mailto:后跟邮箱地址，如 mailto:2010400100@sit.edu.cn。

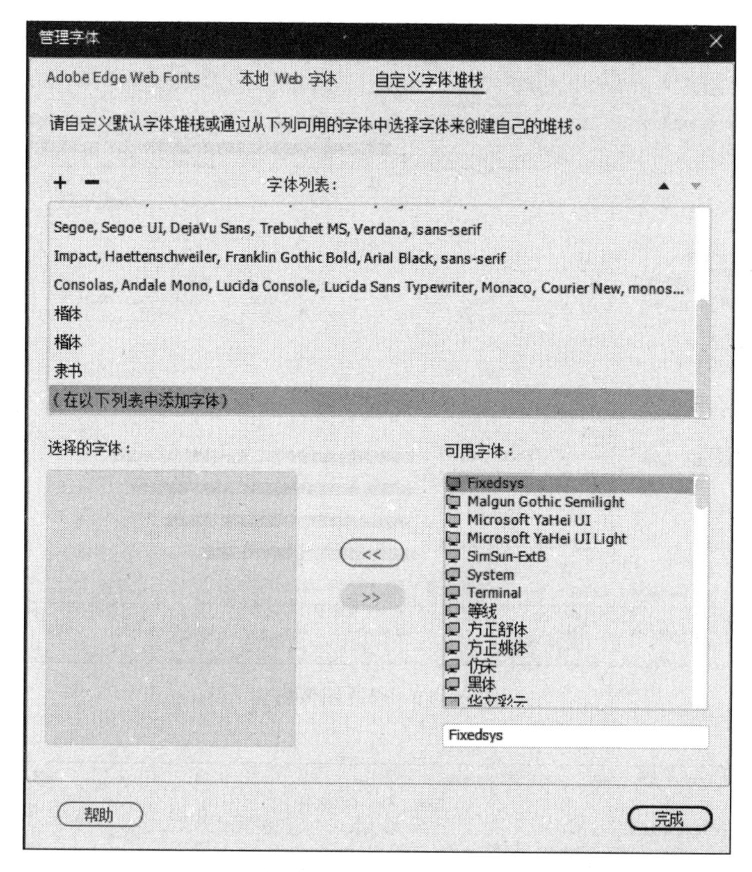

图 21.10　自定义字体

3）文件链接

对需要设置文件链接的文本，先选择需要添加链接的文本，在属性面板中选择 HTML，随后在右侧显示的“链接”框中输入文件地址，如“简历.zip”。

4. 图像设置

1）修改图像属性

选择简历左上角的图像，然后在属性面板中将 Src 设置为要显示的图像文件的相对地址，该地址为图像相对于 index.html 文件的路径，如图 21.11 所示。

本例中使用的是静态资源包中提供的 images/title.jpg。

2）设置图像格式

本例中设置的图像较大，需要对其大小进行调整，如图 21.12 所示。

首先选择该图像，然后在属性面板中设置“宽”和“高”为合适的值。本例中将“宽”设置为 200px 可获得满意的效果，如图 21.13 所示。

说明：设置“高”之后，“宽”自动等比例做修改。若需要按不同比例设置，可单击“高”和“宽”右侧的锁形图标进行分别调整，调整完成后单击√按钮确认。

三、实验内容

（1）在新建文档时，使用启动器模板、Bootstrap 模板中的 Bootstrap-简历模板新建一个

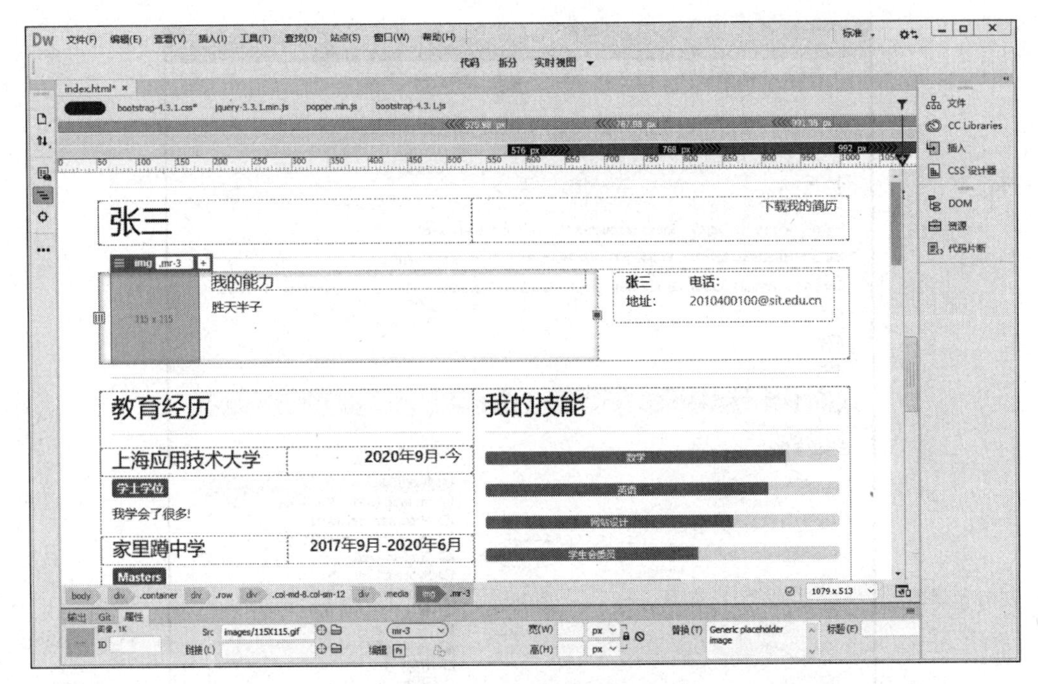

图 21.11 修改图像属性

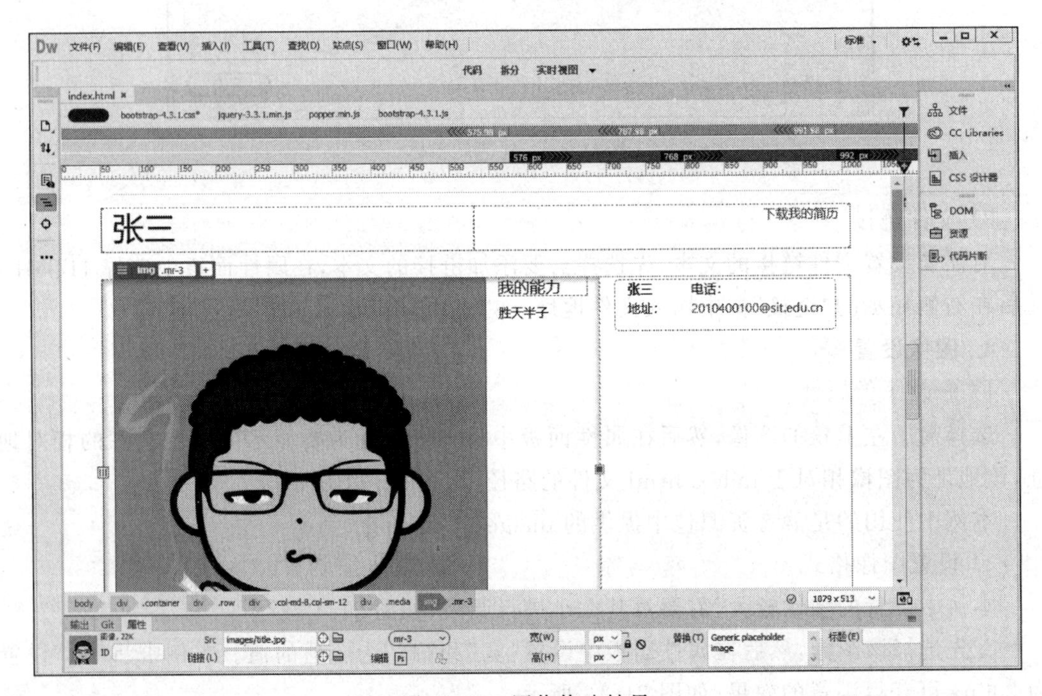

图 21.12 图像修改结果

简历型网页，随后将新建的网页保存在指定的文件夹中。

(2) 双击文本进入编辑模式，修改网页中的文本内容，按实验指导中的要求修改所有内容。在属性面板中，增加“楷体”到常用字体列表中。

图 21.13　修改图像大小

(3) 选择文本、图像等元素后，在属性面板中修改选中的文本的超链接属性。在“教育”文字上设置普通超链接指向 http://www.sit.edu.cn，在“下载我的简历”文字上添加指向“简历.zip”文件链接，在个人信息文本中增加“学号@sit.edu.cn”文字，并在该文字上添加邮件链接指向“mailto:学号@sit.edu.cn”。

(4) 插入图像 images/title.jpg，随后通过属性面板调整其宽度为 200px。

实验二十二　Dreamweaver CC 综合网站设计

一、实验目的

(1) 掌握布局网站的方法。

(2) 掌握网页动画效果的应用。

(3) 掌握网页中插入音频和视频的方法。

(4) 完成如图 22.1 和图 22.2 所示的静态网页设计。

二、实验指导

1. 网站和视频设置

(1) 启动 Dreamweaver，打开实验二十一的项目，如图 22.3 所示。按实验要求修改所有文本。

(2) 修改“教育经历”，插入视频。

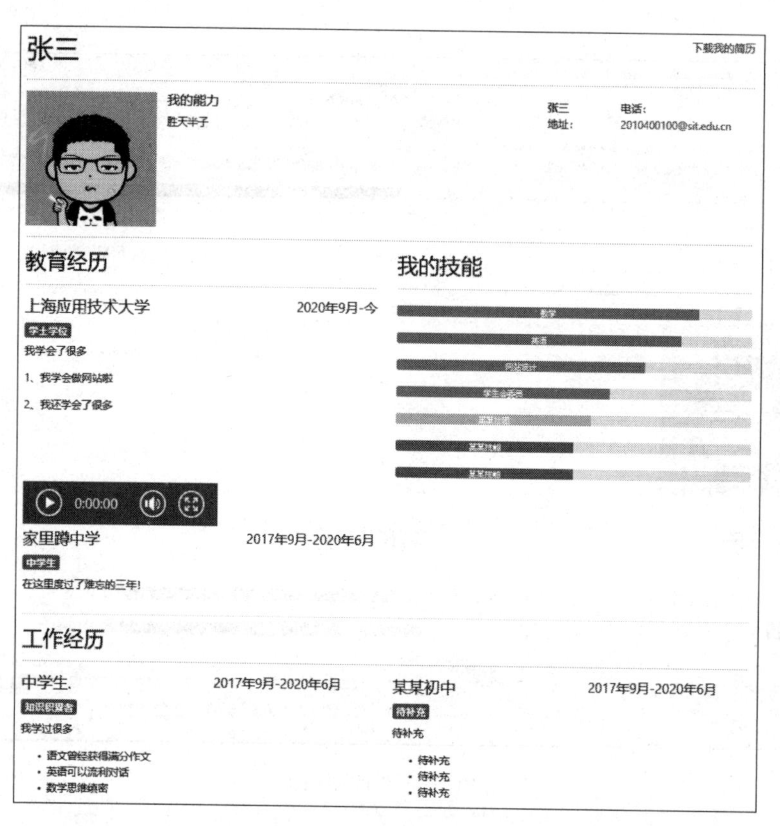

图 22.1 实验结果 1

图 22.2 实验结果 2

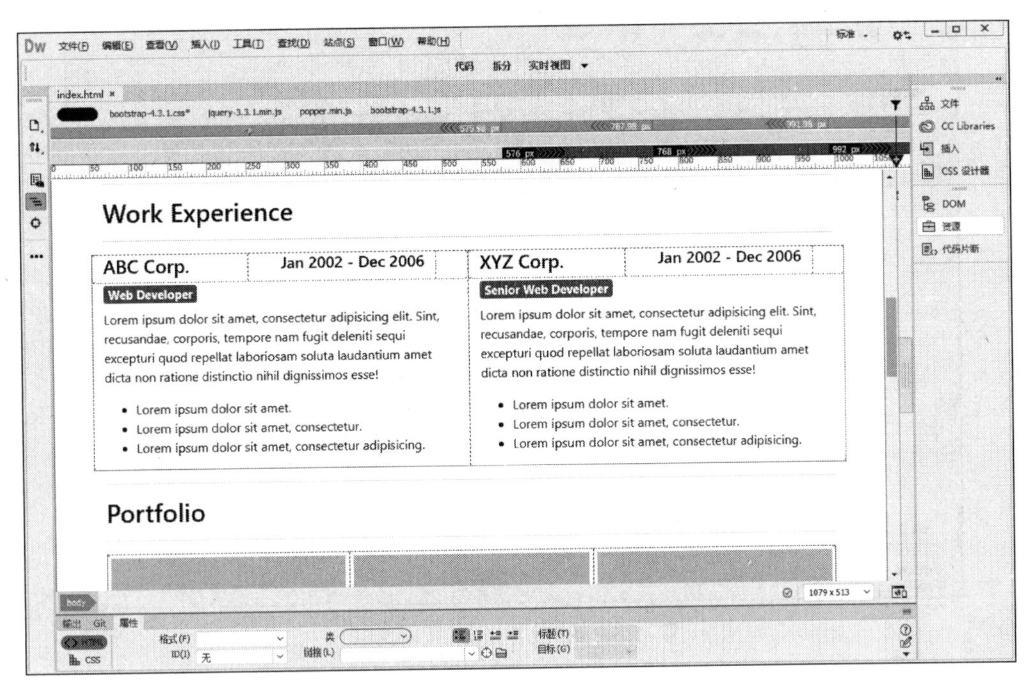

图 22.3　修改文本

选择“教育经历”中“上海应用技术大学”段中最后一行文本，如图 22.4 所示。

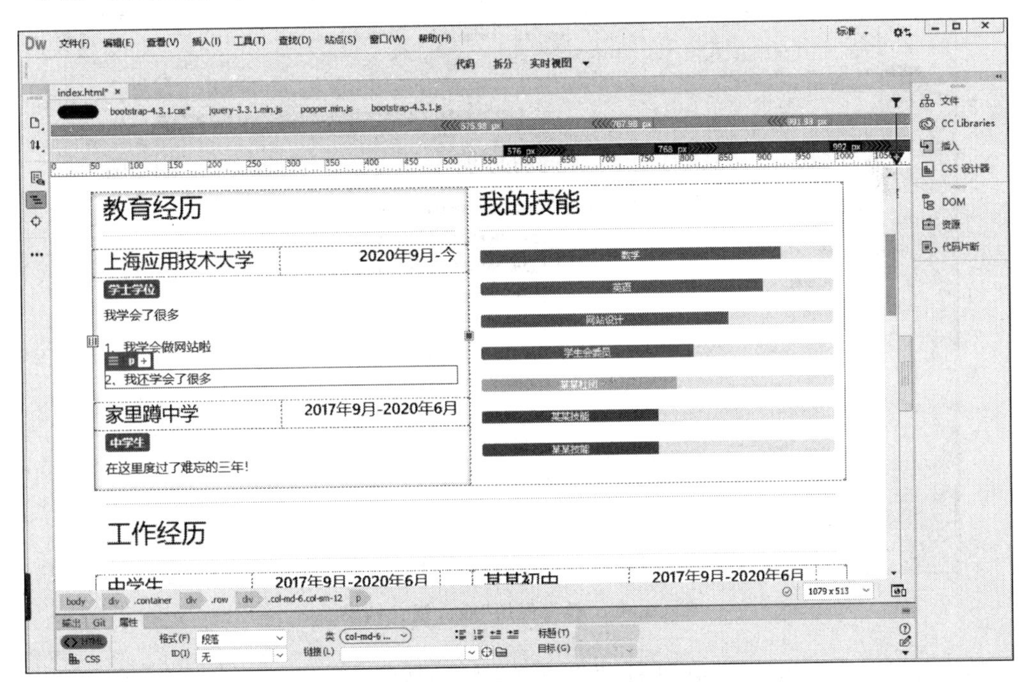

图 22.4　修改“教育经历”

选择“插入”→HTML→HTML5 Video 命令，显示如图 22.5 所示的界面。在弹出的对话框中单击“之后”按钮，选择的文本后方将插入一个视频组件。

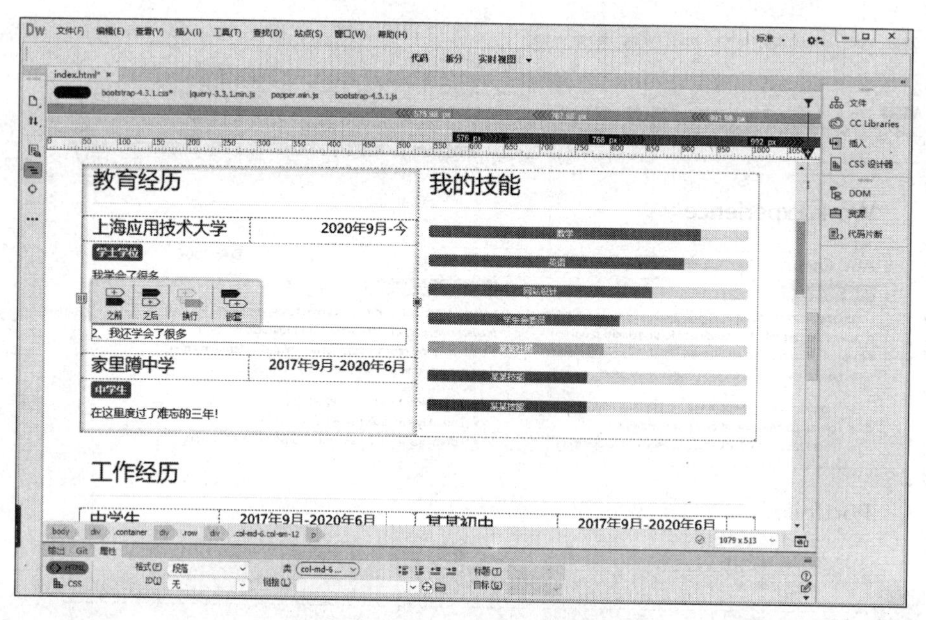

图 22.5　为“教育经历”插入视频

选择该视频组件设置“源”的内容为 images/sample. mp4，该视频即可显示，如图 22.6 所示。

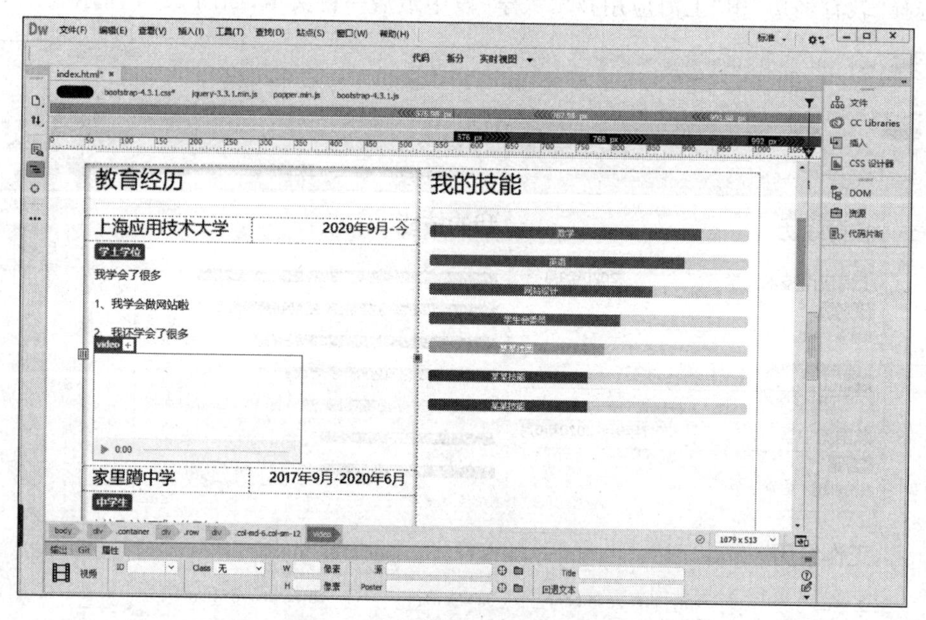

图 22.6　“教育经历”插入视频结果

随后可以修改视频的 W 值和 H 值来设置视频的高度和宽度。

2. 布局修改和动画设置

(1) 修改布局。修改 Contact 节的文本，随后将下方的窗体删除。在窗体边界内侧单击空白处，即可全部选中窗体内容，如图 22.7 所示。

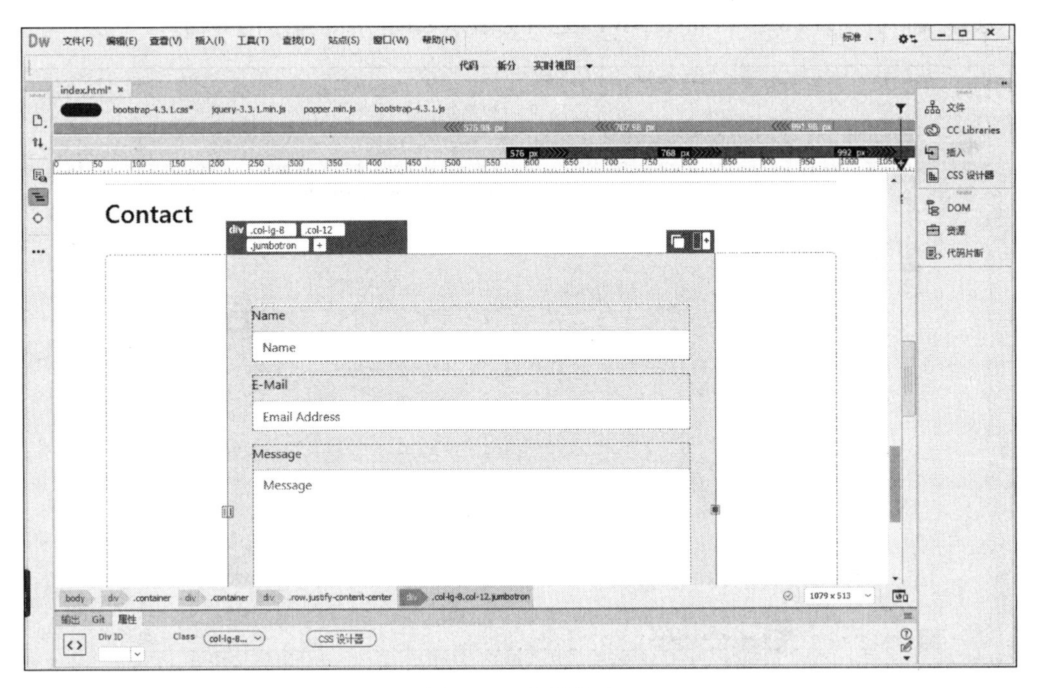

图 22.7　布局修改

按 Delete 键删除选中的内容。

(2) 插入动画。在删除窗体后的空白位置单击以保证在该区域插入动画，如图 22.8 所示。

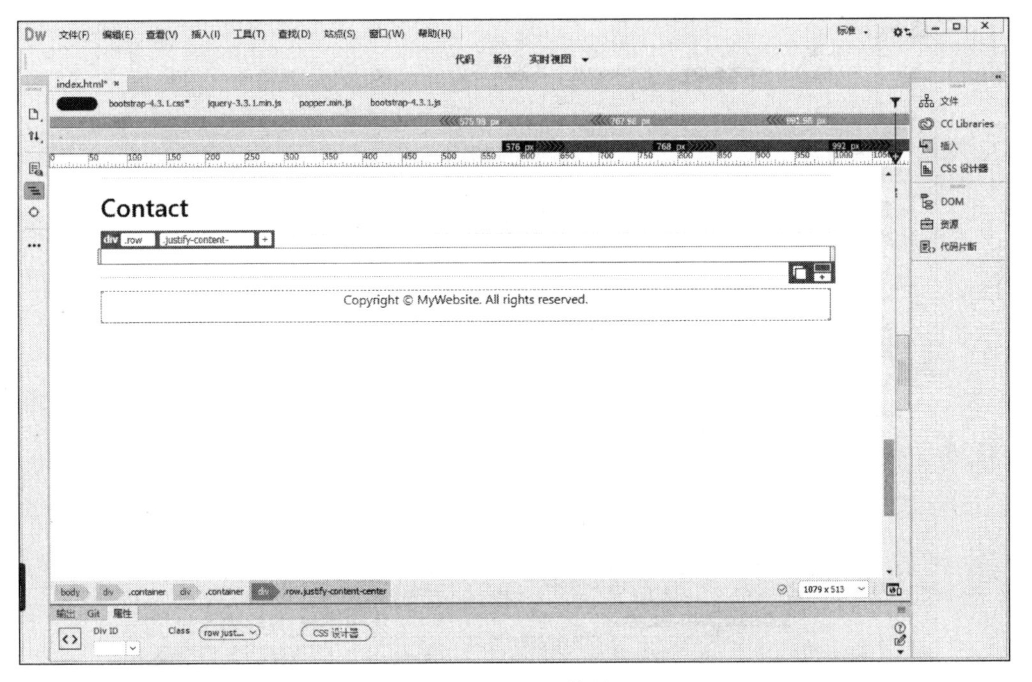

图 22.8　删除窗体结果

选择“插入”→HTML→Flash SWF，之后会显示如图 22.9 所示的界面。

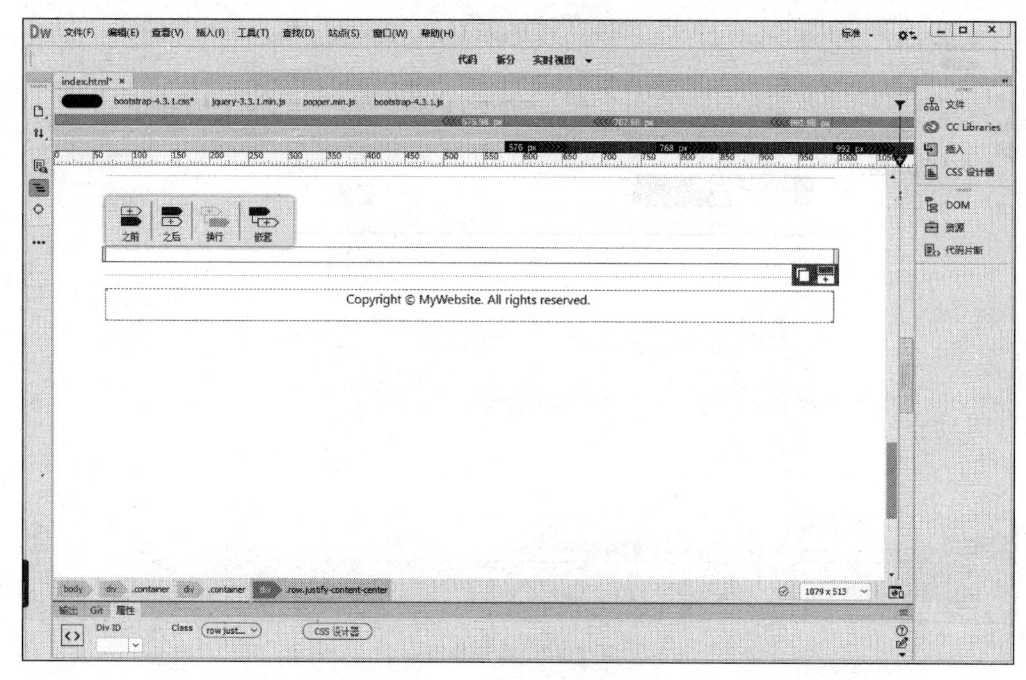

图 22.9　在内部插入动画

在弹出的对话框中单击“嵌套”按钮，再在打开的对话框中选择文件，即可在该位置插入动画组件，如图 22.10 所示。

图 22.10　选择动画文件

单击“确定”按钮，即完成动画的插入，如图 22.11 所示。

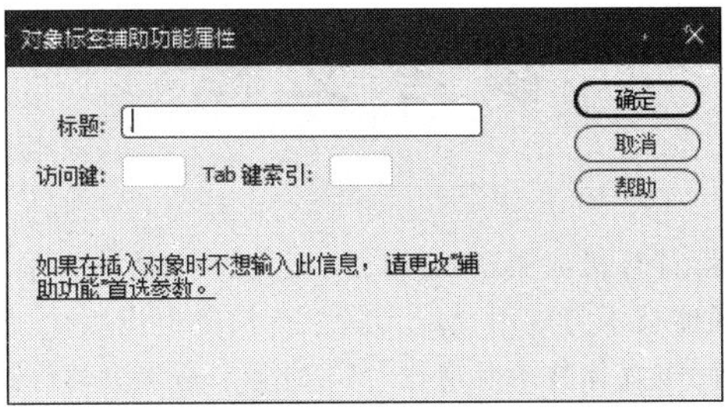

对象标签辅助功能属性

标题：

访问键：　Tab 键索引：

确定

取消

帮助

如果在插入对象时不想输入此信息，请更改“辅助功能”首选参数。

图 22.11　设置属性

完成插入操作后，本实验的所有内容即完成了，如图 22.12 所示，可以在支持 SWF 动画的浏览器中查看实验结果。

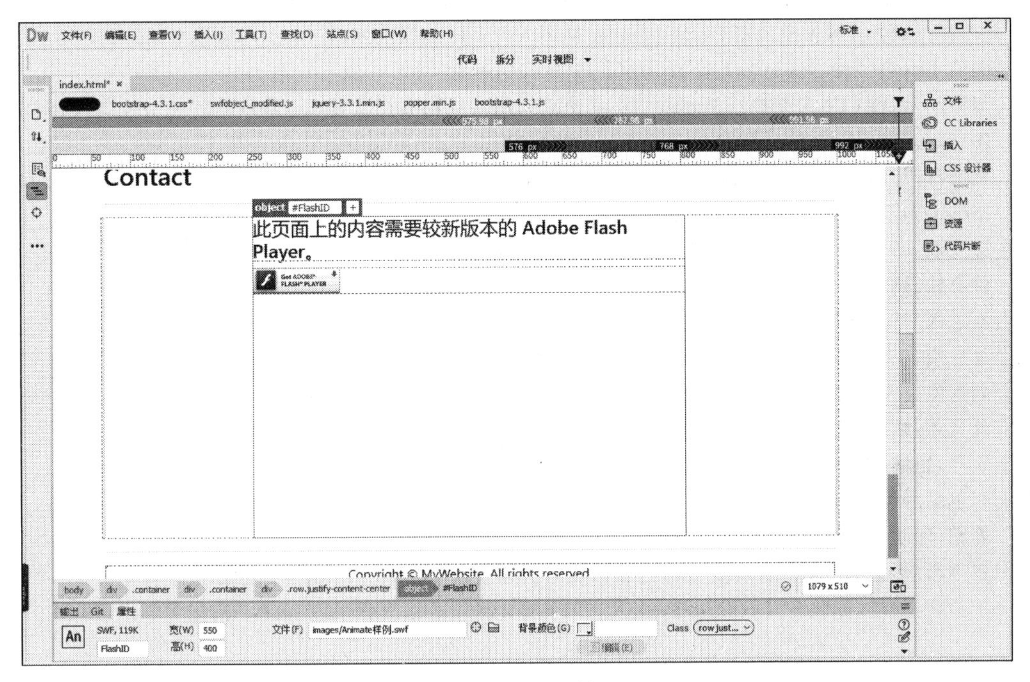

图 22.12　设置结果

三、实验内容

（1）在 Dreamweaver 中打开实验二十一中保存的网页文件，按实验二十一中的方法参照最终效果图修改所有文本。

（2）在“教育经历”节的内容最下方，通过选择“插入”→HTML→HTML5 Video 命令在当前内容“之后”插入一个视频组件。随后将该组件的“源”设置为 images/sample.mp4。完成后通过属性面板调整 W 和 H 来分别设置高度和宽度。

（3）删除 Contact 节中的窗体内容，注意不要将整个 Contact 节删除。

（4）在指定位置选择“插入”→HTML→Flash SWF 命令，插入“Animate 样例.swf”文件，并在属性面板中调整其属性。

参考文献

[1] 刘云翔，王志敏，黄春华，等.计算机应用基础[M].3版.北京：清华大学出版社，2018.

[2] 张振花，田宏团，王西.多媒体技术与应用[M].北京：人民邮电出版社，2018.

[3] 刘合兵，尚俊平，卢亚丽，等.多媒体技术及应用[M].北京：清华大学出版社，2011.

[4] 陈昌辉，刘康平，魏超，等.计算机平面设计[M].上海：上海交通大学出版社，2016.

[5] 刘欢.Flash ActionScript 3.0 交互设计 200 例[M].北京：人民邮电出版社，2015.

[6] 孟强.Animate CC 2018 动画制作案例教程[M].北京：清华大学出版社，2019.

[7] 云红艳，高磊，杜祥军，等.计算机网络管理[M].2版.北京：人民邮电出版社，2014.

[8] 杨陟卓，杨威，王赛.网络工程设计与系统集成[M].3版.北京：人民邮电出版社，2014.

[9] 晁海江.思科 CCNA 模拟器 Packet Tracer 使用入门——物联网实验一：室内家用电器控制[EB/OL].2018，https://edu.csdn.net/course/play/7704/157058.

[10] 晁海江.思科 CCNA 模拟器 Packet Tracer 使用入门——物联网实验二：室外草坪喷头控制[EB/OL].2018，https://edu.csdn.net/course/play/7704/157058.

[11] 晁海江.思科 CCNA 模拟器 Packet Tracer 使用入门——物联网实验三：风力发电[EB/OL].2018，https://edu.csdn.net/course/play/7704/157058.

[12] 廉龙颖，游海晖，武狄.网络安全基础[M].北京：清华大学出版社，2020.

[13] 陈红松.网络安全与管理[M].2版.北京：清华大学出版社，2020.

[14] 石志国.计算机网络安全教程[M].3版.北京：清华大学出版社，2019.

[15] 李启南，王铁君.网络安全教程与实践[M].2版.北京：清华大学出版社，2018.

[16] 刘远生，李民，张伟.计算机网络安全[M].3版.北京：清华大学出版社，2018.

[17] 杜文才，顾剑，周晓谊，等.计算机网络安全基础[M].北京：清华大学出版社，2016.

[18] 王磊，崔维响，步英雷.计算机文化基础[M].北京：清华大学出版社，2019.

[19] 胡卫军.网页 UI 与用户体验设计 5 要素[M].北京：电子工业出版社，2017.

[20] 姜鹏，郭晓倩.形·色——网页设计法则及实例指导[M].北京：人民邮电出版社，2017.

[21] 晋小彦.形式感+：网页视觉设计创意拓展与快速表现[M].北京：清华大学出版社，2014.

[22] 于莉莉，刘越，苏晓光.Dreamweaver CC 2019 网页制作实例教程[M].北京：清华大学出版社，2019.